工程机械故障诊断与排除

丁新桥　刘　霞　主编

化学工业出版社
·北京·

本书内容包括工程机械故障诊断与排除概述、工程机械柴油发动机故障诊断与排除、工程机械底盘故障诊断与排除、工程机械液压系统故障诊断与排除、工程机械电气设备故障诊断与排除等。书中以挖掘机、装载机、叉车、推土机等典型的工程机械作为载体，在讲述故障诊断与排除方法时，结合大量的典型故障实例，突出实际应用。

为方便学习，本书配套电子课件，如有需要，可发邮件至 hqlbook@126.com 索取。

本书可作为工程机械使用、售后服务、维修的技术人员和管理人员学习用书，也可作为职业院校、高等学校等工程机械类专业的教材，还可作为工程机械相关专业人员培训用书。

图书在版编目（CIP）数据

工程机械故障诊断与排除/丁新桥，刘霞主编．—北京：化学工业出版社，2017.10（2023.2 重印）
ISBN 978-7-122-30608-1

Ⅰ.①工…　Ⅱ.①丁…②刘…　Ⅲ.①工程机械-故障诊断②工程机械-故障修复　Ⅳ.①TU607

中国版本图书馆 CIP 数据核字（2017）第 221223 号

责任编辑：韩庆利　　文字编辑：张绪瑞
责任校对：王素芹　　装帧设计：张　辉

出版发行：化学工业出版社（北京市东城区青年湖南街 13 号　邮政编码 100011）
印　　装：涿州市般润文化传播有限公司
787mm×1092mm　1/16　印张 11¾　字数 288 千字　2023 年 2 月北京第 1 版第 3 次印刷

购书咨询：010-64518888　　售后服务：010-64518899
网　　址：http://www.cip.com.cn
凡购买本书，如有缺损质量问题，本社销售中心负责调换。

定　　价：38.00 元

工程机械故障诊断与排除
编写人员名单

主　编　丁新桥　刘　霞

参　编　谈丽华　罗振华　王旭东

前 言

随着我国港口、公路、高铁和建筑领域的快速发展，工程机械行业的发展也异常迅猛。新工艺、新材料、新技术在各类工程机械上有着广泛的应用，这对工程机械行业从业人员的高技能高素质的要求也越来越高。

本书在广泛调研的基础上，选取挖掘机、装载机、叉车、推土机等典型的工程机械作为教学载体，分别介绍了工程机械故障诊断与排除概述、工程机械柴油发动机故障诊断与排除、工程机械底盘故障诊断与排除、工程机械液压系统故障诊断与排除、工程机械电气设备故障诊断与排除等方面的内容。书中内容注意与企业对人才的需求紧密结合，力求满足学科、教学和社会三方面的需求。

本书可作为工程机械使用、售后服务、维修的技术人员和管理人员学习用书，也可作为职业院校、高等学校等工程机械类专业的教材，还可作为工程机械相关专业人员培训用书。

本书由武汉软件工程职业学院丁新桥、刘霞担任主编，参加编写的还有谈丽华、罗振华、王旭东。具体编写分工为：刘霞编写第1章和第2章的2.1～2.5，2.7；王旭东编写第2章的2.6；罗振华编写第3章；丁新桥编写第4章；谈丽华编写第5章。本书由丁新桥负责统稿。

本书的编写得到了武汉软件工程职业学院汽车工程学院领导的大力支持，在此表示衷心感谢。

为方便学习，本书配套电子课件，如有需要，可发邮件至 hqlbook@126.com 索取。

本书涉及各种类型的工程机械，内容较多，编者水平有限，不足之处，请读者批评指正。

编　者

目 录

第1章 工程机械故障诊断与排除概述

1.1 工程机械故障诊断与排除的基本概念

工程机械是基本建设工程施工所用各类机械设备的统称，广泛用于建筑工程、道路交通、矿山等行业，也称为建设机械。随着我国国民经济的快速发展，工程机械种类繁多，结构复杂，应用越来越广，新技术、新工艺应用也越来越多。这些现实状况，都给工程机械行业的维修、使用带来了相当的困难，同时，也带来了无限的商机。

现代工程机械设备运行的安全性与可靠性，取决于两个方面：一是工程机械设备设计与制造的各项技术指标的实现；二是工程机械设备安装、运行、管理、维修和检测诊断措施的实施。现代工程机械设备的检测诊断技术、修复技术和润滑技术已成为推进设备管理现代化，保证设备安全可靠运行的重要手段。

工程机械故障检测与诊断技术能为运营企业带来重大的经济效益，这方面无论在国外还是国内都已得到证实。

① 工程机械运营企业，配置故障检测与诊断系统能减少事故停机率，具有很高的收益/投资比。据日本资料统计，实施故障检测诊断后，事故率可减少75%，维修费用可降低25%～50%。

② 工程机械运营企业，配置故障检测与诊断系统能延长设备维修周期，缩短维修时间，为制订合理的维修制度提供基础信息，可极大地提高经济效益。

③ 从社会宏观角度上看，设备维修费用是一笔巨大的数目，而实施故障诊断带来的经济效益是巨大的。

④ 我国的公交运营企业每年用于设备大修、小修及处理故障的费用一般占固定资产原值的30%～50%。采用检测诊断技术改善设备维修方式和方法后，一年取得的经济效益可达数百亿元。

从上述分析可以看出，工程机械设备检测诊断技术在保证设备的安全可靠运行，以及获取很大的经济效益和社会效益方面，效果是非常明显的。本书所指的检测技术主要是针对工程机械使用性能而言，诊断技术主要是针对工程机械故障而言。通过对工程机械进行检测与诊断，可以在不解体的情况下判明工程机械的技术状况，为工程机械继续运行或进厂维修提供可靠依据和保证。

1.1.1 工程机械故障诊断的目的

① 能及时地、正确地对各种异常状态或故障状态作出诊断，预防或消除故障，对设备的运行进行必要的指导，提高设备运行的可靠性、安全性和有效性，以期把故障损失降低到最低水平。

② 保证设备发挥最大的设计能力。制订合理的检测维修制度，以便在允许的条件下充分挖掘设备潜力，延长服役期限和使用寿命，降低设备全寿命周期费用。

③ 通过检测、故障分析、性能评估等，为设备结构改造、优化设计、合理制造及生产过程提供数据和信息。

总体来说，设备故障诊断既要保证设备的安全可靠运行，又要获取更大的经济效益和社会效益。

事实上，如果加强故障诊断工作，有许多事故是可以防患于未然的。下面是一些事故增加的原因，也正是设备故障诊断所要解决的问题。

① 现代生产设备向大型化、连续化、快速化、自动化方向发展，一方面在提高生产率、成本、节约能源和人力等方面带来很大好处；另一方面，由于设备故障率增加和因设备故障停工而造成的损失却成十倍、甚至成百倍地增长，维修费用也大幅度增加。

② 高新技术的采用对现代化设备的安全性、可靠性提出越来越高的要求。

③ 现有大量生产设备的老化要求加强故障诊断。许多老设备、老机组，服役已接近其寿命期限，进入“损耗故障期”，故障率增多，有的甚至超期服役，全部更新经济负担很重，此时如有完善的故障诊断系统，将能延长设备的使用寿命。

1.1.2 工程机械常用术语

(1) 工程机械技术状况：定量检测得到的表征某一时刻工程机械外观和性能参数值的总和。

(2) 工程机械故障：工程机械部分或完全丧失工作能力的现象。

(3) 故障现象：故障的具体表现。

(4) 故障树：表示工程机械故障因果关系的分析图。

(5) 工程机械检测：确定工程机械技术状况或工作能力而进行的检查和测量。

(6) 工程机械诊断：在不解体（或仅卸下个别小件）条件下，确定工程机械技术状况或查明故障部位、原因而进行的检测、分析与判断。

(7) 诊断参数：供诊断用的、表征工程机械总成及机构技术状况的数值。

(8) 诊断周期：工程机械诊断的间隔时间。

(9) 诊断标准：工程机械诊断方法、技术要求和限值等的统一规定。

(10) 工程机械检测与诊断站：从事工程机械检测与诊断的企业性机构（暂在维修企业）。

1.1.3 工程机械技术状况变化的标志

工程机械是由成千上万个零件组成的系统，随着使用时间的延长和行驶里程的增加，零件的形状、组织结构或表面质量等都不可避免地要遭到破坏，相互之间的配合状况和位置精度也逐渐变差，从而导致系统性能的退化，使用可靠性降低。其具体表现如下。

（1）工程机械运行能力下降　工程机械运行能力下降，即动力性变差，具体表现为：工程机械最高行驶速度降低、最大爬坡度减小、加速能力及牵引能力下降等。当发动机有效功率和有效转矩小于额定功率和最大转矩的70%时，则表明工程机械运行能力变差而不能继续使用。

（2）工程机械燃油、润滑油消耗增加　发动机由正常工作期进入磨损极限期，零件间的配合间隙增大，工程机械的燃油、润滑油消耗量将明显增加。当工程机械的燃油消耗量比正常额定用量增加15%～40%时，则表明工程机械燃油消耗量增加；润滑油消耗量比正常消耗量增加3～4倍，则表明工程机械润滑油消耗量增加。

（3）工程机械工作可靠性变差　工程机械制动性能下降，车辆因故障停修次数增多、故障频率提高、运输效率降低等，使安全行车无保障，则表明工程机械设备工作可靠性变差。

1.1.4　影响工程机械技术状况变化的因素

1. 工程机械结构设计制造质量的影响

工程机械结构设计的科学性、合理性，材料的优劣，制造装配技术等都将直接影响其技术状况。由于工程机械结构比较复杂，各总成、零部件的工作状况也各不相同，具有较大差异，不能完全适应各种运行条件的需要，在使用中暴露出某些薄弱环节，这就属于设计制造质量的影响。

2. 配件质量对工程机械设备技术变化的影响

零件在制造或修理加工过程中，由于制造或修理加工的工艺不符合规定或满足不了零件的技术要求，如零件的尺寸公差、形位公差和表面粗糙度等在加工时没有达到设计的技术要求。在维修过程中勉强使用，这样就破坏了零件表面应有的几何形状和性能，使装配零件间相互关系和位置发生变化，因而造成零件的技术性能和使用性能变差或产生早期损坏，甚至在装配过程中，不能满足必要的技术条件，使零件的装配质量下降或无法装配使用。

3. 燃油品质的影响

工程机械多采用柴油，柴油品质对发动机零件磨损的影响也很大。如重馏分过多，会造成燃烧不完全，形成炭粒而使气缸磨损量增加，喷油器喷孔堵塞，影响发动机正常工作。柴油的黏度过大，将会增加机件运动阻力；黏度过小，将会失去润滑作用而加速零件的磨损。十六烷值选择不当，会使发动机工作粗暴，加速机件磨损。柴油中含硫量超过0.10%时，将使发动机零件磨损量增加。

4. 润滑油、脂品质的影响

润滑油品质对润滑质量有直接的影响。如：黏度影响润滑油的流动性，黏度大则流动困难，黏度小则不能形成稳定油膜，都将使润滑条件变差，加剧零件磨损。选用品质较好的润滑油，可明显降低零件磨损。润滑脂的品种、牌号很多，而且性能各异，使用时应针对工程机械设备上需要的润滑部位合理选用。此外，润滑脂应保持清洁，不能混入灰土、砂石或金属屑等杂物，以防增加机件磨损。

5. 运行条件的影响

（1）气温　温度过高或过低都不利于工程机械正常工作。气温过高易造成发动机过热，使润滑油黏度下降，润滑效果变差，发动机易爆燃或早燃，加剧机件磨损。气温过低，发动机热效率低，经济性变差；润滑油黏度增大，使得润滑条件变差，加速机件磨损，发动机低温启动困难。

(2) 道路条件　在良好道路上行驶的工程机械，行驶速度能得到发挥，燃油经济性较好，零件磨损较小，使用寿命长；反之，在坏路上行驶时，工程机械制动次数增多，换挡频繁，加剧离合器摩擦片、制动鼓与制动蹄片的磨损，弹簧易疲劳，都将缩短零件或总成的使用寿命。

(3) 使用因素的影响　使用因素包括多方面，如驾驶操作方法、装载是否均匀合理以及行驶速度等。

① 驾驶操作。养成正确的驾驶操作习惯对延长工程机械使用寿命有直接的影响。如采用冷摇慢转、预热升温、轻踏缓抬、平稳行驶、及时换挡、爬坡自如、掌握温度、避免灰尘等一整套合理的操作方法。在使用制动时应多采用预见性制动而少采用紧急制动；尽量控制离合器半联动使用次数，防止造成离合器异常磨损；换挡时应坚持采用“两脚离合器”。

② 装载质量。工程机械的最大装载质量，必须严格控制在制造厂规定的范围内。如果超载，各总成、零件的工作负荷增加，零件磨损速度明显加快，使得工作状况趋向不稳定。发动机长时间处于高负荷状况下工作，造成发动机过热，使得发动机磨损量增加，如图 1-1 所示。

③ 行驶速度。工程机械行驶速度对发动机磨损量的影响比装载质量的影响更为明显。发动机转速与磨损量的关系，如图 1-2 所示。

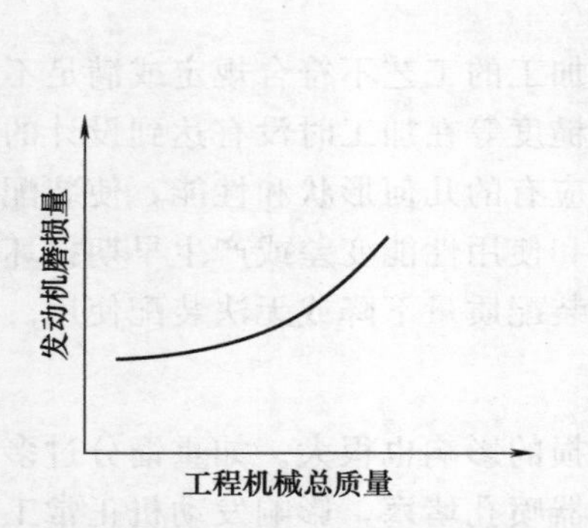

图 1-1　工程机械总质量与发动机磨损量的关系

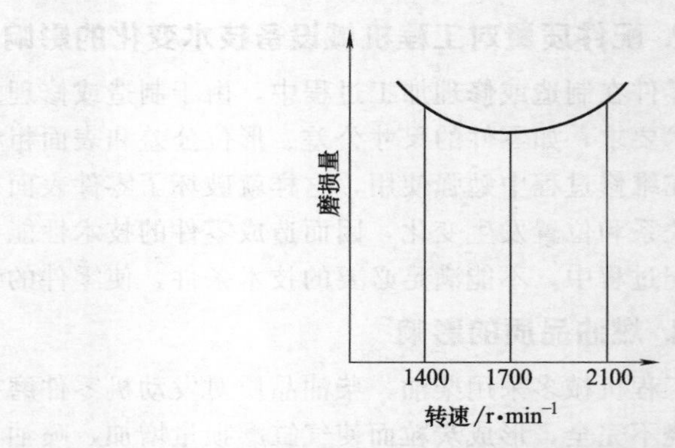

图 1-2　发动机转速与磨损量的关系

由图 1-2 可知，发动机处于高速运转时，活塞平均速度高、压力大，故磨损量也相应加大；发动机处于低速运转时，机件润滑条件相对较差，磨损量也同样加剧。有些驾驶员习惯使用加速滑行，这种方法比稳定中速行驶给发动机造成的磨损量要增加 25%～30%。发动机启动次数越多，加速终了的速度越高，速度变化范围就越大，发动机的磨损量也越大。因此，必须控制行车速度，选用合适的挡位。经常保持中速行驶，不仅能减轻发动机磨损、延长其使用寿命，而且还能提高工程机械燃油经济性。

每一种款型的工程机械，都有一个较合适的行驶速度范围。在使用时，必须正确估计发动机的动力，做到及时换挡，尽量避免出现高挡低速或低挡高速行驶现象。有些驾驶员为了省油，习惯用高挡低速行驶，而不是根据实际行驶速度选择挡位，这种不良操作方法，使得发动机处于极限工作状态或超负荷状态，由于此时发动机转速较低，发动机的润滑条件较差，加剧了磨损，导致工程机械技术状况恶化。

6. 维修质量的影响

(1) 维护质量　维护质量的好坏，将直接影响零件的磨损速度和设备使用寿命。例如，燃料系统维护质量差，就会造成混合气浓度过浓或过稀，燃烧不完全，排气污染严重，发动机动力不足，机体过热等故障。

工程机械设备经过及时润滑、清洁、检查、紧固、补给、调整等，能减少机件磨损，避免工作中发出异响，也使得操纵轻便、灵活，保证安全行驶。

(2) 修理质量　工程机械设备通过修理能及时恢复其完好的技术状况。为保证修理质量和降低修理成本，必须根据检测诊断和技术鉴定来确定修理作业范围和深度。这样既能防止拖延修理造成车辆技术状况恶化，又能防止因提前修理而造成浪费。例如，发动机最大功率或气缸压力较标准降低25%以上时，燃油和润滑油消耗量显著增加，而车辆的其他总成、车架的技术状况良好，这时只需要进行总成大修，就能恢复其完好的技术状况；此时若进行车辆大修，会造成不必要的浪费，提高运输成本。反之，如除发动机技术状况明显变差，同时车体、车架或其他总成的技术状况也显著变差，这时应该进行车辆大修，才能完全或接近完全恢复车辆的完好技术状况；若只进行总成大修，则无法恢复整车技术状况。

1.2　工程机械故障的类型

工程机械及其零、部件的故障基本形式大致可分为：损坏、退化、松脱、失调、堵塞及渗漏、整机及子系统故障等类型，它们主要包括以下几类。

损坏型：断裂、裂纹、烧毁、击穿、弯曲、变形。

退化型：老化、变质、腐蚀、剥落、早期磨损。

松脱型：松动、脱落、脱焊。

失调型：间隙不当、流量不当、压力不当、行程不当、照度不当。

塞漏型：堵塞、不畅、泄漏。

整机型：性能不稳、功能不正常、功能失效、启动困难、供油不足、怠速不稳、总成异响及制动跑偏等。

1.3　工程机械故障规律

构成工程机械设备的基本单元是零件，许多零件构成了摩擦副，如轴承、齿轮、活塞与气缸等，它们在外力作用下，以及热力、物理和化学等环境因素的影响，经受着一定的摩擦、磨损，最后失效。对工程机械故障模式的统计结果表明，零件因表面损坏而失效占一半以上，其中磨损约占表面损坏故障的50%。因此，了解零件磨损规律是非常必要的。

磨损所产生的故障属于渐进性故障。大量的试验与使用实践表明，零件磨损量与工作时间的关系，可用磨损曲线来表示，如图1-3所示。

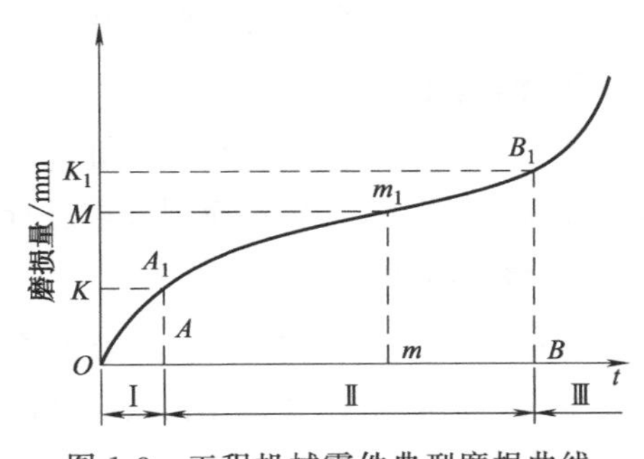

图1-3　工程机械零件典型磨损曲线

由图 1-3 可以看出，零件的磨损过程基本上可以分为以下三个阶段。

Ⅰ阶段：零件装配后即进入运转磨合（走合）阶段，如图 1-3 中曲线 OA_1 段。它的磨损特点是在短时间内（OA 段）磨损量（OK）增长较快，经过一段时间后趋于稳定，它反映了零件配合副的初始配合情况。该阶段的磨损强度在很大程度上取决于零件表面的质量、润滑条件和载荷的大小。随着表面粗糙度的增加，以及载荷的增大，在零件初始工作阶段，都会加剧磨损。零件配合间隙也由初始状态逐步过渡到稳定状态。

Ⅱ阶段：又称正常磨损阶段，如图 1-3 中曲线 A_1B_1 段。零件的磨损特点是增长缓慢，属于自然磨损，且大多数零件的磨损量与工作时间成线性关系。磨损量与使用条件和维护条件的好坏关系极大，使用维护得好，可以延长零件的使用寿命。

Ⅲ阶段：又称极限磨损期。零件自然磨损到 B_1 点以后，磨损强度急剧增加，配合间隙急剧变大，磨损量超出 OK_1，破坏了零件正常润滑条件。零件过热，以致由于冲击载荷出现敲击现象，零件进入极限状态。因此，达到 B_1 点以后，零件不能继续工作，否则将出现事故性损坏。一般零件或配合副，使用到一定时间 B 点（到达 B_1 前后），应采取调整、维修或更换等预防措施，来防止事故性故障的发生。

由于零件在工程机械中所处的位置及摩擦工况不同，以及制造质量和功能等原因，并不是所有零件都有磨合期和极限磨损期。如密封件（油封）、燃油泵的精密偶件等，它们呈现不能继续使用的不合格情况，并不是因为在它们使用期内出现极限磨损，而是由于它们的磨损量已影响到不能完成自身功能的程度。

上述零件典型磨损曲线，对工程机械使用和维修具有一定的指导意义。例如，根据曲线变化规律，应做好磨合（走合）期的使用和维护，以减少零件的早期磨损，延长其使用寿命；在正常磨损阶段，应提高车辆的使用水平，及时维护，以减少零件的磨损；当车辆使用到 B 点时，则应及时进行维修，更换严重磨损零件，调整配合间隙，以恢复工程机械设备的技术性能。

1.4 工程机械故障诊断的内容

工程机械设备故障诊断内容包括状态检测、分析诊断和故障预测三个方面，其具体实施过程可以归纳为以下四个方面。

1. 信号采集

设备在运行过程中必然会有力、热、振动及能量等各种量的变化，由此产生各种不同信息，根据不同的诊断需要，选择能表征设备工作状态的不同信号，如振动、压力、温度等，是十分必要的。这些信号一般是用不同的传感器来采集的。

2. 信号处理

这是将采集的信号进行分类处理、加工，获得能表征机器特征的过程，也称特征提取过程，如振动信息从时域变换到频域进行频谱分析即是这个过程。

3. 状态识别

将经过信号处理获得的设备特征参数与规定的允许参数或判别参数进行比较、对比以确定设备所处的状态，是否存在故障及故障的类型和性质等，为此应正确制订相应的判别准则和诊断策略。

4. 诊断决策

根据对设备状态的判断，决定应采取的对策和措施，同时应根据当前信号预测及设备状态可能发展的趋势，进行趋势分析，上述诊断内容可用图 1-4 来表示。

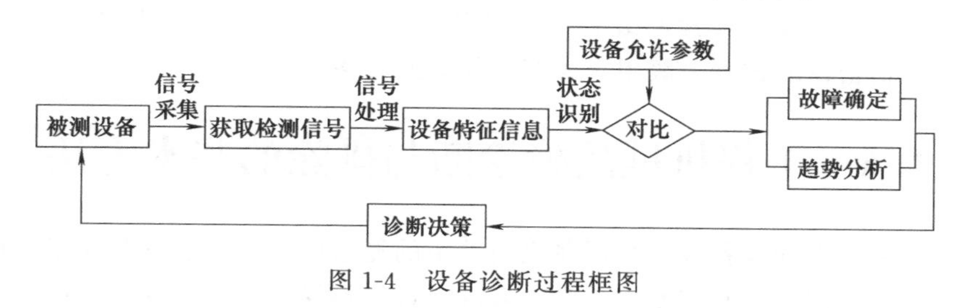

图 1-4　设备诊断过程框图

1.5　工程机械故障诊断与排除的分类

1.5.1　按目的和要求分类

1. 功能诊断与运行诊断

功能诊断是对新安装的机器设备或刚维修的设备检查其功能是否正常，并根据检查结果对机组进行调整，使设备处于最佳状态；而运行诊断是对正在运行的设备进行状态诊断，了解其故障的情况，其中也包括对设备的寿命进行评估。

2. 定期诊断与连续诊断

定期诊断是每隔一定时间对监测的设备进行测试和分析；连续诊断是利用现代测试手段对设备连续进行监控和诊断。究竟采用何种方式取决于设备的重要程度及事故影响程度等。

3. 直接诊断与间接诊断

直接诊断是直接根据主要零部件的信息确定设备状态，如主轴的裂纹、管道的壁厚等；当受到条件限制无法进行直接诊断时就采用间接诊断，间接诊断是利用二次诊断信息判断主要部件的故障，多数二次诊断信息属于综合信息，如利用轴承的支承油压来判断两根转子对中状况等。

4. 常规工况与特殊工况诊断

大多数是在机器设备常规运行工况下进行监测和诊断的，有时为了分析机组故障，需要收集机组在启停时的信号，这时就需要在启动或停机的特殊工况下进行监测和诊断。

5. 在线诊断与离线诊断

在线诊断是指对于大型、重要的设备为了保证其安全和可靠运行，需要对所监测的信号自动、连续、定时地进行采集与分析，对出现的故障及时做出诊断；离线诊断是通过磁带记录仪或数据采集器将现场的信号记录并储存起来，再在实验室进行回放分析。对于一般中小型设备往往采用离线诊断方式。

1.5.2　按完善工程分类

1. 简易诊断

利用一般简易测量仪器对设备进行检测，根据测得的数据，分析设备的工作状态。如利用测振仪对机组轴承座进行测量，根据测得的振动值对机组故障进行判别或者应用便携式数据采集器将振动信号采集下来后再进行频谱分析用以诊断故障。

2. 精密诊断技术

利用较完善的分析仪器或诊断装置，对设备故障进行诊断，这种装置配有较完善的分析、诊断软件。精密诊断技术一般用于大型、复杂的设备。

1.6 工程机械故障诊断与排除的基本方法

设备故障的复杂性和设备故障与征兆之间关系的复杂性，决定了设备故障诊断是一种探索性的过程。就设备故障诊断技术这一学科来说，重点不仅在于研究故障本身，而且在于研究故障诊断的方法。故障诊断过程由于其复杂性，不可能只采用单一的方法，而要采用多种方法，可以说，凡是对故障诊断能起作用的方法就要利用，必须从各种学科中广泛探求有利于故障诊断的原理、方法和手段，这就使得故障诊断技术呈现多学科交叉的特点。

1.6.1 工程机械传统的故障诊断方法

首先是利用各种物理的和化学的原理和手段，通过伴随故障出现的各种物理和化学现象，直接检测故障。例如：可以利用振动、声、光、热、电、磁、射线、化学等多种手段，观测其变化规律和特征，用以直接检测和诊断故障。这种方法形象、快速，十分有效，但只能检测部分故障。

其次，利用故障所对应的征兆来诊断故障是最常用、最成熟的方法，以旋转式机械为例，振动及其频谱特性最能反映故障特点，是最有利于进行故障诊断的手段，为此，要深入研究各种故障的机理，研究各种故障所对应的征兆，在诊断过程中，首先分析在设备运转中所获取的各种信号，提取信号中的各种特征信息，从中获取与故障相关的征兆，利用征兆进行故障诊断。由于故障与各种征兆间并不存在简单的一一对应的关系，因此，利用征兆进行故障诊断往往是一个反复探索和求解的过程。

1.6.2 工程机械故障的智能诊断方法

在上述传统的诊断方法的基础上，将人工智能（Artificial Intelligence）的理论和方法用于故障诊断，发展智能化的诊断方法，是故障诊断的一条全新的途径，目前该方法已被广泛应用，成为设备故障诊断的主要方向之一。

人工智能的目的是利用计算机去做原来只有人才能做的智能任务，包括推理、理解、规划、决策、抽象、学习等功能。专家系统（Expert System）是实现人工智能的重要形式，目前已广泛用于诊断、解释、设计、规划、决策等各个领域。现在国内外已发展了一系列用于设备故障诊断的专家系统，获得了良好的效果。

专家系统由知识库、推理机以及工作存储空间（包括数据库）组成。实际的专家系统还应有知识获取模块、知识库管理维护模块、解释模块、显示模块以及人机界面等。

专家系统的核心问题是知识的获取和知识的表示。知识获取是专家系统的“瓶颈”，合理的知识表示方法能合理地组织知识，提高专家系统的能力。为了使诊断专家系统拥有丰富的知识，必须进行大量的工作。要对设备的各种故障进行机理分析，可建立数学模型，进行理论分析；进行现场测试和模型试验；总结领域专家的诊断经验，整理成计算机所能接受的形式化知识描述；研究计算机的知识自动获取的理论和方法。这些都是使专家系统有效工作所必需的。

1.6.3 工程机械设备故障信息的获取方法

要对设备故障进行诊断，首先应获取有关信息。信息是提供给人们判断或识别状态的重要依据，是指某些事实和资料的集成。信号是信息的载体，因而设备故障诊断技术在一定意义上是属于信息技术的范畴。充分地检测足够量的能反映系统状态的信号对诊断来说是至关重要的。一个良好的诊断系统首先应该能正确地、全面地获取监测和诊断所必需的全部信息。下面介绍信息获取的几种方法。

1. 直接观测法

应用这种方法对机器状态做出判断主要靠人的经验和感官，且限于能观测到的或接触到的机器零部件。这种方法可以获得第一手资料，更多的是用于静止的设备。在观测中有时使用了一些辅助的工具和仪器，如倾听机器内部声音的听棒，检查零件内孔有无表面缺陷的光学内窥镜，探查零件表面有无裂纹的磁性涂料及着色渗透剂等，来扩大和延伸人的观测能力。

2. 参数测定法

根据设备运动的各种参数的变化来获取故障信息是广泛应用的一种方法。由于机器中各部件的运行必然会产生各种信息，这些信息参数可以是温度、压力、振动或噪声等，它们都能反映机器的工作状态。为了掌握机器运行的状态可以用一种或多种信号，如根据机器外壳温度的变化可以掌握其变形情况，根据轴瓦下部油压变化可以了解转子对中情况；又如分析油中金属碎屑情况可以了解轴瓦磨损程度等。在运转的设备中，振动是重要的信息来源，在振动信号中包含着丰富的故障信息。任何机器在运转时工作状态发生了变化，必然会从振动信号中反映出来。对旋转机械来说，目前在国内外应用最普遍的方法是利用振动信号对机器状态进行判别。从测试手段来看，利用振动信号进行测试也最方便、实用，要利用振动信号对故障进行判别，首先应从振动信号中提取有用的特征信息，即利用信号处理技术对振动信号进行处理。目前应用最广泛的处理方法是进行频谱分析，即从振动信号中的频率成分和分布情况来判断故障。

其他如噪声、温度、压力、变形、胀差、阻值等参数也是故障信息的重要来源。

3. 磨损残渣测定法

测定机器零部件如轴承、齿轮、活塞环等的磨损残渣在润滑油中的含量也是一种有效的获取故障信息的方法。根据磨损残渣在润滑油中含量及颗粒分布可以掌握零件磨损情况，并可预防机器故障的发生。

4. 设备性能指标的测定

设备性能包括整机及零部件性能，通过测量机器性能及输入、输出量的变化信息来判断机器工作状态也是一种重要方法。例如，柴油机耗油量与功率的变化、机床加工零件精度的变化、风机效率的变化等均包含着故障信息。

对机器零部件性能的测定，主要反映在强度方面，这对预测机器设备的可靠性，预报设备破坏性故障具有重要意义。

1.6.4　工程机械设备故障的检测方法

工程机械设备有各种类型，因而出现的故障类型也多种多样，不同的故障需要采用不同的方法来诊断。本节将对具体的各种故障应采用的方法及各种诊断方法的应用范围进行介绍。

1. 振动和噪声的故障检测

振动和噪声是大部分机器所共有的故障表现形式，一般采用以下方法进行诊断。

① 振动法：对机器主要部位的振动值如位移、速度、加速度、转速及相位值等进行测定，与标准值进行比较，据此可以宏观地对机器的运行状况进行评定，这是最常用的方法。

② 特征分析法：对测得的上述振动量在时域、频域、时-频域进行特征分析，用以确定机器各种故障的内容和性质。

③ 模态分析与参数识别法：利用测得的振动参数对机器零部件的模态参数进行识别，以确定故障的原因和部位。

④ 冲击能量与冲击脉冲测定法：利用共振解调技术测定滚动轴承的故障。

⑤ 声学法：对机器噪声的测量可以了解机器运行情况并寻找振动源。

2. 材料裂纹及缺陷损伤的故障检测

材料裂纹包括应力腐蚀裂纹及疲劳裂纹，一般可采用下述方法进行检测。

① 超声波探伤法：该方法成本低，可测厚度大，速度快，对人体无害，主要用来检测平面型缺陷。

② 射线探伤法：主要采用X和γ射线；该法主要用于展示体积型缺陷，适用于一切材料，测量成本较高，对人体有一定损害，使用时应注意。

③ 渗透探伤法：主要有荧光渗透与着色渗透两种，该法操作简单、成本低，应用范围广，可直观显示，但仅适用于有表面缺陷的损伤类型。

④ 磁粉探伤法：该法使用简便，较渗透探伤更灵敏，能探测近表面的缺陷，但仅适用于铁磁性材料。

⑤ 涡流探伤法：这种方法对封闭在材料表面下的缺陷有较高检测灵敏度，它属于电学检测方法，容易实现自动化和计算机处理。

⑥ 激光全息检测法：它是20世纪60年代发展起来的一种技术，可检测各种蜂窝结构、叠层结构、高压容器等。

⑦ 微波检测技术：它也是近几十年来发展起来的一种新技术，对非金属的贯穿能力远大于超声波方法，其特点是快速、简便，是一种非接触式的无损检测。

⑧ 声发射技术：它主要对大型构件结构的完整性进行监测和评价，对缺陷的增长可实行动态、实时监测且检测灵敏度高，目前在压力容器、核电站重点部位及放射性物质泄漏、输送管道焊接部位缺陷等方面的检测获得了广泛的应用。

3. 设备零部件材料的磨损及腐蚀故障检测

这类故障除采用上述无损检测中的超声探伤法外尚可应用下列方法。

① 光纤内窥技术。它是利用特制的光纤内窥技术直接观测到材料表面磨损及腐蚀情况。

② 油液分析技术。油液分析技术可分为两大类：一类是油液本身物理、化学性能分析；另一类是对油液中残渣的分析。具体的方法有光谱分析法与铁谱分析法。

4. 温度、压力、流量变化引起的故障检测

机器设备系统的有些故障往往反映在一些工艺参数，如温度、压力、流量的变化中。在温度测量中除常规使用的装在机器上的热电阻、热电偶等接触式测温仪外，目前在一些特殊场合使用的非接触式测温方法有红外测温仪和红外热像仪，它们都是依靠物体的热辐射进行测量的。

5. 诊断参数的选择和判断标准

（1）诊断参数的选择　对机械进行状态检测，必须测出与机械状态有关的信息参数，然后与正常值、极限值进行比较，才能确定目前机械的状态。因此，检测的置信程度与参数选择、测量误差以及评价标准有密切关系。为了对机械进行准确、快速检测与诊断，其参数的选择是主要工作之一。由于诊断目的和对象不同，参数也可能是多种多样的。诊断参数是指为达到诊断目的而定的特征量。信息参数是表征检测对象状态的所有参数。选择诊断参数应遵循以下几个原则。

① 诊断参数的多能性。一个参数的多能性应理解为它能全面地表征诊断对象状态的能力。机械中的一种劣化或故障可能引起很多状态参数的变化，而这些参数均可以作为诊断的信息参数，最终要从它们当中选出包含最多诊断信息、具有多性能的诊断参数。

② 诊断参数的灵敏性。选取的参数在机械发生劣化或故障时随着劣化或故障趋势而变化，该参数的变化较其他参数更为明显。例如，发动机气缸活塞副磨损后，即使磨损比较严重，输出的参数中，功率下降只有5%～7%，而压缩空气泄漏率可达40%～50%，则选择后者为诊断参数更适宜。

③ 诊断参数应呈单值性。随着劣化或故障的发展，诊断参数的变化应该是单值递增或递减，即诊断参数值的大小与劣化或故障的严重程度有较确定的关系。

④ 诊断参数的稳定性。在相同的测试条件下，所测得的诊断参数值离散度要小，即重复性好。

⑤ 诊断参数的物理意义。诊断参数应具有一定的物理意义，且能量化，即可以用数字表示且便于测量。

（2）诊断的周期　诊断工作伴随着机械的整个寿命周期。在使用阶段，根据机械的运行状况可对机械实行正常运行诊断和服务于维修的定期诊断。对定期诊断的机器，需要确定其诊断周期。

确定诊断周期时，最重要一点是对劣化速度进行充分的研究。测量周期一般根据机器两次故障之间的平均运行时间确定。为了获得理想的预测能力，在一个平均运行周期内至少应该测5～6次。还应指出，所能确定的测量周期毕竟只是基本测定周期，如果一旦发现测定数据出现加速变化趋势时，就应该缩短测定周期。例如，高速旋转零件变形后可能立即造成机械的故障，则需要进行实时监测。对于劣化速度缓慢的参数，例如磨损、疲劳等，可以采用较长的检测周期。总而言之，检测周期必须充分反映机械劣化程度。

此外，根据当前的测定值和过去的测定值确定下一次检测时间的“适时检测”是比较好的方法。它能进行劣化预测，同时可定量地确定下次检测日。

（3）诊断标准的确定　在测得检测参数后，就需要判断所测出的值是正常还是异常。其方法是将实测数据与标准值进行比较。判断标准共有三种，需按诊断对象来确定采用哪一种。

① 绝对判断标准。绝对判断标准是根据对某类机械长期使用、观察、维修与测试后的经验总结，并由企业、行业协会或国家颁布，作为标准供工程实践使用。和任何其他标准一样，诊断标准有其制定的前提条件和适用范围，使用时必须注意。

② 相对判断标准。相对判断标准是对机器的同一部位定期测定，并按时间先进行比较，以正常情况下的值为初始值，根据实测值与该值的比值来判断的方法。如果把新机械某点的初始振动值 a_0 的 n 倍（n 一般取 10）作为允许的极限值，当该点的振动值超过 na_0 时，即认为该机械已发生故障，需要立刻维修。

③ 类比判断标准。类比判断标准是指数台同样规格的机械在相同条件下运行时，通过对各台机械的同一部位进行测定并进行互相比较来掌握其劣化程度的方法。从维修角度出发，最好是兼用绝对判断标准和相对标准，从两方面进行研究。

思考题

1. 什么是工程机械?
2. 什么是工程机械技术状况?
3. 什么是工程机械故障?
4. 工程机械检测指的是什么?
5. 工程机械检测与诊断的目的是什么?
6. 工程机械技术状况变化的标志是什么?
7. 工程机械故障的基本形式有哪些?
8. 工程机械故障诊断与排除的定义和内容是什么?
9. 工程机械设备的检测方法有哪些?

第2章　工程机械柴油发动机故障诊断与排除

发动机是工程机械的心脏、动力源，是最主要的总成之一。发动机技术状况的好坏将直接影响工程机械的动力性、经济性、可靠性及生产效率的高低。由于发动机结构复杂、工作条件差，因而故障率最高，对发动机的检测与诊断将成为重点。

2.1　工程机械柴油发动机故障与排除的基本方法

工程机械柴油发动机故障检测与诊断就是通过故障现象，判断产生故障的原因及部位。诊断可分为主动诊断和被动诊断。主动诊断是指工程机械未发生故障时的诊断，即了解工程机械的过去和现在的技术状况，并能推测未来变化情况。被动诊断是指对工程机械已经发生故障后的诊断。发动机故障常用的诊断方法有：直观诊断、随车自诊断系统诊断、简单仪表诊断、专用诊断仪器诊断和故障树诊断等。

1. 直观诊断

直观诊断也称经验诊断或人工诊断，就是通过人的感觉器官对工程机械故障现象进行问、看、听、摸、闻、试、比、测、想、诊等过程；了解和掌握故障现象的特点，深入分析、判断而得出故障部位的诊断方法。

(1) 问　接车后，首先要向驾驶员详细询问工程机械的行驶里程（时间）、工作状况、工作条件、发动机维修情况、故障表现、故障起因等多种情况，掌握故障的初步情况。

(2) 看　主要是通过观察发现发动机较明显异常现象，如发动机有无漏油、漏水、漏气，排气烟色是否正常，液体流动是否正常，各部件运动是否正常，连接机件有无松脱、裂纹、变形及断裂等现象，发动机外壳有无明显变形现象，有无刚蹭痕迹等。

(3) 听　所谓“听”一般是在发动机工作时听有无敲缸、异常摩擦、传动带打滑、机械撞击排气管放炮等杂音及异响。通过仔细辨别能大致判断出声音是否正常，根据异响特征甚至可直接判断出故障的部位及原因。

(4) 摸　用于触摸各接口、插口处、固定螺栓（钉）等处判断其是否松脱，发动机的温度有无异常升高等。通过手触摸导线接头是否牢固、有无发热现象可以判断有无虚接或接触不良。

(5) 闻　主要通过出现故障后产生的不同气味来判断故障。如发动机烧机油会产生烧油味，混合气过浓则排气中有生油味，传动带打滑后会产生烧焦味，导线过热后会发出胶皮味，橡胶及塑料件过热后会发出橡胶及塑料味等。

(6) 试　通过对发动机做不同工况的运转试验，再现并确认故障现象，以进一步判断故障部位及原因。

(7) 比　就是用正常总成或零部件替换怀疑有故障的总成或零部件，比较前后差异，若替换后故障消失，就说明故障判断正确；若故障现象无变化，表明判断错误，另有其他故障原因，需进一步查找；若故障现象有变化但未完全排除，表明其他部位还有故障。

(8) 测　对于发动机现象不明显的复杂故障，使用以上方法很难判断故障部位，此时需要借助工具、量具或仪器进行测试。例如，用量具测量磨损尺寸，用万用表测电阻、电压或电流，用诊断测试仪器测量各种工作参数以提取故障码，用示波器测波形等。

(9) 想　把已确认的故障现象，结合故障部位的工作原理、工作条件等，进行综合分衡、由浅入深、由表及里、去伪存真，根据不同故障的特点和规律进行认真鉴别，得出准确的判断结论。

(10) 诊　对于复杂故障，单靠经验或简单诊断很难判断故障部位，此时必须借助于一定的仪器设备，按照一定的方法步骤，对故障进行全面细致的检查和分析，通常使用故障树进行诊断。

直观诊断方法，要求进行故障诊断操作的人员必须首先掌握被诊断系统的结构和工作原理，对其可能产生故障的现象、原因有一定的了解，并能掌握关键部件的检查方法。直观诊断方法由于受诊断者的经验和对诊断机械的熟悉程度限制，诊断结果差别极大。经验丰富的诊断专家，可以利用直观诊断方法诊断发动机可能出现的绝大多数故障。在出现诊断无故障码或检测设备难以诊断的疑难故障时，直观诊断占有重要的地位。

2. 随车自诊断系统诊断

随车自诊断系统是利用工程机械电控系统所提供的故障自诊断系统进行诊断的方法。它利用故障自诊断系统调取发动机电控系统的相关故障码，然后根据故障码表的故障提示，找出故障部位。

随车自诊断系统通常只提供与电控系统有关的电气设备或线路故障代码，一般只能做出初步诊断结论。具体故障原因，还需要通过直观诊断和简单仪器进行深入诊断。

随车故障自诊断在工程机械电控系统故障诊断中是一种简便快捷的诊断方法，但是其诊断的范围和深度远远不能满足实际使用中对故障诊断的要求，常常出现工程机械有故障症状而随车故障自诊断系统无故障显示的情况。

3. 简单仪表诊断

利用简单仪表诊断，是指利用万用表、示波器、气缸压力表等常用仪表，对发动机故障进行诊断的方法。由于电控系统的各部件均有一定的电阻值范围，工作时输出电压信号有一定范围，具有特定的输出脉冲波形。因此，利用万用表测量元件的电阻或输出电压，用示波器测试元件工作时的输出电压波形，用万用表测量元件导通性等可判断元器件或线路是否工作正常。

这种诊断方法的优点是：诊断方法简单、设备费用低，主要用于对发动机电控系统和电气设备的故障进行深入诊断。其缺点是：对操作者的要求较高，在利用简单仪表诊断时，操作者必须对系统的结构和线路连接情况及元器件技术参数有相当详细的了解，才能取得较好的诊断效果。

4. 专用诊断仪器诊断

随着工程机械电子化的发展，发动机故障专用诊断仪器在工程机械维修业广泛使用。常用专用故障诊断仪器，可以大大提高工程机械故障诊断效率。但专用诊断仪器成本较高，一般用于专业化的故障诊断和较大规模修理厂。

5. 故障树诊断

一般情况下，对于复杂故障，单靠经验或简单诊断解决不了问题，这时必须借助一定的设备仪器、按照一定的方法步骤，对故障进行全面细致地检查和分析，也就是用故障树诊断法进行诊断。故障树诊断法又称故障树分析法，是将导致系统故障的所有可能原因按树枝状逐级细化的一种故障分析方法。

2.1.1 工程机械柴油机功率的检测

发动机技术状况的主要外观症状有：功率下降，燃料与润滑油消耗量增加，启动困难，漏水、漏油、漏气、漏电以及运转中有异常响声等。

可以用来评价发动机技术状况的诊断参数很多，其中主要有：发动机功率、发动机油耗、气缸密封性、排气净化性、发动机燃烧质量、机油压力、机油中含金属量、发动机温度、发动机振动和异响。

在进行发动机技术状况诊断时，可以从上述诊断参数中重点选出与发动机功率、油耗和磨损等三方面有关的诊断参数进行检测。因为功率和油耗直接决定发动机工作特性和经济指标，而磨损情况则是发动机能否继续工作或需要进行维修的主要标志。用来诊断发动机技术状况的诊断参数见表 2-1。在进行发动机技术状况诊断时，除了故障诊断外，应当测出有关的诊断参数值，然后与标准值对照，即可确定发动机的技术状况。

表 2-1 发动机常用诊断参数

诊断对象	诊断参数	使用仪器
发动机总体	功率/kW 曲轴角加速度/(rad/s^2) 单缸断火时功率下降率/% 油耗/(L/h) 曲轴最高转速/(r/min) 废气成分和浓度/%或 10^{-6}	功率仪 功率仪 功率仪 油耗仪 功率仪 废气分析仪
气缸活塞组	曲轴箱窜气量/(L/min) 曲轴箱气体压力/kPa 气缸间隙(按振动信号测量)/mm 气缸压力/MPa 气缸漏气率/% 发动机异响 机油消耗量/(L/100km)	测量仪 测量仪 测量仪 气缸压力表 漏气仪 217 听诊器 量杯
曲柄连杆组	主油道机油压力/MPa 连杆轴承间隙(按振动信号测量)/mm	压力表 217 听诊器
配气机构	气门热间隙/mm 气门行程/mm 配气相位/(°)	量尺 检测仪 检测仪

续表

诊断对象	诊断参数	使用仪器
供油系及滤清器	燃油泵洗前的油压/MPa	接压力表或清洗检测仪
	燃油泵洗后的油压/MPa	接压力表
	空气滤清器进口压力/MPa	接压力表
	蜗轮压气机的压力/MPa	接压力表
	蜗轮增压器润滑系统油压/MPa	接压力表
润滑系	润滑系机油压力/MPa	接压力表
	曲轴箱机油温度/℃	温度仪
	机油含铁(或铜铬铝硅等)量/%	检测仪
	机油透光度/%	检测仪
	机油介电常数	检测仪
冷却系	冷却液工作温度/℃	观察表
	散热器入口与出口温差/℃	测温仪检测
	风扇传动带张力/(N/mm)	测试仪
	曲轴与发电机轴转速差/%	转速表检测
启动系	在制动状态下启动机电流/A;电压/V	数字万用表
	蓄电池在有负荷状态下的电压/V	数字万用表
	振动特性/(m/g²)	测振仪

发动机输出的有效功率是发动机的综合性能评价指标。发动机功率检测是汽车不解体检测中最基本的检测项目。

$$P_e=\frac{T_{tq}n}{9550}\quad(\text{kW})$$

式中　P_e——发动机有效功率，kW；

T_{tq}——发动机转矩，N·m；

n——发动机转速，r/min。

根据外界提供阻力矩的性质，发动机功率检测方法可分为有负荷测功和无负荷测功。

1. 有负荷测功

根据公式分别测出 T_{tq} 和 n，通过计算而得。

测功时，外界提供稳定的制动负载来平衡发动机的输出转矩，此时发动机转速维持不变，因此有负荷测功也称稳态测功。

特点：测试结果准确，需要专门的测功设备给发动机加载，试验时间长，测试费用高。适用于发动机设计、制造和院校科研部门的性能试验。

2. 无负荷测功

外界负载为零，只利用曲轴飞轮等旋转件的惯性力矩来平衡发动机的输出转矩，此时发动机转速必须变化，因此无负荷测功也称动态测功。

无负荷测功不须把发动机从车上拆下，可实现就车不解体检测。

特点：所用仪器轻便，价格便宜，测功速度快，方法简单，测功精度低，适用于汽车维修企业、检测站和交通管理部门。

发动机功率的测量分为无负荷测功和有负荷测功。

发动机功率的检测分为动态测功和稳态测功。

3. 无负荷测功仪及其使用方法

(1) 测试前的准备

① 调整发动机配气机构、供油系统和点火系统，使之处于技术完好状态；预热发动机

至正常工作温度（80～90℃）；调整发动机怠速，使之在规定范围内运转。

② 接通电源，预热仪器并调零，把传感器按要求连接在规定部位。

③ 按检测仪器的要求设置起始转速 n_1 和终止转速 n_2。

④ 将被测发动机的转动惯量置入仪器内。若被测发动机的转动惯量未知时，则应先测定其转动惯量。

⑤ 操作其他必要的键位，如机型（汽油机、柴油机）选择键、缸数选择键和“测试”键等。

（2）功率测试方法　发动机无负荷测功常用的测试方法有怠速加速法和启动加速法两种。

① 怠速加速法　发动机在怠速下稳定运转，然后突然将加速踏板踩到底，发动机转速急速上升，当转速超过终止转速时，仪表显示出所测功率值。

注意：

a. 发动机达到规定转速后，应立即松开加速踏板，以避免发动机长时间高速运转。

b. 为保证测试结果可靠，一般重复测量 3 次取其平均值。

c. 以上方法既适用于汽油机，又适用于柴油机。

② 启动加速法　首先将加速踏板踩到底，然后启动发动机使其自由加速运转，当转速超过终止转速后，仪表显示出测试值。

特点：可避免因迅猛加速操作发动机引起的误差；排除化油器式汽油机加速泵附加供油作用的影响。

（3）使用注意事项

① 发动机当量转动惯量 J 值要准确。仪器生产厂家提供的 J 值多为发动机台架试验测得，试验时通常不带风扇和空气滤清器，与就车测试时不同。因此，必须使用有关部门提供的就车测试的发动机当量转动惯量 J 值。

② 发动机加速区间的转速 n_1、n_2 的选取要适当。通常起始转速 n_1 高于发动机怠速转速，终止转速 n_2 取额定转速。

③ 检测时，踩加速踏板的速度和力度要均匀，重复性要好。

④ 无负荷测功的结果仅是发动机动力性的一个方面，不能全面评价发动机的动力性。

⑤ 无负荷测功的精度不高，作为发动机维修后的质量判断较为有效。

4. 各缸功率均衡性检测

各缸功率均衡性是判断发动机技术状况的另一个重要指标，是发动机检测诊断的一个重要内容。各缸功率均衡性可通过单缸功率检测和单缸断火后转速变化的检测来评价。

当测得发动机有效功率较小时，测试发动机的单缸功率，可以发现引起发动机动力性下降的具体原因和部位。

（1）单缸功率检测　首先测出各缸都工作时的发动机功率，然后在某气缸断火（高压短路或柴油机输油管断开）情况下，再测量发动机功率。两功率之差即为断火气缸的单缸功率。

采用将各缸轮流断火的方法，测试发动机各单缸功率，可以判断各缸技术状况是否良好。

各缸单缸功率相同，则说明发动机各缸功率均衡性好；若某缸断火后，测得的功率没有变化，则说明其单缸功率为零，该缸不工作；若发动机单缸功率偏低，则一般系该缸高压线、分线插座或火花塞技术状况不佳、气缸密封性不良所致。

(2) 单缸断火后转速变化的检测　发动机在一定转速下运行时，若某缸突然断火，则发动机的指示功率减少，导致克服原转速的摩擦功率不够，从而使发动机重新平衡运转的转速降低。因此，可以利用在单缸断火情况下测得的发动机转速下降值，来平价各缸的工作状况。

通常在发动机各缸工作都正常的情况下，以某一平衡转速下单缸断火时发动机转速下降的平均值作为诊断标准。各缸轮换断火时，转速下降幅度大而且基本相同，说明各缸工作状况良好，各缸功率均衡性好；若各缸转速下降的幅度差别很大，则说明各缸功率均衡性差，有些缸工作不正常；若某缸转速下降的幅度较标准小，则说明其单缸功率小，该缸工作状况不良；若某缸转速下降值等于零，则说明其单缸功率为零，该缸不工作。

当某缸断火或断油后，发动机依旧以原来的转速运转或转速下降幅度不大，则说明该缸不工作或工作状况不良。见表 2-2。

表 2-2　发动机单缸断火后转速下降平均值

气　缸　数	转速下降平均值/(r/min)	允许偏差/(r/min)
4 缸	80～100	±20
6 缸	60～80	±10
8 缸	40～60	±5

检测时，单缸断火后的转速下降值应符合诊断标准，且要求最高和最低下降值之差不大于转速下降平均值的 30%。

对于缸数多的发动机不适宜作该检测，因为气缸数越多，单缸断火后的转速下降值就越小，测量误差就越大，判断各缸工作性能的难度就越大。

注意：

① 断火试验时，发动机转速下降的程度与起始转速有关；

② 对于汽油机，由于某缸断火后，进入该缸的汽油混合气不参与燃烧，汽油会洗刷气缸壁上的润滑油膜，使气缸磨损加剧；同时流入油底壳的汽油会稀释机油。因此，断火试验时间不宜过长或频繁进行。

需要强调的问题：

① 无负荷测功通常情况下测量的是发动机的额定功率；

② 仪器数据库中未涉及的发动机，无法实施无负荷测功（转动惯量等参数未知）。

2.1.2　气缸密封性的检测与故障诊断

气缸密封性与气缸、气缸盖、气缸衬垫、活塞、活塞环和进、排气门等包围工作介质的零件有关。这些零件组合起来（以下简称为气缸组）成为发动机的心脏，它们技术状况的好坏，不但严重影响发动机的动力性、经济性和排气净化性，而且决定发动机的使用寿命。在发动机使用过程中，由于上述零件的磨损、烧蚀、结胶、积炭等原因，引起了气缸密封性下降。气缸密封性是表征气缸组技术状况的重要参数。

气缸密封性的诊断参数主要有气缸压缩压力、曲轴箱窜气量、气缸漏气量或气缸漏气率、进气管真空度等。就车检测气缸密封性时，只要检测上述参数中的一项或两项，就足以说明问题。

1. 气缸压缩压力的检测

检测活塞到达压缩终了上止点时气缸压缩压力的大小可以表明气缸的密封性。检测方法有用气缸压力表检测和用气缸压力测试仪检测两种。

（1）用气缸压力表检测　气缸压力表如图 2-1 所示。由于用气缸压力表检测气缸压缩压力（以下简称气缸压力）具有价格低廉、仪表轻巧、实用性强和检测方便等优点，因而在汽车维修企业中应用十分广泛。

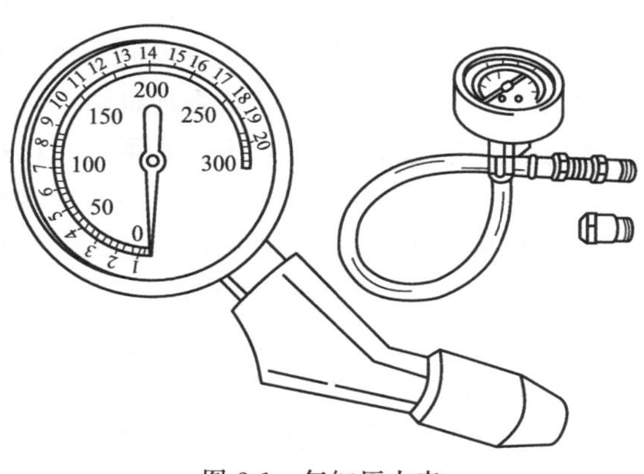

图 2-1　气缸压力表

① 检测条件　发动机正常运转至正常工作温度。水冷式发动机水温达 75～85℃以上，风冷式发动机机油温度达到 80～90℃。用启动机带动卸除全部火花塞或喷油器的发动机运转，其转速应符合原厂规定。

② 检测方法　停机后，拆下空气滤清器，用压缩空气吹净火花塞或喷油器周围的灰尘和脏物，然后卸下全部火花塞或喷油器，并按气缸次序放置。对于汽油发动机，还应把分电器中央电极高压线拔下并可靠搭铁，以防止电击和着火，然后把气缸压力表的橡胶接头插在被测缸的火花塞孔内，扶正压紧。节气门和阻风门置于全开位置，用启动机转动曲轴 3～5s（不少于四个压缩行程），待压力表头指针指示并保持最大压力后停止转动。取下气缸压力表，记下读数，按下单向阀使压力表指针回零。按上述方法依次测量各缸，每缸测量次数不少于两次。

就车检测柴油机气缸压力时，应使用螺纹接头的气缸压力表。如果该机要求在较高转速下测量，此种情况除受检气缸外，其余气缸均应工作。其他检测条件和检测方法同于汽油机。

③ 诊断参数标准　气缸压缩压力标准值一般由制造厂提供。根据 GB/T 15746.2—2011《汽车修理质量检查评定标准·发动机大修》附录 B 的规定：大修竣工发动机的气缸压力应符合原设计规定，每缸压力与各缸平均压力的差，汽油机不超过 8%，柴油机不超过 10%。

④ 结果分析　测得结果如高于原设计规定，可能是由于燃烧室积炭过多、气缸衬垫过薄或缸体与缸盖结合平面经多次修理加工过甚造成。测得结果如低于原设计规定，可向该缸火花塞或喷油器孔内注入适量机油，然后用气缸压力表重测气缸压力并记录。如果：

a. 第二次测出的压力比第一次高，接近标准压力，表明是气缸、活塞环、活塞磨损过大或活塞环对口、卡死、断裂及缸壁拉伤等原因造成气缸不密封。

b. 第二次测出的压力与第一次略同，即仍比标准压力低，表明是进、排气门或气缸衬垫不密封。

c. 两次检测结果均表明某相邻两缸压力都相当低，说明是两缸相邻处的气缸衬垫烧损窜气。

以上仅为对气缸组不密封部位的故障分析或推断，并不能十分把握地确诊。为了准确地测出故障部位，可在测完气缸压力后，针对压力低气缸，采用如下简易方法：以汽油机为例，卸下空气滤清器，打开散热器盖和加机油口盖，用一条 3m 左右长的胶管，一头接在压缩空气气源（600kPa以上），另一头通过锥形橡胶头插在火花塞孔内。摇转发动机曲轴，使被测气缸活塞处于压缩终了上止点位置，然后将变速器挂入低挡，拉紧驻车制动，打开压缩空气开关，注意倾听漏气声。如在化油器口处听到漏气声，说明进气门不密封；如在排气消声器处听到漏气声，说明排气门不密封；如在散热器加水口处看到有气泡或听到出气声，说明气缸衬垫不密封造成气缸与水套沟通；如在相邻气缸火花塞口处听到漏气声，说明气缸衬垫在该两缸之间处烧损窜气；如在加机油口处听到漏气声，说明气缸活塞配合副不密封。

用气缸压力表测量气缸压力，必须把火花塞拆下，一缸一缸地进行，费时费力，且测量误差较大。这种方法的测量结果不但与气缸内各处的密封程度有关，而且压力变化不大。但在低速范围内，即在检测条件中由启动机带动曲轴达到的转速范围内，即使较小的转速差也能引起压缩压力测量值的较大变化。所以，在检测气缸压力时，如能准确地监控曲轴的转速，将是减少测量误差、获得正确测量结果的重要保证。

（2）用气缸压力测试仪检测

① 用压力传感器式气缸压力测试仪检测　用这种测试仪检测气缸压力时，需先拆下被测缸的火花塞，旋上仪器配置的压力传感器，用启动机转动曲轴3～5s，由传感器取出气缸的压力信号，经放大后送入A/D转换器进行模数转换，再送入显示装置即可获得气缸压力。

下述测试仪检测气缸压力时，无需拆下火花塞。

② 用启动电流或启动电压降式气缸压力测试仪检测　启动机带动发动机曲轴所需的转矩是启动机电流的函数，并与气缸压力成正比。发动机启动时的阻力矩，主要是由曲柄连杆机构产生的摩擦力矩和各缸压缩行程受压空气的反力矩两部分组成的。前者可认为是稳定的常数，而后者是随各缸气缸压力变化的波动量。因此，启动电流的变化与气缸压力的变化间存在着对应关系，通过测启动时某缸的启动电流，即可确定该缸的气缸压力。通过测启动电源-蓄电池的电压降，也可获得气缸压力。这是因为启动机工作时，蓄电池端电压的变化取决于启动机电流的变化。当启动电流增大时，蓄电池端电压降低，即启动电流与电压降成正比。已如前述，启动电流与气缸压力成正比，因此启动时蓄电池的电压降与气缸压力也成正比，所以通过测蓄电池电压降是可以获得气缸压力的。

③ 用电感放电式气缸压力测试仪检测　这是一种通过检测点火二次电感放电电压来确定气缸压力的仪器，仅适用于汽油机。汽油机工作中，随着断电器触点打开，二次电压随即上升击穿火花塞间隙，并维持火花塞放电。火花放电电压也称为火花线，它属于点火系电容放电后的电感放电部分。电感放电部分的电压与气缸压力之间具有近乎直线的对应关系，因此各缸火花放电电压可作为检测各缸压力的信号。该信号经变换处理后即可显示气缸压力。

2.1.3　曲轴箱窜气量的检测与故障诊断

检测曲轴箱窜气量，也是检测气缸密封性的方法之一。特别是在发动机不解体的情况下，使用该方法诊断气缸活塞摩擦副的工作状况具有明显的作用。曲轴箱窜气量的检测一般采用专用气体流量计进行。

图2-2是一种测量气体流量的玻璃流量计简图，它实际上是一种压差式流量计。测量时，将曲轴箱密封（堵住机油尺进口、曲轴箱通风进出口等），由加机油口处用橡胶管将漏窜气体导出，输入气体流量计。当气体沿图中箭头移动时，由于流量孔板两边存在压力差，使压力计水柱移动，直至气体压力与水柱落差平衡为止。压力计通常标有流量刻度，因而由压力计水柱高度可以确定窜入曲轴箱气体的数量。流量孔板备有不同直径的小孔，可以根据

漏窜气体量的范围来选用。

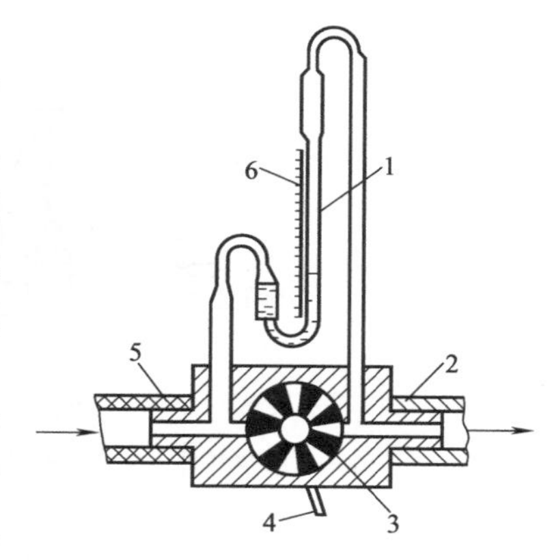

图 2-2　气体流量计示意图
1—压力计；2—通大气管；3—流量孔板；4—流量孔板手柄；5—通曲轴箱胶管；6—刻度板

曲轴箱窜气量除了与气缸活塞摩擦副的技术状况有关外，还与发动机的转速和外部负荷有关。就车测试时，一般采用加载、节气门全开、使发动机在最大转速转矩下运转的方法进行，并记下气体流量计的流量读数。发动机的加载，可以在底盘测功试验台上、坡道上或低速挡行驶用制动器进行。

试验表明，发动机在一般工作状况下，曲轴箱内的气压是极低的，满负荷下也只有 10～20kPa。因此，任何使曲轴箱内的微气压发生不适当变化的测量方法，都会使测量结果产生较大误差。在用一般煤气表测量时，进、出气软管内径不得小于 15mm，管长不大于 2m，而且表的内部阻力要尽量小。

对曲轴箱窜气量还没有制订出统一的诊断标准，有些维修企业自用的企业标准一般是根据具体车型逐渐积累资料制订的。由于曲轴箱窜气量还与缸径大小和缸数多少有关，很难把众多车型统一在一个诊断参数标准内。国外有些国家以单缸平均窜气量（测得值除以缸数）作为诊断参数，很有道理，可以借鉴。现综合国内外情况，提出下列单缸平均窜气量值，仅供诊断时参考。

汽油机：新机 2～4L/min，需大修 16～22L/min。

柴油机：新机 3～8L/min，需大修 18～28L/min。

曲轴箱窜气量大，一般系气缸、活塞、活塞环磨损量大，活塞环与气缸、活塞的各部分间隙大，活塞环对口、结胶、积炭、失去弹性、断裂及缸壁拉伤等原因造成，应结合使用、维修和配件质量等情况来进行深入诊断。

2.1.4　气缸漏气率的检测与故障诊断

气缸漏气率的检测使用气缸漏气量检测仪，测量表标定单位为百分数。一般来说，当气缸漏气率达 30%～40%时，如果能确认进排气门、气缸衬垫、气缸盖和气缸套等是密封的（可从各泄漏处有无漏气或迹象确认），则说明气缸活塞摩擦副的磨损临近极限值，已到了需换环或镗磨缸的程度。

发动机不工作时，用漏气率测试仪测试气缸漏气率，在不解体的情况下判定气缸与活塞组件、气门与气门座、缸盖与气缸垫间的密封情况。

气缸漏气率检测仪的结构示意图如图 2-3 所示。它主要由减压阀、进气压力表、测量表、出气量孔、软管、接头开关和测量塞头等组成，外接气源压力为 0.6～0.8MPa。

检测时，将发动机预热到正常工作温度后停机，拧下喷油嘴并清除安装部分周围的脏物，将第一缸活塞处于压缩行程某一位置，采用变速器挂挡或其他防止活塞被压缩空气推动的措施后，将仪器与气源接通，先关闭开关 6，观察漏气量表上的指针是否在 0 点，若不在 0 点上，用调整螺钉进行调整，然后把测量塞头压紧在安装喷油嘴的孔上，打开开关 6 向气缸充气，测量表上的读数，即反映一缸的密封情况，其他缸也以此方法进行测量。

气缸漏气率的测量原理是：压力为 p_1 的压缩空气，经量孔进入处于压缩行程的气缸内，因各配合副有一定的间隙，压缩空气从不密封处泄漏，这样在量孔前后形成一定的压力

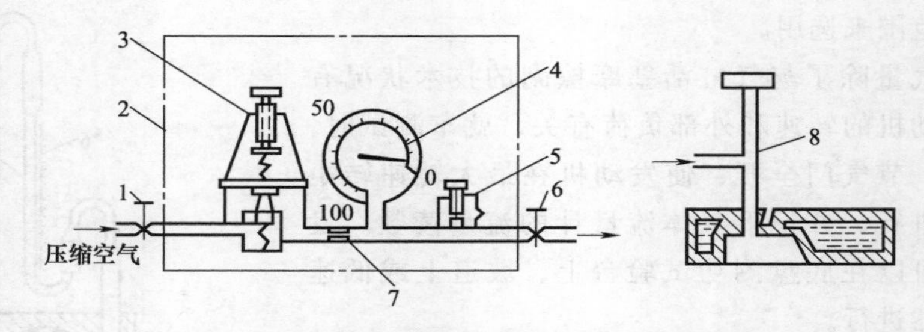

图 2-3 气缸漏气率检测仪结构示意图

1—压缩空气进入接头与开关；2—仪器箱；3—减压阀；4—漏气率表；5—气压调节阀；
6—仪器与测量塞头开关；7—出气量孔；8—测量塞头

差，其值为：

$$p_1-p_2=\rho\frac{v^2}{2a^2f^2}=k\frac{v^2}{a^2}$$

式中 k——系数，$k=\rho/2f^2$；

p_1——进气压力；

p_2——量孔后的空气压力；

v——空气漏气量；

a——量孔阻力系数；

f——量孔截面积；

ρ——空气密度。

2.2 工程机械发动机异响故障诊断与排除

发动机在着火时间正常、各部件连接可靠、配合间隙适当、润滑良好、工作温度正常、供料供给充足等技术状况良好的条件下，发动机在怠速运转时，所能听到的是均匀而轻微的排气声；加速时，转速过渡圆滑；高速运转时，则为有力而平稳的轰鸣。但是随着汽车行驶里程的增加、机件磨损的加剧，或使用维修不当以及个别机件材料不佳等，致使发动机在工作过程中出现明显的金属敲击、摩擦等不正常的响声，这些异常的响声统称为发动机异响。

发动机出现异响，标志着发动机某一机构的技术状况已发生变化，并存在某种故障。发动机的某些异响，还可预告发动机将可能发生事故性损伤（例如连杆螺栓松动所引起的连杆轴承响），所以对发动机异响故障的诊断，是工程机械发动机故障诊断的一个重要方面。

2.2.1 发动机异响的原因及类型

1. 异响原因

发动机产生异响的原因很多，归纳起来有如下几点。

（1）爆燃或早燃及工作粗暴　发动机点火时间调整过早或所用燃料（汽油）的标号不符（辛烷值较低）等所引起的响声，是一种金属敲击声，称为点火敲击声（爆燃或表面点火）。柴油发动机温度过低时，往往产生着火敲击声（工作粗暴）。

（2）配合间隙过大　某些运动机件因自然磨损使其配合间隙增大，并超出允许限度。如活塞与气缸壁的敲击响声、连杆轴承与轴颈的撞击响声、气门（或推杆）与调整螺钉敲击响

声等，往往由这种原因而引起。配合间隙是发动机装配质量的重要指标，当润滑、温度、负荷和速度一定时，异响将随配合间隙的增大而变得明显，因此间隙过大是发动机产生异响的基本因素。

（3）润滑不良　润滑是发动机各部件正常工作的重要条件，润滑既能在摩擦副之间产生润滑油膜而减轻机械磨损，又能带走因摩擦而产生的热量和金属屑。当配合间隙、温度、负荷、速度一定时，润滑油膜的厚度受润滑系统压力和润滑油品质影响，品质好的润滑油和适宜的压力就能产生较好的润滑油膜。润滑油膜越厚，机械冲击就越小，噪声也就越轻，异响就不易发生；反之，异响会发生并且明显而清晰。

（4）紧固件松动　发动机运转过程中，会产生振动，某些机件会因振动而产生松动，导致相应部件产生撞击响声。如飞轮固定螺栓松动、连杆螺栓松动、凸轮轴正时齿轮固定螺母松动等所导致的响声。

（5）个别机件变形或损坏　发动机中某些机件的变形或损坏会带来相应的异响。如连杆弯曲所引起的敲缸响；气门弹簧折断、曲轴断裂、凸轮轴正时齿轮破裂等所引起的响声。

（6）装配调整或修理不当　某些机件因修理不当或装配调整不当，使其配合间隙失当，如活塞销装配过紧、气门座圈材料选用不当或过盈量太小而造成过盈配合松动，气门间隙调整不当等所引起的响声。

（7）转速　一般情况下，转速越高，机械异响越强烈（活塞敲缸响是个例外）。尽管如此，在高速时各种响声混杂在一起，听诊某些异响反而不易辨清。所以，诊断时的转速不一定是高速，要具体异响具体对待。如听诊气门响和活塞敲缸响时，在怠速下或低速下就能听得非常明显；当主轴承响、连杆轴承响和活塞销响较为严重时，在怠速和低速下也能听到。总之，诊断异响应在响声最明显的转速下进行，并尽量在低转速下进行，以便于听诊并减小不必要的噪声和损耗。

（8）温度　有些异响与发动机温度有关，而有些异响与发动机温度无关或关系不大。在机械异响诊断中，对于热膨胀系数较大的配合副要特别注意发动机的热状况，最典型的例子是铝活塞敲缸。在发动机冷启动后，该异响非常明显，然而一旦温度升起，响声即减弱或消失。所以，该异响诊断应在发动机低温下进行。热膨胀系数小的配合副所产生的异响，如曲轴主轴承响、连杆轴承响、气门响等，发动机温度的变化对异响的影响不大，因而对诊断温度无特别要求。

（9）负荷　许多异响与发动机的负荷有关。如曲轴主轴承响、连杆轴承响、活塞销响、活塞敲缸响、气缸漏气响、汽油机点火敲击响等，均随负荷增大而增强，随负荷减小而减弱。柴油机着火敲击声随负荷增大而减小，但是，也有些异响与负荷无关，如气门响、凸轮轴轴承响和定时齿轮响等，负荷变化时异响并不变化。

2. 异响类型

发动机常见的异响主要有机械异响、燃烧异响、空气动力异响和电磁异响等。

（1）机械异响　主要是运动副配合间隙太大或配合面有损伤，运动中引起冲击和振动造成的。因磨损、松动或调整不当造成运动副配合间隙太大时，运转中引起冲击和振动，产生声波，并通过机体和空气传给人耳，于是我们听到了响声。如曲轴主轴承响、连杆轴承响、凸轮轴轴承响、活塞敲缸响、活塞销响、气门脚响、正时齿轮响等，多是因配合间隙太大造成的。

（2）燃烧异响　主要是发动机不正常燃烧造成的。如汽油发动机产生爆燃或表面点火时，柴油发动机工作粗暴时，气缸内均会产生极高的压力波。这些压力波相互撞击并撞击燃烧室壁和活塞顶，发出强烈的类似敲击金属的声响，是典型的燃烧异响。

(3) 空气动力异响　主要是在发动机进气口、排气口和运转中的风扇处，因气流振动而造成的。

(4) 电磁异响　主要是发电机、电动机和某些电磁器件内，由于磁场的交替变化，引起机械中某些部件或某一部分空间产生振动而造成的。

2.2.2　发动机异响的特征及诊断方法

1. 发动机异响的特征

通常将发动机异响的声调、最大振动部位，异响变化情况与发动机转速、负荷、温度、工件循环的关系，以及各异响所伴随的其他现象称为发动机异响的特性。

发动机异响的种类较多，响声也较为复杂，但是各异响都有一定的规律。

(1) 声调不同　各种异响将因发动机的形状、大小、材料、工作状态和振动频率不同而出现不同的声调。如气门响的声调较尖脆，音频高；连杆轴承响的音调则脆而重；而曲轴轴承响却沉重发闷，音频较低。

(2) 异响的大小随转速、负荷、温度的变化而变化　发动机异响中，有些异响其响声大小将随发动机的转速、负荷、温度的变化而变化；有些异响又与发动机的工作循环有关；有些异响常伴随着其他故障现象（如加机油口脉动冒烟、排气管冒蓝烟、机油压力下降等）；各异响引起气缸体各部位振动的强烈程度也不相同。

2. 发动机异响的诊断方法

发动机异响故障的诊断，是在发动机不解体的条件下，查明异响故障的性质、部位和原因的检查。其诊断的方法有仪器检测方法和人工经验方法，用仪器诊断发动机异响因其操作复杂且还需要人工智能对诊断结果进行判断，因而使用并不普及，目前应用较多的仍是人工凭经验诊断。

人工经验诊断所依据的是发动机的异响特征，但发动机异响中并不是每种异响故障都同时与发动机的工作循环、负荷、温度、转速有关，而只是与其中某项或数项有关，也不是每种异响都存在伴随的现象。例如活塞敲缸响，将与发动机的工作循环、负荷、温度、转速有关并伴有其他现象；而连杆轴承发响，则与转速、负荷、振动区域有关。若将每种异响与这些因素的关系系统归纳起来，就构成了每种异响的完整特征。因此，诊断发动机异响故障，

就是根据声调特征（注意有的异响的音调在不同发动机上有着不同的表现，有的甚至就是在同一台发动机上，也会因其技术状况变化不一而声调不同，因而仅凭异响的声调特征，是不容易确切断定异响性质的），采取不同的听诊方式，利用转速、负荷、温度等的变化，让诸如故障现象、振动区域、出现时机、变化规律等各种不同性质的异响特点都充分表现出来，再加以分析对比，从而做出符合实际的诊断。

(1) 用不同的听诊方式进行诊断　听诊方式是指采用或不采用某种简单工具器材进行听诊的方法和形式，它通常包括内听和外听两种。

① 外部听诊。使用听诊器具（金属棒或旋具等）或不使用听诊器具在发动机外部进行听诊的方式，称为外听。它有实听和虚听之分。实听是用听诊器具抵触在发动机机体上，进行诊断的一种听诊方法。虚听是不用任何听诊器具，直接凭听觉诊断异响的一种听诊方法。

外部听诊是最基本的听诊方式之一，对于诊断发动机异响经验比较丰富的人员或在异响较为明显时，使用比较普遍。

② 内部听诊。内部听诊是相对于外听而言的，它是利用导音器材从发动机内部拾音而听诊的一种方式。如使用听音管从加机油口或机油尺插口中插入曲轴箱中（不能插入机油池内）进行听诊。这种听诊方式可以排除外部噪声的干扰，尤其是对于较为弱小和在外部难以辨别的异响故障的诊断，内部听诊比外听的效果更好。

（2）利用发动机异响随其转速变化而变化的特性来诊断异响　由于发动机异响机件的构造形式、承受的负荷、所处的位置、润滑条件以及松旷的程度等有所不同，因而产生异响时的转速也各有差异。但发动机的各种异响本身都有其特定的振动频率，当运动速度的频率是异响频率的整数倍时，会产生共振现象，异响加剧。即每种异响在其响声最明显时都对应一个运动速度段（速度范围），一般将音量、节奏、音调等暴露得最为明显的转速或转速区域称为最佳诊断转速。

通常将发动机转速划分为怠速、稍高怠速、中速、高速四个区段。

怠速：500～800r/min。

稍高怠速：800～1200r/min。

中速：1200～2000r/min。

高速：2000r/min 以上。

由于发动机的各种异响都有相应的最佳诊断转速，有些异响在发动机怠速或稍高怠速时较明显，而在加速或中等以上转速时，由于响声频率增高，同时其他噪声也增大，就使得异响声隐含其中，反而听不清楚，如活塞敲缸响和活塞销响等；有的异响在发动机怠速时听不清楚或不易发现，甚至缓慢加速，响声也不明显，但由怠速至中速急加速时，由于冲击负荷急剧增大，使得敲击声明显且连续，如连杆轴承松旷发响和曲轴轴承松旷发响等；又有些异响将在发动机急减速（发动机由高速运转突然完全放松节气门）时更明显，如活塞销与连杆衬套间松旷发响、曲轴折断发响等。

鉴于异响与转速的这种特殊关系，在诊断发动机异响故障时，应做多种转速试验，各种区域的稳定速度和不同节奏的急加速等，以使异响得到充分暴露，便于真实地捕捉到异响并弄清异响与转速的关系，只有亲耳听到异响，才能进一步确定异响。因此，正确运用发动机转速，是诊断异响的关键。

（3）利用发动机异响随其负荷变化而变化的特性来诊断异响　发动机运转过程中的某些异响除与转速有关外，还与发动机的负荷有关。一般情况下，负荷越大，异响声越大，其表现是异响与缸位有明显的关系。在诊断发动机异响的过程中，可以通过改变发动机的负荷，使异响的响声大小发生改变，从而有助于异响故障的定性和定位诊断。

改变发动机负荷的方法有增加负荷和解除负荷两种做法，应用较多的是解除负荷。

解除负荷的方法通常是逐缸断火或断油（柴油发动机）。所谓断火是指将某缸高压分火线从火花塞上拔下，或用旋具将某缸火花塞处的高压分火线接头与气缸体搭接，使该缸高压电路断路或短路，以停止该缸做功，解除该缸负荷的方法。所谓断油是指拧松某缸的高压油管接头螺母，以停止该缸的供油；对于电控汽油喷射发动机，可拔下某缸喷油器的控制线，达到断油的目的。

断火或断油后，发动机异响一般有三种情形：一是异响声减弱或随即消失，此现象称为上缸，如活塞敲缸响；二是异响变得更清晰、更明显或原本无异响反而异响复出或频率慢的异响变快了，此现象称为反上缸，如活塞销与连杆衬套配合松旷所引起的响声；三是异响的主要特点变化不明显或根本没有变化（此时因断火或断油后引起发动机转速下降及异响的频率下降不包括在内），说明该异响与负荷无关，此现象称为不上缸，如配气机构的响声。

利用断火或断油的方法可以达到区分异响所在机构，确定异响所在缸位，缩小诊断范围的目的。一般地说，断火或断油后，若响声有变化，该异响属于曲柄连杆机构；若响声无变化，则为配气机构的异响。若某缸断火后响声有变化，则说明该缸有故障。

与解除负荷相反的是增加负荷。增加负荷常用的方法：一是在坡道上或在平地上稍拉驻车制动起步；二是工程机械行驶中突然改变车速，即突然加大节气门开度，使发动机转速迅速提高，或突然松开节气门以迅速降低发动机转速；三是重载，以增大发动机的负荷。发动机负荷增大，有些异响会明显地暴露出来，如连杆轴承响，在急加速时就会突出地表现出来；曲轴轴承响在大负荷重载时更为明显。

(4) 在异响的最大振动部位来对其诊断　发动机有异响存在时，在发动机某部位就会产生振动，其振动频率与异响声频率往往是一致的：根据此道理，就可以大致判明发响机件的部位。因此，这是诊断发动机异响故障的重要辅助手段，其试验方法是手握金属棒、旋具或金属管，触及发动机某区域，凭感觉断定异响与振动的关系。由于不同发响机件所处的部位不同，所以在发动机上的振动强烈程度亦不一样，通常将在发动机机体上振动量最大的区域称为最大振动部位。各种异响在发动机机体上都对应着各自的最大振动部位。因此，通过实听的方法，在缸体各部位仔细查听，就可找到异响表现最明显的部位即最大振动部位；根据最大振动部位在缸体上的区域和振动频率与异响的关系，就可以大致判明发响机件的部位。

① 常见异响在发动机上引起振动的区域　发动机常见异响所引起的振动，常在发动机的气缸盖部位、气门室及其对面凸轮轴部位和曲轴箱分开面（即油底壳与缸体结合处）部位有所反应。此外在加机油口或正时齿轮盖处，也有某种反应。因此，常见异响在发动机上引起振动的区域，就可以分为四个区域、两个部位，即 A-A 区域（缸盖部位）、B-B 区域（气门室及其对面）、C-C 区域（凸轮轴部位）和 D-D 区域（曲轴箱与缸体分开面）、加机油口部位和正时同步齿轮盖部位，如图 2-4 所示。

② 各异响振动区域可察听的故障

a. A-A 区域可察听的故障。在该区域，用旋具触试气缸盖各缸燃烧室部位或触试与曲轴轴承、气门等相对的部位。这样可以辅助诊断活塞顶碰缸盖响、气门座圈脱出响、气门响等。

b. B-B 区域可察听的故障。在该区域的气门室一侧，可察听气门组合件及挺杆等发响。如在气门室对面，用旋具触试，可辅助判明活塞敲缸响一类的故障；如拆下加机油口盖，通过察听，可辅助判明活塞销响、连杆轴承响等故障。

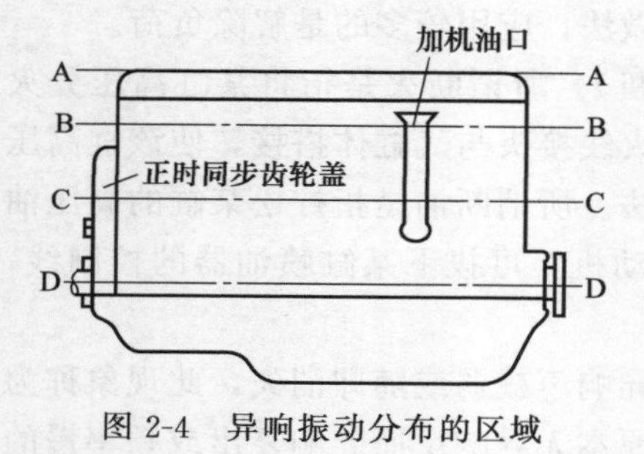

图 2-4　异响振动分布的区域

c. C-C 区域可察听的故障。在该区域，用旋具触试凸轮轴的前、后衬套部位或触试正时齿轮盖部位，可辅助诊明凸轮轴正时齿轮破裂或其固定螺母松动、凸轮轴衬套松旷等故障。

d. D-D 区域可察听的故障。在该区域，用旋具触试气缸体与曲轴箱分开面的附近（凸轮轴的对面），可以辅助诊明曲轴轴承发响或曲轴断裂等故障。

(5) 利用发动机异响随温度变化而变化的特性来诊

断异响　由于发动机工作温度的变化，能使发动机机件的润滑条件和配合间隙发生变化，这就决定了发动机的某些异响与温度有着密切的关系。由于发动机温度的变化，润滑油的黏度会发生变化，温度越高，润滑油的黏度越低，产生异响机件间的润滑油膜就较薄，机件间的冲击力就会增大，异响声也就更加明显，如连杆轴承响、曲轴轴承响等。但有些异响在发动机温度升高后，由于配合机件的材料不同，受热后的膨胀量不同，异响将因发动机温度升高而减轻，甚至消失，如由活塞与气缸壁配合间隙过大所引起的敲缸响，在发动机冷启动时，该响声很明显，而温度一旦升高，响声即减弱或消失。这是因为活塞与气缸壁在发动机温度升高后，活塞的膨胀量要大于气缸壁的膨胀量，活塞与气缸壁间的间隙将随发动机温度的升高而减小。因此，在诊听发动机异响过程中，密切注意异响与温度变化的关系，进行冷、热车对比，往往是判断某些异响的关键依据。

（6）利用异响的节奏与发动机工作循环的关系来诊断异响　对于四冲程发动机来讲，有些异响与发动机的工作循环有明显的关系，而另一些异响则与发动机工作循环无关。这要视发响机件所处位置和工作状态而定。

① 与工作循环有关的异响。在发动机运转过程中，如果曲柄连杆机构或配气机构中某些运动件发响，则明显与工作循环有关。如活塞与缸壁间隙过大所引起的敲击声，曲轴每转一圈，就会发响一次，即火花塞跳火一次，将发响两次。这是因为在做功行程中，作用在活塞上的力，将分解成为两个分力，一个分力传至连杆使曲轴旋转，另一个分力将活塞压向气缸壁的右边（工程机械前进方向），引起活塞碰击缸壁，此分力在压缩过程中改变方向，又将活塞压向气缸壁左边，再次引起活塞碰击缸壁，所以曲轴每旋转一圈，就会发生一次敲缸响声。同理可以推论曲柄连杆机构中与工作循环有关的响声，均为火花塞跳火一次发响两次；配气机构中与工作循环有关的响声，均为火花塞跳火一次发响一次。这是此类异响的规律之一。

当发动机怠速运转时，一般能听出每个工作循环的间隔，把响声间隔同每一个工作循环相比较，即可辨别出异响与发动机工作循环的关系。如听不出发动机工作循环的间隔可用跳火的方法试验，每跳一次火为一个工作循环。

② 与工作循环无关的异响。在发动机运转过程中，有些异响与工作循环是无关的，即发响次数与曲轴转数无关。例如，发动机怠速运转时所出现的间歇发响、摩擦声或连续的金属敲击声等。发现此类响声，应注意其发响区域。通常与工作循环无关的间歇发响，多为发动机附件故障，即发电机、启动机、水泵、空气压缩机和空调压缩机等安装不良或其 V 带轮固定螺母松动等所引起的。

（7）利用分别停转发动机附件来诊断　若怀疑发电机、水泵、空气压缩机等发响，则可择其一种做停转试验。如怀疑空气压缩机某处异响，则可将其传动 V 带拆下，然后进行试验。若异响消失，即表明故障在空气压缩机；若异响仍存在，则可拆下风扇 V 带试验；如异响消失，应用手扳转水泵或发电机试验，如有异响而且与发动机运转期间相似，即表明故障在水泵或发电机。

根据响声特征区分故障部件。若听到与工作循环无关的金属连续摩擦声时，可考虑某些旋转件是否有故障，例如曲轴 V 带轮是否与某处接触摩擦等。若发现金属连续敲击响声，则应考虑正时齿轮部位。

（8）根据其他参考因素诊断　发动机的某些异响故障，在其发响后，常常伴随其他故障出现。例如，曲轴轴承松旷过甚发响时，往往伴随机油压力降低，发动机抖动等异常现象。

因此，这些伴随现象成为辅助诊明异响故障的重要依据。通常异响伴随的其他故障现象有机油压力降低、加机油口脉动冒烟、排气管冒烟的烟色不对、功率降低、燃料消耗过甚等。

3. 发动机异响的区分及诊断注意事项

（1）发动机异响故障的诊断程序　诊断发动机异响故障，应根据旧发动机的不同特点，尤其接近大修的老旧发动机，因自然磨损，各运动件的技术状况恶化，发动机运转期间，不可避免地存在着各种异响，以致显得声音嘈杂。因此，对于老旧发动机，如出现异响，则应按下列步骤进行诊断。

① 抓住危害性大的异响　由于老旧发动机在运转期间声音杂乱，所以首先应判明哪些异响是属于暂时不会损坏机件的，哪些是属于危害性大、必须立即确诊排除的。例如，异响仅在怠速运转期间存在，转速提高后即消失，而且在发动机长期使用过程中，这种异响又无明显变化的，就属于危害不大的异响，可暂时保留，待适当时机再修理。若异响在发动机急加速或急减速时出现，并且在发动机中、高速运转期间仍存在，同时机体振抖，一般属于危害性大不可保留的异响，应立即查明原因并予以排除。若在发动机运转过程中，突然产生较重的异常声音应立即停机，不可继续听诊，不然，将可能导致发动机严重损伤。遇此情况，通常是先拆下油底壳，检查曲轴轴承、连杆轴承，如正常，可进而拆下气缸盖检查气缸壁和活塞等。

② 对异响确诊　确诊异响，就是根据异响所表现出的特征，对异响进行分析，然后确定故障的性质、部位，最后查明其原因，予以排除。由于异响发生时机与发动机的转速密切相关，所以应当抓住发生异响时机，迅速进行诊断。通常将诊断发动机的异响归纳与转速的关系为：怠速或低速运转有异响，怠速正常而转速提高后有异响，行驶期间有异响等三种情况。

a. 怠速或低速运转有异响的诊断。遇此情况，应首先用单缸断火（或断油）法查明异响与缸位的关系。如某缸断火（或断油），异响有明显变化，根据特征分析可知，故障就在该缸。如异响与缸位无关，则应逐缸查明异响与发动机工作循环的关系，判定故障出自哪一机构。然后再逐渐提高发动机转速进行试验，察听异响有无变化（例如异响消失或随转速提高而加重等）。此外，应注意温度的影响。这样便可查明异响与发动机的负荷、工作循环、转速、温度之间的关系，从而确知被诊异响的特征，就可以得出较为准确的结论。

b. 怠速时无异响而转速提高后有异响的诊断。遇此情况，应首先逐渐提高转速直至高速运转，当异响出现时，应维持异响出现时的转速运转，查明异响与缸位的关系。如与缸位关系不明显，应按照异响振动在发动机上的分布区域，用旋具触试其振动情况，用以辅助查明发响部位。

若逐渐提高发动机转速并无异响出现，可进行急加速或急减速试验，以察听转速急剧变化时有无异响出现。如急加速有异响出现时，可用旋具使某缸断火，再做急加速试验，借此判明异响与缸位的关系。同时应观察机油压力、加机油口、排气管等处的变化，用以辅助诊明此类异响故障。

c. 在行驶时异响的诊断。在行驶期间出现异响，但弄不清异响是出自发动机还是其他部位，此时，应立即将变速器脱入空挡，并做急加速试验，如有异响出现，即表明发动机有故障。

（2）发动机异响故障的区分

① 气门响与气门挺杆响的区分　气门响与气门挺杆响，不仅同属于配气机构，而且在

故障现象和基本特征方面，除了后者在音质上比前者稍重和比较隐蔽之外，其他方面诸如音调、音频、转速、温度影响都基本相同。因此，诊断时必须根据以下方法进行区分。

a. 气门响只通过气门室盖传导至外界，因此比较明显；而气门挺杆响的振动能量先被挺杆架部分吸收后，再经挺杆室盖传导至外界，因此比较隐蔽。所以气门响的音质更清脆。

b. 对于气门侧置式发动机，当确认气门间隙不大，仍存在气门响的特征时，可用铁丝钩住挺杆，并用力将挺杆拉向一侧，若响声消失即可确定是气门挺杆响。对于顶置式发动机，因为气门机构装置在气缸盖上，挺杆机构装置在曲轴箱上，并有一定的距离，因此也可以从声源的位置上加以区别。若难以区分时，同样可以在确认气门间隙不大后，用旋具将气门挺杆别向一侧，即可判定响声是否由于挺杆所致。

c. 利用发动机工作转速区分。气门响不论何种转速都是存在的。尤其在中速以上转速中，不仅频率加快，而且音调还会升高。而气门挺杆响在中速以下比较清楚，当车速升高至中速以上时，有时会减弱或消失。

② 活塞敲缸响与活塞销响的区分　活塞敲缸响与活塞销响，不仅都是发生在活塞和与活塞相配合的工作件上，而且异响暴露的时机、音调等现象特征也基本相似。特别当异响声音较轻微时，断火试验都表现为上缸。因此，只有通过以下三种方法才能正确地区分。

a. 根据发动机温度对二者的影响区分。发动机初发动及低温时，如果异响声音突出，而在温度升高和启动后运转数分钟，异响声音有所减弱或消失，一般为活塞敲缸响。如果初发动及低温时，异响声音较弱，而在温度升高后异响声音变强，通常由活塞销响所致。

b. 采取断火（或断油）的方法区分。断火（或断油）后，如果是活塞敲缸响，将会出现明显的减弱或消失；而在复火（或复油）的瞬间，不仅异响声音将会重复出现，并且在复火后的第一声响还特别突出。如果是活塞销响，在断火（或断油）后，往往出现异响声更加突出、节奏更加清楚的反上缸现象；即使当该异响故障较轻时，也能在断火的瞬间听到明显清晰的连续两响的敲击声。

断火（或断油）后的上缸与反上缸现象，是活塞敲缸响与活塞销，是最重要的区别点。

c. 利用加机油试验区别。将发动机熄火，向发响气缸内注入 20～25mL 的浓机油后，快速装好火花塞（或喷油器），立即启动发动机试验。若在初发动瞬间无异啊或响声较小，继而响声又复现或加大，则为活塞敲缸响；若加机油发动后，响声无变化，则为活塞销响。

③ 连杆轴承响与曲轴轴承响的区分　连杆轴承响与曲轴轴承响同属恶性故障，如果仅从音调、温度等现象中去分辨，往往难以做出准确的诊断，但其有以下几点不同。

a. 因为曲轴轴承不论多少道，均装置在与曲轴同一条直线上，间接地承受着做功行程中急剧膨胀的气体冲击力，且与曲轴的接触面较之连杆轴承的接触面要大。因此，曲轴轴承的异响声音要比连杆轴承的异响声音沉闷，其清晰度要比连杆轴承略差一些。

b. 断火（或断油）后的反应不同。因为连杆轴承直接承受着本气缸做功行程中强大的气体压力，当一单缸断火（或断油）后，就直接消除了作用在轴承上的冲击力，所以异响声音明显地减弱或消失。而曲轴轴承则只有在首尾两道单缸断火（油），其他各道必须在其相邻两缸同时断火（油）后，才能使异响声音减弱或消失。

c. 机身振动不同。无论是何种原因引起的连杆轴承或曲轴轴承响，归结到一点就是由于轴承间隙过大所致。如果是曲轴轴承间隙过大，曲轴会直接撞击缸体而使发动机机体出现严重的振动。如果是连杆轴承间隙过大，连杆撞击连杆轴颈后的振动能量，被曲轴臂部分吸收后再传递至机体，则使机体的振动量要小得多。

④ 发动机的内部异响与外部异响的区分

a. 外部附件响，无论何种部件引起的，一般都易暴露，其部位感也很强；诊断时，只要稍加注意，即可较准确地区分异响所在的部位。

b. 对于有的附件异响特征类似机内异响（如空气压缩机的连杆轴承响）而不能准确分辨时，可用断火（油）的方法鉴别。发动机内部异响除配气机构外，断火（油）后异响会发生变化，而外部附件响则不会发生变化。

c. 运用排除法区分。外部附件的工作，基本上是由发动机提供动力的：当切断某附件动力后，异响被消除，即可分辨为该附件所致。

（3）发动机异响故障的诊断注意事项

① 检查发动机的点火系统、燃料系统、润滑系统、工作温度及外部连接情况　发动机的点火系统和燃料系统工作不正常，会造成转速不稳，加速不良，化油器回火，消声器“放炮”等故障，这不仅影响对异响的诊断，而且能导致发动机出现不正常的响声，如点火过早和温度过高而引起的爆燃声。发动机润滑不良，不但危害正常工作，加剧机件磨损，而且也会造成发动机各运动机件发响，如曲轴轴承和连杆轴承发响等曲轴箱的机油加注过多，造成气缸窜机油，排气管冒蓝烟，还会造成连杆大头打击机油。飞轮固定螺栓松动和变速器第一轴齿轮损伤，会引起飞轮和齿轮发响。发动机附件及外部连接不牢固，也会产生振动而导致异响。

通过以上分析，显而易见，点火系统、燃料系统和润滑系统的技术状况变坏，工作温度不正常，外部连接不可靠等，不但影响发动机的正常工作，而且会造成异常的噪声，也给诊断异响带来困难。因此，在诊断发动机异响之前，必须对以上几个因素进行检查，并力求加以排除。

② 了解发动机的使用和维修情况　诊断发动机异响时，尽量了解发动机的使用和保养及修理情况，这对准确诊断该发动机的异响是非常有帮助的。因为有些异响是由于在保养或修理时所换用的机件材质不佳或保养、修理质量差而造成的。如活塞反椭圆、连杆轴承与轴颈、活塞销与衬套及座孔配合过紧而引起的敲缸响。当了解保修情况后，就能在诊断时少走弯路。一般说来，若驾驶员反映只是在重车上坡时出现沉重的金属敲击声，就可以重点怀疑是曲轴轴承响和连杆轴承响，等等。总之，详尽地了解发动机的使用与保养情况，能为诊断异响提供必要的依据，缩小诊断范围，进而能使诊断工作收到事半功倍的效果。

③ 抓住低温时机　由于机体的热胀冷缩，发动机某些异响随着温度的变化而变化。如因磨损间隙增大引起的活塞敲缸响，在冷车时响声明显，热车时响声减弱或消失，如果在冷车时没有注意听诊，就会失去最好的听诊机会待发动机温度很快达到正常工作温度时，才注意听诊就很难捕捉到，因而极易造成漏诊。还有些异响，如曲轴轴承响和连杆轴承响，它们间接受温度的影响，温度升高，润滑油膜变得稀薄，响声增大，所以从冷发动机一启动，就要集中精力，听诊异响故障出现的时机和异响故障与发动机温度的关系进行鉴别，才能迅速、准确地诊断出各种异响故障。

④ 正确利用转速　发动机的异响与转速有着极其重要的关系，甚至可以说，绝大多数的异响，或出现、或增强、或消失、或减弱、或清晰、或混淆，都是在发动机特定的转速下产生和出现的。因此在诊断异响的过程中，必须正确利用转速的变换，让发动机的异响尽量充分暴露出来，反过来，又以转速为依据，根据异响随转速变化的特点，辨明属何种性质的异响，如敲缸响是在怠速或低速时响声明显，如不在此转速查找，则可能不易发现。因此，

发动机在怠速运转时出现了连续而有节奏且清脆的响声，就可能是敲缸响，然后再从其他方面进一步确诊；又如连杆轴承响，如不采取急加速的方法，在一般情况下是不易发现的，所以若在急加速情况下，发动机出现连续而沉重的金属敲击声，则可重点怀疑是连杆轴承响。正确利用转速诊断的原则是由低到高，具体分为以下四个转速范围，即由怠速至低速，由低速至中速，由中速至高速和急加速。先慢加速再急加速，通常是分阶段灵活运用，即先在怠速或稍高怠速下稳定运转一段时间观察，然后再逐渐提高到低速、中速、高速，并对异响在各种转速区域的情况进行对比，最后再使用急加速。如果某异响在某一特定的转速中表现得尤为突出，则可反复使用该转速，以达到确诊。

综上所述，在诊断发动机综合异响过程中，必须对异响的音调、最佳诊断转速、断火试验、最大振动部位、温度影响、伴随现象等方面的特征全面观察，综合分析，才能做出正确的判断。

4. 发动机常见异响故障的诊断

由于发动机的组成部件较多，产生异响的机件也就较多，有些异响比较常见，而有些异响并不常出现，这里主要介绍几种常见的异响故障的现象、原因、特点及诊断的方法。

（1）活塞敲缸响的诊断

① 故障现象　发动机在稍高于怠速运转时，缸体上部两侧发出清脆有节奏的“当当”金属敲击声。

② 故障原因

a. 活塞与气缸壁配合间隙过大（这是造成活塞敲缸响的主要原因）。

b. 活塞反椭圆。

c. 活塞销与衬套或连杆轴承与轴颈配合过紧。

d. 连杆弯曲或扭曲变形。

e. 连杆衬套或活塞销座孔铰偏。

③ 故障诊断

a. 在不同温度下诊断。敲缸响的最大特点是冷车明显，热车时减弱或消失，因此，应在初启动时和发动机温度较低时仔细察听。

若在冷车时存在清脆而有节奏的敲击声，热车时的响声减弱或消失，即为活塞敲缸响，且故障程度较低。若机温升高后其响声虽有减弱，但仍较明显，尤其在大负荷低转速时听得非常清楚，且加机油口处有脉动冒烟和排气管有冒蓝烟的情况，说明是严重的活塞敲缸响。

b. 怠速或低速时，响声清晰，且一般为连响（发动机每工作循环发响两次）。最大振动部位在气缸体上部与发响缸对应的两侧，实听响声较强并稍有振动感。若在加机油口处听诊，响声较明显。

c. 断火试验。将发动机置于敲击声最明显的转速下运转，逐缸进行断火试验（用木柄旋具使火花塞高压电路短路）。当某缸断火后响声减弱或消失，复火后又能敏感地恢复，尤其第一声特别突出，即为该缸活塞敲缸响。

d. 加机油确诊。为了进一步确认，可将发动机熄火，卸下发响气缸的火花塞或喷油器，往气缸内注入少许（20～25mL）浓机油，摇转曲轴数圈，使机油布满在气缸壁和活塞之间，并立即装复火花塞或喷油器，启动发动机察听，若响声在启动后的瞬间减弱或消失，然后又重新出现，即可确诊为活塞敲缸响。

（2）活塞销响的诊断

① 故障现象　怠速或稍高于怠速时，在缸体上部实听，有明显的“嗒、嗒”声且有节奏，随转速升高响声变大；但中速以上不易察觉。

② 故障原因

a. 活塞销与连杆衬套配合松旷。

b. 活塞销与活塞销座孔配合松旷。

c. 活塞销两端面与活塞销卡环碰击。

③ 故障诊断

a. 发动机在怠速或稍高怠速时响声明显清晰。严重时，响声则随发动机转速增高而增大，且机温升高后，响声也有所增大。

b. 此响声一般为间响。在加机油口处听诊，响声明显。最大振动部位在气缸体上部，在与发动机有异响气缸相对应的气缸盖上进行实听，响声较强并稍有振感。

c. 断火试验。将发动机置于敲击声最清晰的转速下稳定运转，逐缸进行断火试验。当某缸断火后响声明显减弱或消失，在复火瞬间又灵敏地恢复，即可诊断为活塞销响。若配合间隙过于松旷，响声非常严重时，进行断火试验，响声不但不减弱，反而变得连续（间响变连响），更加清晰，形成了“反上缸”现象。

d. 有的发动机，适当提早点火时间，响声加剧。

（3）连杆轴承响的诊断

① 故障现象　发动机由怠速向中速急加速过程中，发出连续有节奏的“哒、哒”金属敲击声，响声沉重而短促，负荷增大响声加剧，机油压力稍有下降。

② 故障原因　主要原因是轴承与轴颈配合松旷或润滑不良，具体因素有：

a. 连杆轴承盖的螺栓松动或折断。

b. 连杆轴承减摩合金烧蚀或脱落。

c. 连杆轴承或轴颈磨损过甚造成径向间隙过大。

d. 连杆轴承因过长或过短，定位凸榫与相应凹槽不吻合而损坏或转动。

e. 机油压力过低或机油变质及缺少机油。

f. 超负荷运行使轴承过度疲劳，油膜破坏造成轴承合金烧蚀脱落。

③ 故障诊断

a. 当异响声随发动机转速的逐渐升高而增大时，可用急加速方法进行试验，即在怠速向中速进行急加速的瞬间，不仅在加机油口处，而且在机体外部都能听到明显清晰、节奏感强的金属敲击声。若响声严重时，在稍高怠速以上的任意转速区域均能听到这种敲击声。

b. 断火试验。在怠速、中速响声最明显的急加速过程中，逐缸进行断火试验：如某缸断火后响声明显减弱或消失，在复火的瞬间又能立即出现，即可诊断为连杆轴承响。

c. 连杆轴承响为间响。最大振动部位在缸体中下部（主油道附近），用听诊器具在该处能听到明显的敲击声。

d. 发动机在最初启动的瞬间，或在发动机熄火数分钟后再启动的瞬间，突然加速，由于机油已流回油底壳，形成瞬时润滑不良异响声较大；当发动机运转数分钟后，润滑油进入油道，轴承与轴颈之间能形成较好油膜，因而响声稍小。随着机温的升高，润滑油黏度降低，油膜变薄，因而响声也随之有所增大。

e. 发动机在低温状态（尤其在冬季），因润滑油黏度增大，轴承与轴颈之间还能形成较好油膜，因而响声较小。随着机温的升高，润滑油黏度降低，油膜变薄，因而响声也随着有所增大。如果响声严重，将伴随有机油压力下降的现象。

f. 柴油发动机连杆轴承响的诊断。与汽油发动机相比，柴油发动机连杆轴承的响声比较沉重，诊断时只有避开着火敲击声的干扰，才能听得清楚。如果随着供油拉杆行程的加大，响声逐渐增强，并在迅速收回供油拉杆，趁发动机降速之际，能明显听到坚实的“哐、哐、哐”的敲击声，即可初步诊断为连杆轴承响。此外，也可在中、高速运转时抖动供油拉杆做试验，如此时出现坚实有力的敲击声，说明是连杆轴承响。诊断时可结合从加机油口处听诊，检查机油压力和做单缸断油试验等方法进行。如果单缸断油后有响声明显减弱或消失的上缸现象，则可确认为该缸连杆轴承响。

（4）曲轴轴承响的诊断

① 故障现象　急加速过程中，发动机发出连续有节奏的“咚、咚”金属敲击声，响声沉重发闷；严重时振动较大，机油压力明显下降。

② 故障原因

a. 轴承与轴颈配合松旷。

b. 曲轴弯曲。

c. 曲轴磨损不均失圆。

d. 曲轴轴承盖的螺栓松动或折断。

e. 曲轴轴承因过长或过短，定位凸榫与凹槽不吻合而损坏或转动。

f. 机油压力太低或机油变质。

g. 长时间超负荷运行，使轴承过度疲劳，油膜遭破坏，造成轴承合金烧毁或脱落。

③ 故障诊断

a. 保持低速运转，并反复加大油门试验。在慢加速中，若响声随转速升高而增大，可改用急加速方法。当从中速到高速急加速瞬间，沉重发闷的“咚、咚、咚”的响声明显突出，机油压力明显降低，一般是由于曲轴轴承松旷严重、烧毁或减摩合金脱落所致。当发动机在怠速或低速运转时响声明显，高速时显得杂乱，则可能是曲轴弯曲所致。

b. 断火试验。由于曲轴轴承一般为全支承，因此，断火试验中必须注意，只有最前和最后两道轴承响，只需在首尾两缸单缸断火，其响声减弱或消失（但必须与连杆轴承响在现象上加以区分）；其余各道轴承只有在相邻两缸同时断火时，响声才能明显减弱或消失。

c. 响声严重时，发动机机体随响声的出现而发生严重抖动，尤其在工程机械载重上坡时，驾驶室会有明显的振动感。

d. 此响声为间响。最大振动部位在缸体下部的轴承座处，在最佳听诊转速中用听诊器具触及在曲轴箱两侧与曲轴轴线平齐的位置上进行听诊，响声最强烈的部位即为发响的曲轴轴承。

e. 启动后的瞬间响声以及温度对响声的影响，与连杆轴承响相同。

采用降速试验诊断柴油发动机曲轴轴承响时，为避开着火敲击声的干扰，可采取加大供油拉杆行程后再迅速收回的方法，趁发动机降速之机，如听到坚实而沉重的“咚、咚、咚”声，则有可能为曲轴轴承响。同时应打开加机油口，辅之以内、外听诊法和气缸断油法，以便于确诊。

（5）曲轴轴向窜动响的诊断

① 故障现象　工程机械在上、下坡或低速运转的加速中，发出沉重的“咯噔、咯噔”

不连续的撞击声。

② 故障原因

a. 曲轴轴向止推轴承与正时齿轮摩擦面磨损过甚。

b. 曲轴轴向止推轴承与曲轴臂的摩擦面磨损过甚。

c. 曲轴轴向间隙过大。

d. 启动爪松动。

e. 止推片磨损过甚或漏装。

③ 故障诊断

a. 曲轴在工作时，除了承受正时齿轮的斜齿所引起的轴向力外，还要承受上、下坡及加速、制动和踩离合器等所产生的轴向外力作用，从而会使曲轴前后窜动，引起发动机不正常的响声。这种响声和振动没有节奏，断火试验不上缸，机油压力不改变，温度变化也无影响。因此，当工程机械在上坡开始和下坡开始、加速开始和减速开始、制动开始和解除制动的瞬间，以及加、减挡踩、抬离合器踏板时，若发动机发生沉重且游动的“咯噔”“咯噔”的金属撞击声，可在重复响声发出时的某一动作时进行试验，仔细察听其响声是否随该动作的实施而出现。踩抬离合器踏板试验：踩下离合器踏板保持不动，若响声减弱或消失，则说明存在曲轴窜动响。还可以进行加速试验：当快速踩下加速踏板时发响，而使加速踏板稳定在某一转速（一般在中、低速范围）时，响声减弱或消失，即可判定为曲轴轴向窜动响。

b. 该响声的最佳振动部位在缸体的下部曲轴止推垫圈所对应的位置上，用听诊器具在此处听诊清楚明显，在加机油口处察听也很清楚。

c. 在发动机停止运转的情况下用力轴向推拉飞轮，或用撬棒轴向撬动曲轴，从曲轴与正时齿轮盖处或飞轮与飞轮壳之间仔细观察曲轴的轴向移动量（轴向间隙一般为 0.05～0.25mm）。

(6) 气门响的诊断

① 故障现象 怠速运转中有连续不断的、有节奏的“嗒、嗒”金属敲击声，并且随转速升高而节奏加快。

② 故障原因

a. 气门间隙调整过大。

b. 调整螺钉两接触面磨损过甚或不平整。

c. 凸轮轴弯曲变形。

d. 凸轮轴外形加工不准确或磨损过甚。

③ 故障诊断

a. 发动机在怠速或稍高怠速运转中，响声清晰明显，节奏感强，转速升高，响声亦随之增大。

b. 此响声为间响，振动最大部位在气门室盖处。用听诊器具触在气门室盖上听诊，可查出某缸的气门发响。

c. 此响声不受温度和断火的影响，因此无论冷、热车，其响声不变。

d. 气门间隙检查。打开气门室盖，用塞尺检查或用手晃动试验气门间隙，间隙最大者往往是最响的气门。发动机运转时，当用塞尺或适当厚度的金属片插入气门间隙处，若响声减弱或消失，即说明是由此处间隙太大而形成了异响。

e. 柴油发动机由于受着火敲击声的影响，其气门响不易听诊，听诊时可采用提高转速后迅速收回供油拉杆的方法，趁发动机降速时，避开着火敲击声的干扰，仔细倾听，即可分辨清楚。

注意，由气门座圈松动形成的异响，基本特征与气门响类似，诊断方法也差不多。因此，当消除了气门间隙过大的故障后，异响仍然存在，则可考虑是由气门座圈松动所致。气门座圈松动后的异响，其声音较坚实，且稍夹有破碎声。

(7) 气缸漏气响的诊断

① 故障现象 气缸发生漏气响声时，加大节气门，可从加机油口处听到曲轴箱内发出连续的“嘣、嘣、嘣”的响声。

② 故障原因 产生此响声的原因，是由于气缸壁与活塞环之间的密封不严，部分高压气体窜入曲轴箱，发出冲击的声音。

③ 故障诊断 若随着响声的出现，从加机油口中脉动地往外冒烟，关小节气门，响声即减弱或消失，即可确诊是气缸漏气。排除方法是更换活塞环，必要时应对发动机进行维修。

(8) 正时同步齿轮响的诊断

① 故障现象 怠速运转中发出杂乱“嘎啦”的齿轮撞击声；中速更为明显，严重时正时齿轮盖处有振动。

② 故障原因

a. 间隙过大时两齿轮相互撞击发响。

b. 齿轮长期使用后严重磨损。

c. 更换曲轴轴承和凸轮轴轴承时，曲轴与凸轮轴中心线距离增大。

③ 故障诊断

a. 用听诊器具在正时齿轮盖处进行实听，能听到明显的响声，手摸正时齿轮盖有振动感（须注意防止风扇打伤）。

b. 发动机温度的变化对响声无影响，且在断火检查时，响声亦无变化。

(9) 发动机外部附件响的诊断

① 故障现象

a. 发电机轴承、转子、定子碰擦和电刷响。

b. 水泵轴承、叶轮碰擦响。

c. 风扇、V带和其他附件碰擦、破裂、松动、滑擦响。

d. 附件连接螺钉松动碰撞响。

e. 进、排气支管，消声器漏气响。

② 故障原因

a. 附件响暴露在发动机外部。

b. 出现的异响其方向、部位感较明显。

c. 利用触觉及观察，便于听查。

d. 必要时切断动力源，停止发动机运转，即可辨明是或不是附件响。

③ 故障诊断 发动机附件都是安装在发动机体的外部，不管是哪个部位出现异响，与发动机内部出现的异响相比，其方向、部位感都明显，便于听查。加上触及感觉和观察，只要稍加注意，不难判断。况且这些附件都是由发动机驱动的，必要时只要切断动力源（取下传动V带），停止其运转，便可辨明故障，值得注意的是诊断发动机异响故障时，不可忽略

或混淆外部附件响，而且要尽可能排除外部附件响，避免外部附件响对发动机异响诊断的干扰。

2.3 工程机械柴油发动机润滑系统常见故障诊断与排除

工程机械发动机润滑系统的技术状况好坏，直接影响整机的工作性能和使用寿命。对发动机润滑系统的诊断与检测主要是对机油压力、机油品质和机油消耗量等进行检测，使这些检测项目既能表现润滑系统的技术状况，又可直接或间接说明曲柄连杆机构中有关配合副的技术状况。小松挖掘机采用的三菱 S6D110 型柴油机润滑系统，如图 2-5 所示。

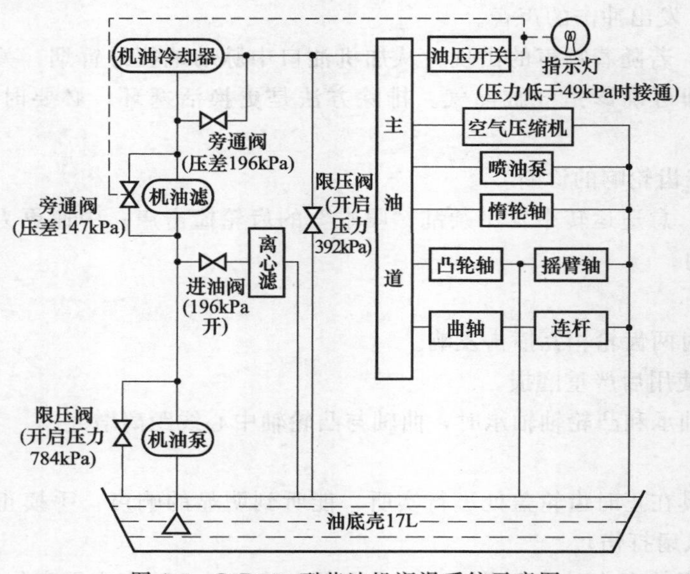

图 2-5　S6D110 型柴油机润滑系统示意图

2.3.1　机油压力的检测与故障诊断

机油压力是发动机润滑系技术状况的重要指标，工作正常的发动机在常用转速范围内，柴油机的油压应为 294～588kPa。如发动机在中等转速下运转时的机油压力低于 98.1kPa，在怠速下运转时机油压力低于 49kPa，则应立即使发动机停止运转。

机油压力的大小，取决于机油的温度、黏度、机油泵的供油能力、限压阀的调整量、机油通道和机油滤清器的阻力大小、油位的高低、曲轴主轴承、连杆轴承和凸轮轴轴承的间隙大小等。

1. 机油压力的检测

机油压力值通常是由发动机仪表板上的机油压力表或油压信号指示灯显示而测得。正常情况下，当打开启动开关时，机油压力表指针指示为“0”，如装有油压信号指示灯则此灯亮。

发动机启动后，油压信号指示灯在数秒内熄灭，机油压力表则指示润滑主油道的瞬时机油压力值。若需校核机油压力表的精度或其他需要测量机油压力的场合，可先启动发动机进行预热，使机油温升至 50℃以上后发动机熄火，取下缸体上的测压堵头，安装上油压表后，重新启动发动机，分别测试怠速机油压力和高速空转机油压力。

2. 机油压力不正常的故障诊断

机油压力不正常表现为压力过低和压力过高，其现象、原因和诊断方法见表 2-3。

表 2-3 机油压力不正常的故障诊断

故障	故障现象	故障原因	诊断方法
机油压力过低	发动机在正常温度和转速下，机油压力表读数低于规定值	①机油压力表失准 ②传感器效能不佳 ③机油黏度降低 ④汽油泵损坏，汽油进入机油池或燃烧室未燃汽油混合进入机油池，稀释了机油 ⑤柴油机喷油器滴漏或喷雾不良，未燃柴油流入机油池，将机油稀释 ⑥机油池油面太低 ⑦机油泵齿轮磨损、泵盖磨损或泵盖衬垫太厚造成供油能力太低 ⑧机油机滤器滤网堵塞 ⑨机油限压阀调整不当、关闭不严或其弹簧折断 ⑩内、外管路有泄漏 ⑪曲轴主轴承、连杆轴承或凸轮轴轴承磨损松旷、轴承盖松动、减摩合金脱落或烧损等	诊断流程如图 2-6 所示
机油压力过高	发动机在正常温度和转速下，机油压力表读数高于规定值	①机油压力表或机油压力传感器失准 ②机油限压阀卡滞或调整不当 ③机油池油面太高 ④机油变稠或新机油黏度太大 ⑤通往各摩擦表面的分油道内积垢堵塞等	①检测机油压力表或机油压力传感器是否失准 ②检测机油限压阀是否有卡滞或调整不当现象 ③检测机油池油面是否太高 ④检测机油黏度 ⑤检测油道是否有积垢堵塞不通现象

2.3.2 机油品质的检测

发动机在工作过程中，其润滑油既有量的变化，也有质的变化。机油品质随发动机使用时间的增长逐渐变坏，其变质的主要原因是受机械杂质的污染、高温氧化、燃油的稀释、燃烧气体的影响和机油因添加剂消耗及其他原因造成自身理化指标降低等。变质的特征是颜色发生变异（被污染），黏度下降或上升，添加剂性能丧失。

污染机油的机械杂质，主要是通过气缸进入机油中的道路尘埃、运动机件表面因磨损剥落下来的金属磨粒，以及未完全燃烧的重质燃料、胶质和积炭等。

从气缸漏入机油中的未燃烧油蒸气和水蒸气，会稀释机油，使机油的黏度及酸值发生变化，加速机油变质。

机油在发动机工作过程中的高温和氧化作用下，生成的氧化物和氧化聚合物逐渐增多，它们对机件有腐蚀，由此引起机油质量变化，通常称为机油的老化。

加强对在用机油品质变化的监测，不仅能确定合理的换油周期、减少机件磨损，而且能判断部分机械故障。

发动机机油的检验主要是现场快速检测，包括机油污染快速分析，滤纸油斑试验法等，也可进行去除铁谱分析、光谱分析、颗粒计数和磁塞分析，对机械的故障部位进行定性分析诊断。

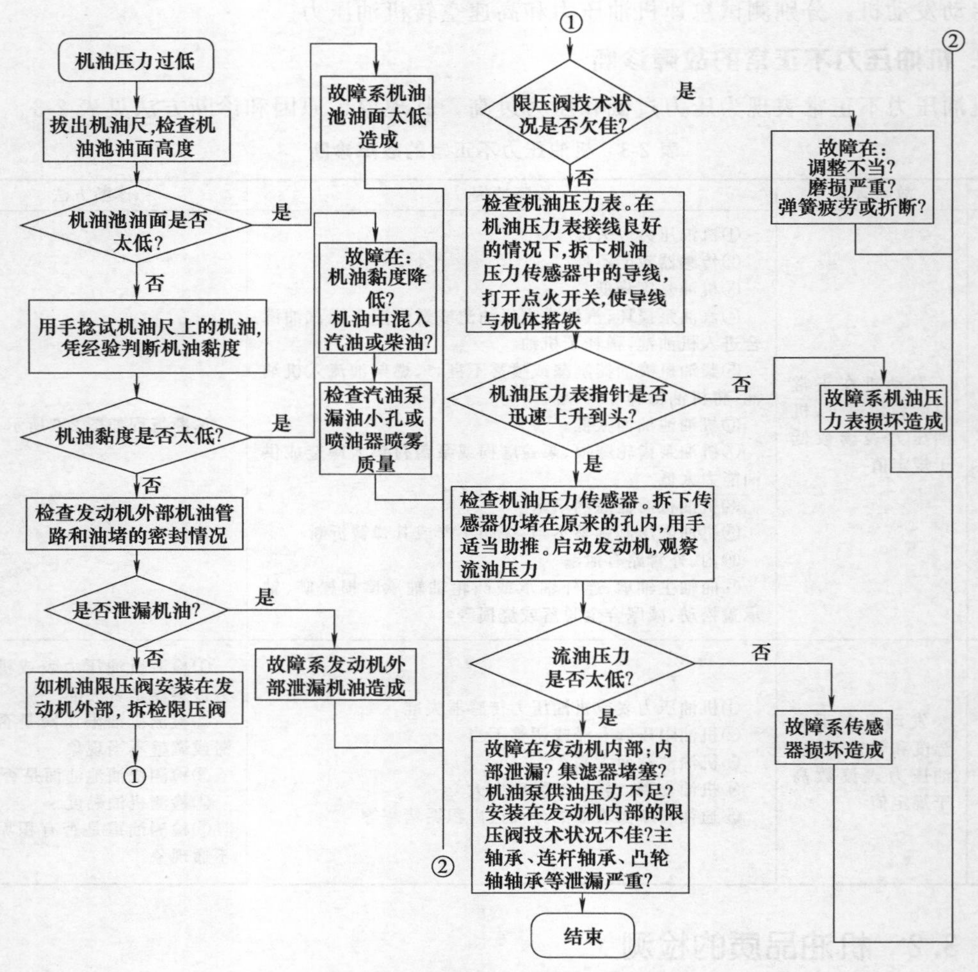

图 2-6　机油压力过低故障诊断流程

2.4　工程机械柴油发动机冷却系统常见故障诊断与排除

冷却系统能维持发动机在最适宜的温度下工作。长期使用后冷却系统的技术状况会发生变化，由于使用不慎、操作不当和机件损坏等因素，发动机会出现漏水、过热、过冷等常见故障现象。

1. 冷却系统的检测

如需要经常添加冷却液，应检查冷却系统的泄漏部位。若发现发动机油量增加或冷却液中有机油混入，应立即检查发动机内部的泄漏部位。

（1）冷却液温度的测量

① 拆下散热器进水管上的水温计塞子，安装温度计传感器和热敏温度计。

② 启动发动机，在工作状态下测温。冷却液温度过低时，必须检查节温器；冷却液温度过高时，必须检查冷却液量、风扇传动带张紧度及磨损情况、节温器及散热器管的堵塞情况。

（2）防冻液冰点的测试　在进入寒冷季节之前，应用防冻液比重计对发动机冷却系统中的防冻液进行测试，通常被测冰点温度应比当地最低气温低 5℃，如不符合要求，则应调整防冻剂的含量，保证发动机在本地区最低气温时，不致因冷却液结冰而造成损坏。

（3）水质的测试　取适量冷却液，用水质测试仪分别测试电导率、pH 值和 NO_2 浓度，如不符合要求，则应更换防腐蚀容器或冷却液。

2. 冷却系统的故障诊断与排除

（1）发动机温度过热现象的诊断与排除

① 故障原因与分析

a. 百叶窗关闭或开度不足，使流经散热器的通风量受到影响；散热器通风不良，如泥浆或絮状物进入散热片等。

b. 散热器风扇皮带打滑或风扇叶损坏、角度不当等；风罩脱落、损坏等。

c. 散热器回水管被吸瘪变形，严重影响了冷却系统工作时的回水量；橡胶管使用过久或安装了质量不良的水管，最容易造成散热器回水不畅的故障。

d. 散热器芯管阻塞或散热片倒伏过多，使冷却液流通不畅或通风不畅；发动机水套内以及散热器内水垢过多。

e. 节温器损坏，使大循环阀门不能按规定的温度打开或开度不够。

f. 电子控制风扇的温度控制开关工作不良，从而使风扇不能旋转或风扇电动机启动过晚。

g. 风冷式冷却系统中的轴流鼓风机转速过低或者风道不畅及空气分流不良，导致发动机冷却效果下降。

h. 如果发动机装有排气制动装置，则因控制装置工作不良导致排气不畅，也会使发动机温度过高。

i. 风扇离合器不能正常工作，使散热器的冷却效率大大降低。

除此之外，汽油机的点火时间过迟和柴油机的喷油时刻过缓也会影响冷却系统的温度，并且将伴随其他故障现象，应视具体情况进行诊断与排除。

② 诊断与排除方法　先检查百叶窗是否关闭和开度不足。若开度足够，再检查风扇皮带的松紧度。用大拇指以一定的力压皮带，其挠度应在 10～15mm 范围内。若压下的距离过大，则说明风扇皮带太松，应松开发电机活动支架进行调整。

若皮带不松却仍然打滑，说明皮带及皮带轮磨损或沾有油污，应予以更换。若风扇转动正常，但发动机仍过热，则应检查风扇工作时的扇风量及风扇离合器是否工作正常。方法是在发动机运转时，将一张薄纸敷在散热器前，若能被牢牢地吸住，则说明风量足够；否则应检查风扇离合器是否正常及风扇叶片方向是否正确，或者风扇叶片有无变形、折断或角度是否正确。如果叶片已经变形，可用专用工具夹住叶片头部适当折弯矫正，以减少叶片涡流。必要时需更换新风扇。

若风扇运转正常，则需检查水泵的工作效能。

若上述各部分均工作正常，再检查散热器和发动机各部位的温度是否均匀。如果散热器冷热不均，则说明其中冷却液管有堵塞或散热片倾倒过多。如果是发动机前端的温度低于后端，则表明分水管已经损坏或堵塞，应予以更换。

若非上述原因，则可能是水套积垢过多，应予以清洗。

（2）发动机水温过低现象的诊断与排除　现象：水温上升缓慢（冬季）并且发动机温度

在未达到正常工作温度之前便不再继续增长。

① 故障原因与分析

a. 百叶窗不能关闭或工程机械的保温防护措施过差，使发动机温度难以得到提高。

b. 节温器损坏，使小循环阀门不能按要求打开，大循环阀门也一直处于不能打开状态，破坏了发动机原有的设计要求。

c. 电子控制风扇的温度控制开关工作不良，从而使风扇在未达到正常温度时过早旋转。

d. 风扇离合器不能正常工作，风扇高速旋转使冷却风量过大。

② 诊断与排除方法

a. 检查保温防护措施是否可靠。

b. 风扇转速是否过高。

c. 节温器工作是否正常。

（3）冷却液消耗量异常

① 故障原因

a. 冷却系外渗漏。

b. 冷却系统出现内渗漏。

c. 散热器盖有故障。

d. 冷却系统水垢过多或堵塞，系统循环不良。

② 诊断与排除

a. 检查冷却系统各个部件及连接部分有无渗漏。

b. 检查散热器是否密封。

c. 检查系统有无内渗漏。

d. 水垢。

2.5　工程机械柴油发动机燃料供给系统常见故障诊断与排除

1. 柴油机燃料系统仪器诊断和检测

柴油机工作性能的好坏，与燃料供给系统的工作状况密切相关。喷油泵和喷油器的工作状况，可以通过高压油管中压力的变化情况和针阀升程反映出来，因此，用测量仪器检测高压油管中压力和喷油泵凸轮轴转角之间的变化关系、喷油器针阀升程与喷油泵凸轮之间的变化关系，就可以判断出柴油机燃料供给系统的工作是否良好。一些柴油机专用示波器和综合测试仪（如 QPC-5 型和 CFC-1 型等）均能在柴油机不解体情况下，以多种形式观测各缸高压油管中的压力波形和喷油器的针阀升程波形。综合测试仪还能定量地、准确地测出高压油管中的最大压力、残余压力和供油提前角等参数，并能进行异响分析、配气相位测量等项目，为全面分析、判断燃料系统技术状况提供波形和数据。

（1）主要检测项目及波形介绍　利用示波器可观测柴油机燃料系统的以下主要项目。

① 观测压力波形　可观测到各缸高压油管中压力变化的波形。这些波形能以多缸平列波、多缸并列波、多缸重叠波、单缸选缸波和全周期单缸波的形式出现。

a. 全周期单缸波：即单独将某一缸高压油管中的压力随喷油泵凸轮轴转过 360°时的变化情况显示出来的波形，如图 2-7 所示。波形上有一个人工移动的亮点，指针式表头可以指示出亮点所在位置的瞬态压力。因此，移动亮点可准确测出某缸高压油管中的残余压力（p_r）、针阀开启压力（p_o）、针阀关闭压力（p_b）和最大压力（p_{max}）。

b. 多缸平列波：即以各缸高压油管中的残余压力（p_r）为基线，将各缸波形按着火次序从左向右首尾相连的一种排列形式，如图 2-8 所示。利用该波形可以观测到各缸 p_o、p_b 和 p_{max}点在高度上是否一致，因而可用于比较各缸上述压力值的一致性。

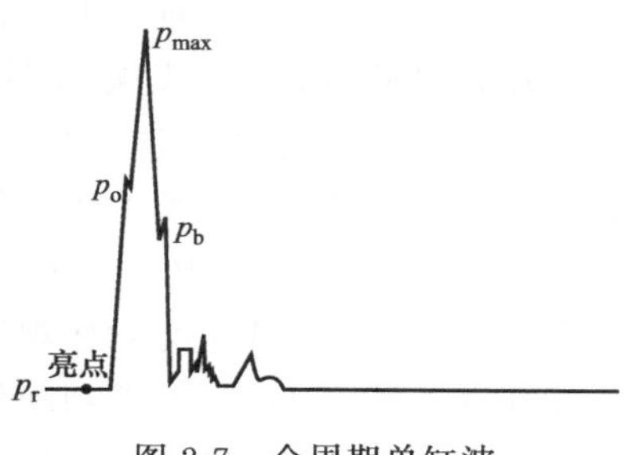

图 2-7　全周期单缸波

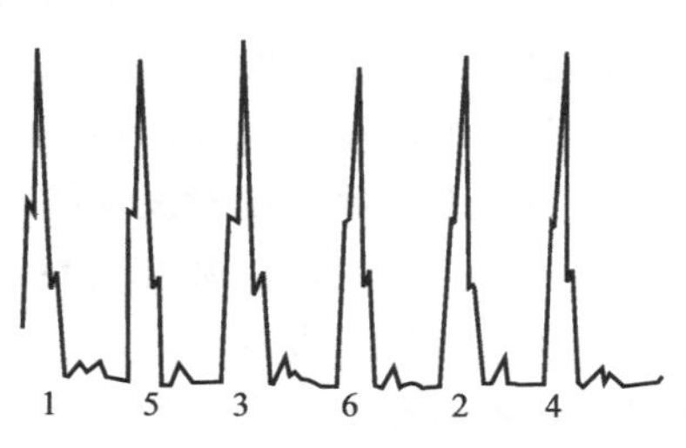

图 2-8　六缸平列波

c. 多缸并列波：即将各单缸波形按着火次序自下而上单独放置并将其首部对齐的一种排列形式。通过观测各缸波形三阶段面积大小，可用于比较各缸供油量、喷油量的一致性。

d. 多缸重叠波：即将各单缸波形之首对齐并重叠在一起的一种排列形式。利用该波形可观测到各缸波形在高度、长度和面积的一致程度，可用于比较各缸 p_o、p_b、p_{max}、p_r 供油量和喷油量的一致性。

② 观测针阀升程波形　可观测到喷油器针阀升程与喷油泵凸轮轴转角的对应关系和针阀升程与高压油管中压力变化的对应关系。

③ 检测瞬态压力　可观测出高压油管内的最高压力和残余压力，有些仪器甚至能测出喷油器针阀开启压力和关闭压力。

④ 供油均匀性判断　通过比较各缸高压油管中压力波形的面积，可观测到各缸供油量的一致性，并能找出供油量过大或过小的缸。

⑤ 观测异常喷射　根据针阀升程波形，可观测到停喷、间隔喷射、二次喷射、喷前滴漏、针阀开启卡死和喷油泵出油阀关闭不严等现象。

⑥ 检测供油正时和喷油正时　利用闪光法或缸压法，再配合以被测缸高压油管中压力波形和针阀升程波形，可测得 1 缸或某缸的供油提前角和喷油提前角。

⑦ 检测供油间隔　通过观测屏幕上各缸并列线对应的凸轮轴角度，可检测到各缸供油间隔的大小。

(2) 喷油压力波形与针阀升程波形　图 2-9 是在柴油机有负荷情况下实测的某缸高压油管内压力（p）和针阀升程 S 随高压泵凸轮轴转角 θ 的变化曲线。图中，p_r 为高压油管中的残余压力，p_o 为针阀开启压力，p_b 为针阀关闭压力，p_{max}为最高压力。在横坐标方向上，整个曲线分为三个阶段：Ⅰ为喷油延迟阶段，调高针阀开启压力 p_o，高压油管渗漏、出油阀偶件或

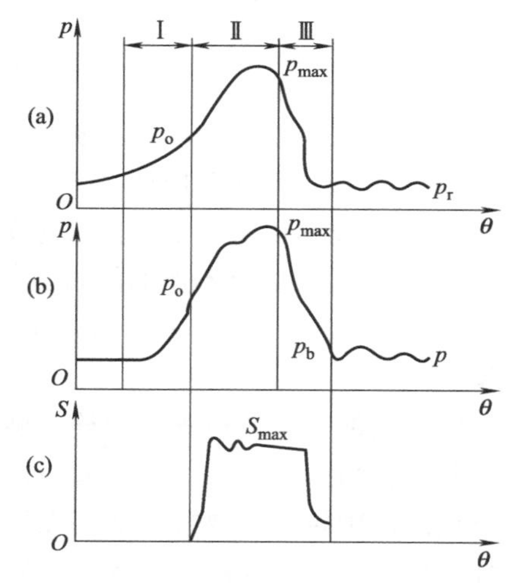

图 2-9　高压油管内的压力曲线和针阀升程曲线

(a) 喷油泵端压力曲线；(b) 喷油器端压力曲线；(c) 针阀升程曲线

喷油器针阀偶件不密封造成残余压力 p_r 下降，随意增加高压油管的长度或增加高压油系统的总容积等都会使这个阶段增长；Ⅱ为主喷油阶段，该阶段长短主要与柴油机负荷有关，对于柱塞式喷油泵来说即与柱塞的有效供油行程长短有关，有效喷油行程愈大，该阶段愈长；Ⅲ为自由膨胀阶段，若高压油管内最高压力不足，可使该阶段缩短，反之使该阶段延长。

从图 2-9 中可以看出，第Ⅰ、Ⅱ阶段为喷油泵的实际供油阶段，第Ⅱ、Ⅲ阶段为喷油的实际喷油阶段。在循环供油量一定的情况下，若Ⅰ阶段延长和Ⅲ阶段缩短，则喷油器针阀升程所占凸轮轴转角减少，使喷油量减小；反之若Ⅰ阶段缩短，Ⅲ阶段延长，则喷油量增多。因此，曲线上三个阶段的长短，对该缸工作的好坏是有影响的，多缸发动机各缸对应的Ⅰ、Ⅱ、Ⅲ阶段如果不一致，则对发动机工作性能的影响更大。所以，对柴油机喷油压力的检测应根据缸数的多少串接同缸数相等的压力传感器，在同一工况下将各缸的压力波同时取出来，以全周期单缸波、多缸平列波、多缸并列波和多缸重叠波等多种形式进行对比观测。

通过对各种转速下压力波形、针阀升程波形和瞬态压力的观测，可以有效地判断气缸供油量、喷油量、供油压力、喷油压力和供油间隔的一致性。针阀升程是判断实际喷油状况的重要参数，因此，通过对针阀升程波形的观测，可发现喷油器有无间断喷射、二次喷射和停喷等故障，常见的故障波形见图 2-10。

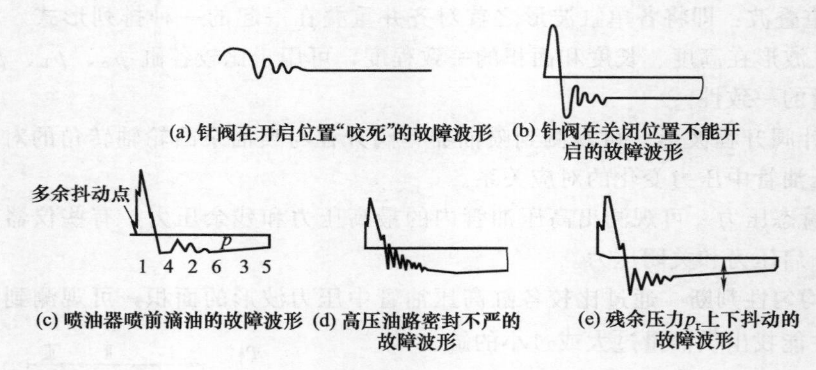

图 2-10　常见故障波形图

① 喷油泵不供油或喷油器针阀在开启位置"咬死"的故障波形如图 2-10（a）所示。

② 喷油器针阀在关闭位置不能开启的故障波形如图 2-10（b）所示。

③ 喷油器喷前滴油的故障波形如图 2-10（c）所示。

④ 高压油路密封不严的故障波形如图 2-10（d）所示。

⑤ 残余压力（p_r）上下抖动的故障波形如图 2-10（e）所示，说明喷油器有隔次喷射现象。

（3）供油正时的检查与调整　供油正时，是指喷油泵正确的供油时间，一般用供油提前角（曲轴转角）表示。供油提前角，是指喷油泵 1 缸柱塞开始供油时，该缸活塞距压缩终了上止点的曲轴转角。要想使活塞在压缩终了上止点后附近获得最大爆发压力，在考虑柴油在气缸中燃烧存在着火落后期等因素后，就须使喷油器在该上止点前提前喷油。喷油泵向喷油器供油时，由于高压油管的弹性变形和压力的升高及传递都需要一定时间，因而喷油泵开始供油时间比喷油器开始喷油时间还要提前。

供油提前角的大小对柴油机的工作性能影响很大。当供油提前角过大时，气缸内爆发压力的峰值在活塞到达压缩上止点前出现，将造成功率下降、工作粗暴、油耗增加、着火敲击声严重、怠速不良、加速不良及启动困难等现象；当供油提前角过小时，气缸内的速燃期在压缩终了上止点以后发生，使爆发压力的峰值降低，会造成功率下降、油耗增加、加速不灵、发动机过热、因燃烧不完全排气冒白烟等现象。

柴油机的最佳供油提前角，是指在转速和供油量一定的情况下，能获得最大功率及最小耗油率的供油提前角。运行中的柴油机，其发动机的最佳供油提前角应随转速和供油量的变化而变化，转速愈高，供油量愈大时，最佳供油提前角也应愈大。

根据发动机的转速、气门定时、进排气系统的构造、有无涡轮增压器等，每一种发动机都规定有最佳的喷油正时。但是，随着定时齿轮、凸轮、气门推杆的磨损，由于凸轮轴、推杆的弯曲，以及维修中垫片的丢失、损坏等，会使发动机的实际喷油时间错过规定的喷油正时。

供油提前角的检查有人工检测法和仪器检测法两种方法。人工检测法主要是使发动机 1 缸活塞处于压缩行程中，并将飞轮或曲轴带轮上的供油提前角记号与飞轮壳上的标志对准的同时，检查喷油泵联轴器从动盘上刻线记号是否与泵壳前端面上的刻线记号对正。两刻线记号对正，喷油泵 1 缸开始供油时间是准确的；若联轴器从动盘刻线记号还未达到泵壳前端面的刻线记号，则 1 缸柱塞开始供油时间太晚；反之联轴器从动盘刻线记号已越过泵壳前端面的刻线记号，则 1 缸柱塞开始供油时间过早。

仪器检测法有多种方式，其中之一是根据光源的频闪效应，用闪光灯将发动机的 1 缸上止点记号移到并列波的 1 缸波形上并形成一亮点，利用同在仪器显示屏上的凸轮轴转角刻度，准确地测出 1 缸供油提前角。还可根据针阀的升程准确测出喷油提前角。

必须要说明的是：供油正时的检查与调整方法因发动机供油系统的结构不同而不同，如采用燃油系统的发动机，其燃烧喷射时间由喷油器所决定，要使用专用工具来进行此发动机喷油正时的检查与调整，其具体方法如下（以 NT855 发动机为例）。

① 拆下喷油器总成，安装发动机专用正时工具使短杆（升程顶杆）插入喷油推杆的球形承窝，而长杆（顶规杆）顶靠活塞顶部。

② 顺向转动发动机到 TDC（被测缸处于压缩行程的上止点，进排气门均关闭时），安装顶规表，使百分表压缩到离其全行程（5mm）约 0.25mm 以内，再把顶规表刻度盘调到“0”位。

③ 继续顺转发动机，直至长杆顶端降到与工具的上托架左侧的 90°标线平齐。安装升程表，使百分表压缩到离其全行程（5mm）约 0.2mm 以内，把升程表刻度盘调到“0”位。

④ 反向摇转发动机，到 BTC（上止点前）45°附近，即长杆升到 TDC（上止点）后，再继续下降到与托架左侧的 45°标线对齐。

⑤ 正向缓慢转动发动机，同时看顶规表，当顶规表读数为－5.16mm 时停转发动机，此时正是 BTC（上止点前）19°，即活塞顶在上止点下 5.16mm。再读升程表的标准值为－0.9144mm，提前值为－0.864mm，延迟值为－0.965mm。

⑥ 如果测得升程表读数超过上述值，则应增加或减少凸轮摆杆轴座与缸体之间的垫片来进行调整：超过提前值，则减少垫片；超过延迟值，则增加垫片。

对六缸发动机只对 1、3、5 缸或 2、4、6 缸的喷油器进行喷射正时检查和调整即可，这是因为 1、2 缸，3、4 缸，5、6 缸的凸轮摆杆轴座分别为一体所致。

2. 柴油机燃油系统常见故障诊断

柴油机燃油供给系统的常见故障有启动困难、功率不足、工作不稳和排气烟色不正常等。

针对柴油机燃料供给系的故障现象、原因，必须认真仔细地检查，按步骤去分析、判断与处理，分析发动机难启动、发动机动力不足、柴油机工作粗暴和发动机运转不稳，是燃油供给系的堵塞、泄漏引起的，还是机件损坏引起的，从而找出故障诊断与排除的方法。

（1）发动机难启动的故障诊断与排除

① 燃油供给系堵塞造成发动机难启动　发动机启时无着车迹象，排气管不排烟，说明柴油没有进入气缸，若松开喷油泵放气螺钉，扳动手油泵，放气螺钉无油流出。可能是油箱中存油不足，油箱开关尚未打开，油箱盖空气孔堵塞，应一一加以排除。若用手拉手油泵拉钮时，明显感到有吸力，松开手后又自行回位，则是油箱至输油泵油路堵塞，若拉出手油泵拉钮时感觉正常，但压下去比较费力，则是输油泵至喷油泵的油路堵塞，造成油路堵塞主要是油箱滤网脏，柴油滤清器滤芯严重脏污，应及时清洗或更换滤网和滤芯。还有柴油牌号选用不当，冬季使用夏季用油，柴油冷凝后析出石蜡造成油路堵塞，柴油中有水，易凝结或结冰而堵塞油管。若放气螺钉处流出的柴油中夹有水珠则是油中有水，将滤清器与油箱的放气螺钉旋出，放净沉淀物和积盘的水。松开喷油泵放气螺钉，扳动手油泵，放气螺钉处出油正常，但各缸喷油器无油喷出，是喷油器喷孔被积炭堵塞，应加以清理喷孔积炭或更换。

② 燃油供给系泄漏造成发动机难启动　若松开喷油泵放气螺钉，扳动手油泵，放气螺钉处流出泡沫状柴油，并且长时间扳动手油泵也是如此，则是油箱至输油泵之间的管路漏气，是油管有破裂，油管接头松动或油箱内油管断裂等造成的。应及时修补，紧固或更换油管。如果发动机启动时排气管排出大量白烟，用手接近排气管消声器出口处，发现手上留有水珠，则是有水进入燃烧室。并在启动发动机时观察到散热器上部有气泡冒出，则是气缸垫损坏、气缸盖螺栓松动，气缸盖与气缸体破裂等，造成水漏进机油，应及时更换气缸垫，紧固螺栓，焊补气缸盖和气缸体破裂处。

③ 燃油供给系机件损坏造成发动机难启动　供油拉杆处于不供油位置，是加速踏板拉杆、供油拉杆或调速器的卡滞。喷油泵供油正时不准确，是喷油器不喷油或喷油雾化不良造成发动机难启动。喷油泵出油阀密封不严，将拆下高压油管，用手油泵泵油，若出油阀溢油，是出油阀密封不良，出油阀紧帽松动，出油阀密封垫冲溃，应按规定旋紧力矩拧紧，更换密封垫。喷油泵柱塞偶件咬死、磨损、柱塞弹簧断裂，应及时更换柱塞偶件及弹簧。将喷油器从气缸盖上拆下，接上高压油管，然后启动发动机，观察其喷油情况，若喷油量很小或者不喷油，是喷油嘴偶件磨损应更换；喷油雾化不良，是喷油嘴座面磨损或烧坏，喷油嘴偶件配合面有脏物，喷孔有脏物或毛刺造成的，应修磨或更换，及时清洗脏物和去除毛刺。

（2）发动机动力不足的故障诊断与排除

① 发动机运转均匀、无高速、排气管排气量少，是因为达不到额定供油量而使发动机动力不足的。将加速踏板踩到底，然后用手扳动喷油泵油量调节臂，若能向加油方向推动，说明加速踏板拉杆不能使喷油泵达到最大供油量，应加以调整。调整调速器高速限位螺钉和最大供油量限制螺钉使其向增加方向旋进，直到急加速时排气管冒黑烟为宜。若燃油系统吸入了空气，是各油管接头松动，安装好油管接头，将油路中空气排除。喷油器的喷油情况可采用断油试验，断油后若发现柴油机转速不变化，将此喷油器拆下并测试调整。

② 发动机运转不均匀，柴油机排黑烟，是由于各缸供油不均和喷油时间过早，吸入空气量不足、雾化不良等原因引起不完全燃烧造成的，应将空气滤清器脏污滤芯加以清洗或更换滤芯。若是某缸供油时间过早，在发动机运转时用单缸断油试验找出。当某缸断油时，发动机转速降低，黑烟明显减少，说明该缸供油正时不正确，通过调整联轴器或供油提前调整器来改变喷油泵凸轮轴与柴油机曲轴的相对角位置，使各分泵的供给提前角作相同数量的调

整，以解决各缸供油不均。通过改变喷油泵滚轮体高度，减少滚轮体高度以达到供油正时。

（3）柴油机工作粗暴的故障诊断与排除　柴油机工作粗暴故障原因与喷油正时、进气情况和柴油性能等方面有关。

① 发动机发出的响声均匀，说明各缸工作情况差不多，采用急加速试验，急加速时若响声尖锐，排气管冒黑烟，是喷油时间过早，应调迟。若加速困难，排气管冒白烟，是喷油时间过迟，应调早。若调整后效果不明显，应考虑空气滤清器堵塞，进气通道不畅通。因为柴油机充气不足，将导致燃烧不完全，延长着火后燃期，产生严重的着火敲击声。若进气通管畅通，仍有响声，则是柴油牌号选择不适当。

② 发动机发出响声不均匀，说明各缸工作情况不一致。可用单缸断油法找出工作不良的气缸。若某缸减油之后发动机响声和排烟消失，则是供油量过大；若减油后发动机响声减弱并不消失，只有断油才完全消失则是喷油时间过早。供油量过大和喷油时间过早，都可以通过油量调节机构的调节齿杆拉动喷油泵柱塞转动以减少柱塞的有效行程，从而减少供油量；延迟柱塞封柱塞套进油孔的时刻，以达到喷油正时。鉴别供油量的大小，还可在发动机工作时，检测各缸排气管的温度，温度高的气缸供油量大，反之，供油量少。

（4）发动机运转不稳的故障诊断与排除

① 柴油机出现“游车”一般是喷油泵和调速器部分引起。对于喷油泵机械式调速器，检查供油齿杆移动灵活性，如果不灵活，则是柱塞的转动有阻滞或其他运动件有摩擦阻滞，使供油齿杆灵敏度降低，是调速器机油太脏、过稠引起的，应更换机油。如果供油齿杆移动阻力较大，则应逐一查看出油阀座压紧螺栓拧紧力矩是否过大，泵内是否有水垢或锈蚀的污物引起柱塞生锈后阻滞，齿杆与齿圈啮合处是否嵌有异物，查明后予以排除。如果油量调节拉杆运动自如，“游车”是调速器各部位连接点松旷，如飞块销孔和座架磨损过大，调速器外壳松旷，供油齿杆间隙过大，凸轮轴轴向间隙过大等，则要对调速器进行检修，恢复各活动部位的正常配合间隙。

② 发动机的超速，柴油机转速失控，急剧上升并超过最高允许转速，造成“飞车”事故性损坏，甚至发生人员伤亡。若抬起加速踏板，柴油转速随之降低或熄火，则是因机油过稠或调速器总成从凸轮轴上脱落引起的，应更换机油。如果拉出熄火拉钮后，柴油机能熄火，则说明油量调节拉杆和柱塞均为卡死，应是调速器与油量拉杆的连接，调速器飞块的脱出，调速器总成与凸轮轴之间松脱等故障；如果拉出熄火拉钮后，柴油机转速继续升高，则说明油量调节拉杆被卡死在供油位置，拆下喷油泵检视窗盖板，用手拨动齿圈和油量调节拉杆，若扳不动，则是油量调节拉杆与泵体座孔或柱塞卡死，这时需拆下喷油泵调速器总成，在实验台上检修与调试合格后再装机。若供油系良好，应是燃烧室有额外进入的燃油或机油参与燃烧，则应查明窜机油原因，确定燃烧室机油从何处来，是增压器机油漏入气缸，还是气缸密封性差引起机油上窜，给予排除，进入额外柴油检查低温启动预热电磁阀是否漏油。

2.6　工程机械柴油机电控系统故障诊断与排除

2.6.1　工程机械柴油机电控系统故障诊断与排除注意事项

1. 蓄电池使用注意事项

蓄电池是整个工程机械的总电源，拆装蓄电池电缆线是在工程机械维修中经常需要维修人员进行的基本操作。但对电控发动机而言，该项操作不当或时机不对时，将会给维修工作带来许多困难，甚至会产生严重的后果。

(1) 不能随意切断 ECU 电源　在发动机运行过程中，电控系统出现故障时，自诊断系统会存储相应的故障码，以便维修人员在维修时，利用诊断仪器或随车自诊断系统读取故障码，进而根据故障提示信息查找故障原因和部位。若在读取故障码前拆开蓄电池电缆线或拆下主熔丝，就会切断 ECU 的电源，存取在 ECU 随机存储器中的故障代码便会自动消除。若想获得故障码，对能够启动且故障经常出现的发动机而言，只要接通电源重新启动发动机，还可以重新获取故障码，但也浪费时间；而对于故障间歇性出现或根本无法启动的发动机，切断 ECU 电源后将导致难以再获取甚至无法获得故障码，这也失去了一个很重要的故障信息。因此，在维修电控发动机时，若需要拆开蓄电池电缆线，必须先按规定的程序读取故障码。

ECU 电源一般不受点火开关控制，关闭点火开关不会切断 ECU 电源。

(2) 不能随意断开与蓄电池电压相同的供电线路　当点火开关处于接通（ON）位置时，无论发动机是否在运行，此时绝不可拆下蓄电池电缆线或熔丝。因为突然断电将会使电路中的线圈产生自感电动势而出现很高的瞬时电压（有时高达近万伏），从而使 ECU 及传感器等电子器件严重受损。

此外，还必须注意的是，除蓄电池电缆线外，其他凡是与蓄电池电压相同的供电线路（如直流电动机、燃油泵等线路），在点火开关处于接通位置时，也都不能拆除。否则，也同样使相关的线圈产生自感而烧坏了 ECU 或传感器。

(3) 必要时必须切断电源　由于电控发动机的燃油系统多采用电动燃油泵，若在检修燃油系统时不切断电源，就有可能会在检修过程中无意接通电动燃油泵电路，使电动燃油泵工作，高压燃油会从拆开的燃油管路中以高压喷出，造成人身伤害或引起火灾。因此，在对电控发动机燃油系统进行检修作业之前，应先切断电源，其方法是：关闭点火开关，或拆开蓄电池电缆线，或拔下主熔丝。

(4) 不可随意采用切断 ECU 电源的方法清除故障码　发动机维修完毕后，必须清除存储在 ECU 中的原故障码；否则，发动机故障虽已被清除，但故障代码却仍存储在 ECU 中，驾驶室仪表板上的故障指示灯仍将点亮，驾驶员无法确定是有新的故障发生，还是旧故障码未清除所致，容易引起误解。

对大多数电控发动机而言，拆开蓄电池电缆线或拆下主熔丝，使 ECU 断电 30s 以上即可清除故障码。但是必须注意，工程机械防盗密码、音响密码、石英钟等信息也存储在 ECU 中的随机存储器中，采用断电清除故障码的方法，上述存储在 ECU 中的临时信息也将一起被清除掉，从而导致音响锁码等。一般来说应按维修手册要求的方法清除故障码，不知道有无防盗密码和音响密码，或不知道密码是什么，切忌随意切断 ECU 电源。

(5) 不要出现过压或蓄电池极性接反　在进行车辆维修时，不允许蓄电池以外的其他电源（如专供启动机的启动电源）直接启动发动机，在装复蓄电池时需要注意其正、负极性不能接反，否则，供电电压过高、反向通电均会使 ECU 或其他电控元件损坏。

2. 维修操作注意事项

(1) 维修前应了解电控系统主要元件位置　在对发动机电控系统维修前，必须充分了解该车的 ECU 及主要电子元件的位置，以便实施可靠的保护，防止误拆、误卸。

(2) 注意保护 ECU　ECU 承受剧烈振动、过高的温度或进水，会导致 ECU 内部芯片损坏；因此，在维修电控发动机时，如需重力敲击作业、清洗作业或焊接作业，应拆下ECU，以免造成不必要损失。

此外，在对电控系统进行测试时，除特殊指明外，只能使用高阻抗数字式（不能使用指针式）万用表进行ECU及传感器测试，严禁用试灯测试与ECU相连接的电器元件，禁止使用搭铁试火的方法进行电路检测，以免损坏ECU或其他电控元件。

（3）不能盲目进行拆检　电控系统的可靠性高、使用中出现故障概率小，多数的故障是由于线束连接器接触不良造成的，这句话本身是正确的，但必须要注意，“工作可靠性高”并不是说“绝对可靠”，“出现故障概率小”并不是说“绝对不出现故障”，多数故障是因连接不良造成的并不是说“全部是因故障不良造成的”。有些维修人员，尤其驾驶人员，由于对上述正确语言描述的片面理解，当发动机故障指示灯点亮时，便根据自己的主观臆断，在点火开关打开、甚至发动机运转过程中，将一些电控元件的线束连接起来，ECU便会记录一个故障码，这会导致人为故障码与实际故障码混淆，给故障诊断带来不必要的混乱，尤其是缺乏电控发动机维修知识或经验的人员，由于盲目操作导致发动机无法启动，再由专业人员维修时，调取故障码有几个甚至几十个，也只能按调取的故障码一个一个地排除，既费时又费力。因此非专业人员不要盲目拆检。

（4）不能盲目采用换件法诊断故障　当怀疑某个电控元件有故障时，用新的元件（或无故障车的同一元件）取代旧件以验证该电控元件是否有故障，这是目前在维修电控系统中多数维修人员都采用过的方法。但必须注意，换件法是建立在已经获得初步诊断结论后所采用的验证方法，否则换了一堆零件下来，即使故障修复了，也不知道准确的故障部位在哪里。

此外，换件法对诊断传感器、执行器等自身故障非常有效，但电控系统发生故障多是因为外部元件或线路损坏造成的，如果在此情况下采用换件法是比较危险的，极易因故障车的外围故障而引起新电控元件的损坏，增加损失。因此，若采用换件法诊断电控系统故障时，只能将故障车电控元件换到其他同类型无故障车上试验，而不能将其他无故障电控元件装在故障车上进行试验。

（5）必要时拆开喷油泵或喷油泵线束连接器　在维修中，使发动机运转但又不想启动发动机（如检测气缸压力等）时，必须拆开喷油泵或喷油器线束连接器，以免发动机误启动或喷油器误喷油造成事故。

（6）注意燃油系统清洁　在拆开燃油系统之前，必须先清洁相关部件及相邻区域；拆下的燃油系统部件必须放置在清洁平面上，并用不带绒毛的布遮盖好；安装前，必须保证零部件的清洁；维修中，如有柴油滴漏，应及时擦拭干净；燃油系统拆开后，尽量不使用压缩空气作业，尽量不移动工程机械，以免污物进入燃油系统。

3. 维修后注意事项

故障排除了，故障码也就自动消失了，这种认识是错误的。电控系统故障排除后，必须按照规定的程序清除故障码，否则故障码仍然存储在ECU中，直到若干个启动循环，该处不再发生故障后，故障码才会自动清除。

新维修好的发动机，只要ECU中记录有故障码，无论该故障码是否存在，仪表盘上的故障指示灯都会点亮以示报警，这样车主便认为仍有故障。若在故障码清除之前，又有新的故障出现，一是由于无法分清新旧故障码而不易及时发现新的故障；二是在故障排除中，旧故障码会给维修工作带来混乱和困难。因此在发动机电控系统维修后，必须按照规定的程序清除故障码。

2.6.2　工程机械柴油电控系统故障诊断常用仪器设备

发动机集中控制系统是高度智能化的电脑控制系统，随着工程机械电子技术的发展，该系统的控制内容不断增加，系统组成更加复杂，仅靠修理人员的工作经验和熟练技术难以进行准确的故障诊断，只有采用先进的故障诊断分析仪器设备，才能快速、准确地进行故障诊断。

1. 跨接线

跨接线就是一段专用导线，不同形式的跨接线主要是其长短和两端接头不同，见图 2-11。跨接线两端接头一般是不同形式的插头或鳄鱼夹，以适应对不同位置的跨线。

跨接线主要用于电路故障诊断。当某电控元件不工作时，可用跨接线将被检测元件的“搭铁”端子直接搭铁，若此时电控元件工作恢复正常，则说明该元件搭铁电路有故障；同理，若用跨接线将蓄电池“正”极跨接到被检测元件的“电源”端子时，电控元件工作恢复正常，则说明该元件电源电路有故障。

此外，在故障诊断或调取故障码时，有时也需要用跨接线接在诊断座相应端子之间。使用跨接线应注意：

① 用跨接线将蓄电池“正”极跨接到被检元件的“电源”端子上，必须弄清被检元件的规定电源电压值。否则，若将 12V 电源直接加在电控元件上，可能导致电控元件损坏。

② 不要用跨接线将被检元件“电源”端子直接搭铁，以免导致电源短路。

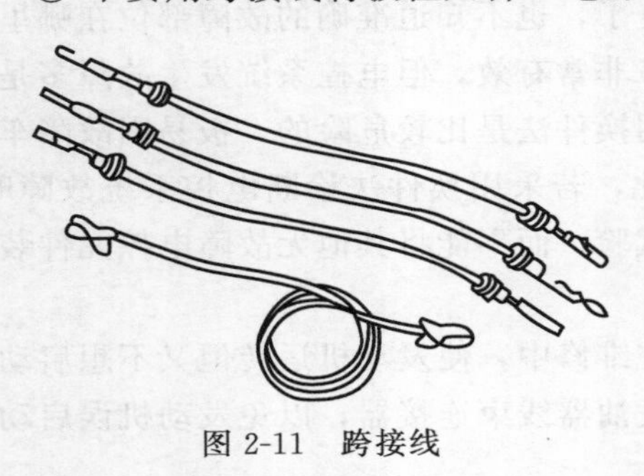

图 2-11　跨接线

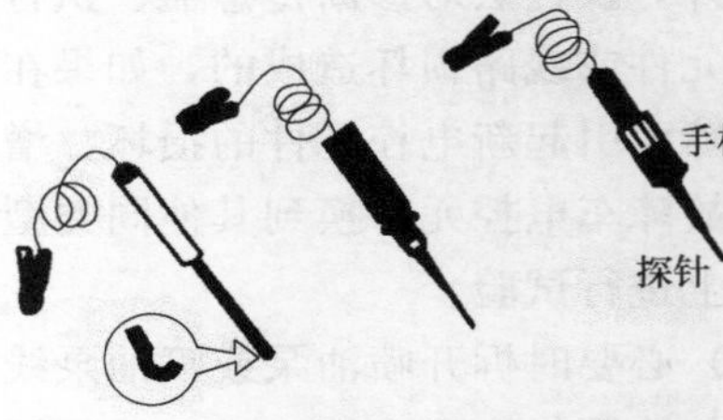

搭铁夹
手柄
探针

图 2-12　无电源测试灯

2. 测试灯

测试灯实际就是带导线的“电笔”，主要是用来检查电控元件电路的通、断。测试灯带有电路通、断的指示灯，对电路进行检测时，根据指示灯的亮度还可以判断被测电路的电压高低。测试灯分为无电源测试灯和自带电源测试灯两种类型。

（1）无电源测试灯　无电源测试灯见图 2-12。若怀疑某电控元件电路有断路故障，可先将测试灯的搭铁夹搭铁，再用探针触接其“电源”端子，若灯不亮，则说明被测电路有断路故障，可继续沿电流的流向依次选择测点，直到灯亮为止，此时即可确定电路的断开点在最后两个测点之间。

如果怀疑某电路有短路故障，可将测试灯直接跨接在熔断丝处，然后依次断开待测线路中的线束连接器，直到测试灯熄灭为止，短路故障即发生在最后两个断开的线束连接器之间。

（2）自带电源测试灯　自带电源测试灯见图 2-13，在手柄内加装两节 1.5V 干电池，主要用于检测电路断路故障；检查时，将自带电源测试灯跨接在被测线路的两端，如果灯不亮，则说明被测线路有断路故障。然后依次选择适当测点移动探针（或探头）缩小测试范围，直到灯亮为止，则可确定电路的断开点在最后两个测点之间。

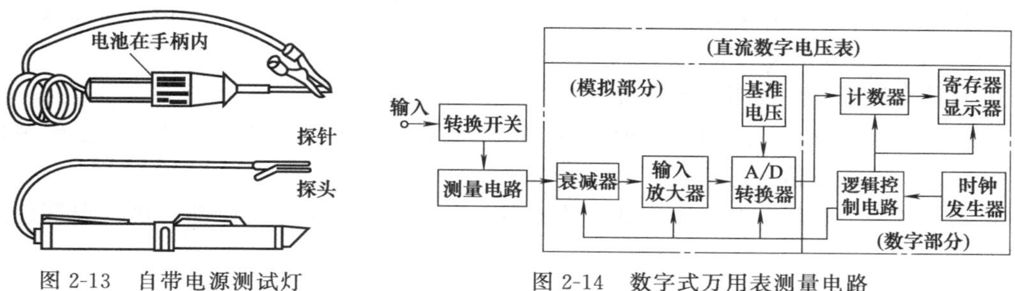

图 2-13　自带电源测试灯

图 2-14　数字式万用表测量电路

3. 数字式万用表

万用表主要用来测量电阻、电压、电流参数，以此判断电路的通断和电控元件的技术状况。万用表可分为模拟式（指针式）万用表和数字式万用表两种。由于发动机控制系统中的大多数电路都具有高电阻、低电压、低电流特征，因此在实际的故障诊断与检修过程中，除维修手册有特别规定外，必须使用高阻抗数字式万用表测试。

（1）常用的数字式万用表　数字式万用表采用数字化测量技术和液晶显示器显示，具有测量精度高、测量范围广、输入阻抗高、抗干扰能力强、容易读数等优点，在工程机械故障诊断与检修中应用广泛。

常用的数字式万用表功能比较简单，一般只能用测量电阻、电压和电流。常用的数字式万用表有盒式和袖珍式两种，两者结构原理和用途基本相同，只是袖珍数字式万用表的体积小、结构紧凑，比较适合在空间小的地方使用。

以袖珍数字式万用表为例，其测量电路原理和外形分别见图2-14、图2-15。万用表测量电路分为模拟和数字两部分，被测量通过转换开关和测量电路转换成直流电压信号，模拟部分再将模拟信号转换成数字信号，最后由数字部分完成整机逻辑控制、计数和显示功能。使用数字万用表时应注意以下事项。

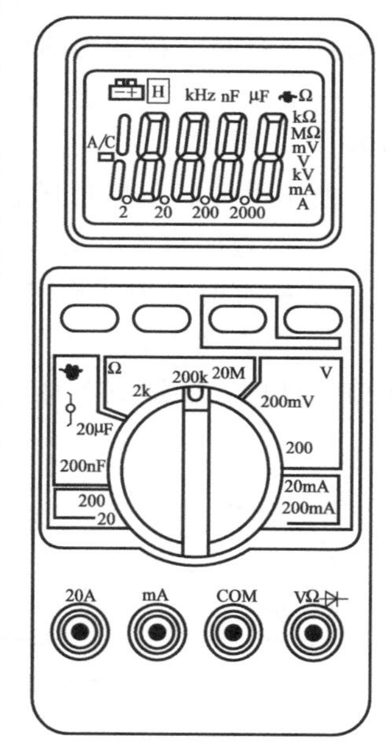

图 2-15　袖珍数字式万用表

① 按被测量的性质和数值大小选择合适的“挡位”和“量程”，并将测量导线插接到相应的“插孔”中。如测量某电磁线圈电阻时，因线圈电阻值一般不会超过1000Ω，所以应将万用表“选择开关”拧到“Ω”挡的“2k”量程，并将黑色测量导线插接到“COM”插孔，将红色测量导线插接到“VΩ”插孔，再将红色和黑色两根测量导线连接到电磁线圈的两端子上，万用表的显示屏上即可显示出该电磁线圈的电阻值。

② 选择万用表的量程时最好从低到高逐级进行选择，以便获得较准的测量数据。

③ 在使用数字万用表时，严禁电控元件或电路处于通电状态时测量其电阻，以免外部电流流入数字万用表而将其损坏。

（2）工程机械万用表　工程机械万用表是一种多功能的数字万用表，它除具有数字万用表的功能外，还具有一些工程机械专用测试功能。除了可测量电控元件的电路的电阻、电压、电流外，一般还能测量转速、频率、温度、电容、闭合角、占空比等项目，并具有自动断电、自动变换量程、数据锁定、波形显示等功能。工程机械万用表一般都装有标准的数据接口，且自身带有若干连接导线和连接接头，以适应不同功能和各种车型的检查需要。

工程机械万用表主要功能如下。

① 测量汽油机点火线圈的闭合角。

② 测量节气门位置传感器、氧传感器、空气流量计、进气温度传感器、水温传感器和ECU端子的动态电压信号。

③ 测量各种电磁阀、继电器线圈、喷油器、点火线圈、水温传感器、进气温度传感器等的电阻。

④ 测量汽油机怠速控制阀的电流。

⑤ 检测喷油泵的喷油脉宽、频率及发动机转速。

4. 手动真空泵

手动真空泵又称手持式真空测量仪。发动机控制系统中很多的元件都采用真空驱动，如EGR阀、增压控制阀等，检查这些真空驱动元件的好坏一般都需要对其施加一定的真空度，手动真空泵是一种常用的抽真空工具。手动真空泵（见图2-16）上带有显示真空度的真空表，一般还带有各种连接软管和接头等附件，以适应对不同车型和不同真空驱动元件的检测。

使用手动真空泵对真空驱动元件进行检查时应注意以下事项。

① 检查前将各真空软管连接好，防止因真空泄漏而导致测量结果失准。

② 检查时必须按规定对被检元件施加真空度，施加真空度过大会损坏被检元件。

③ 检查完毕后，在拆开连接的真空软管前，应先释放真空度，否则将灰尘、湿气吸入被检元件内，会造成不良后果。

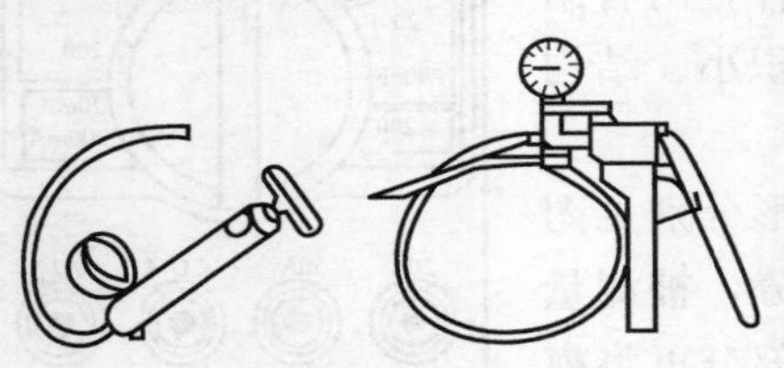

图2-16 手动真空泵

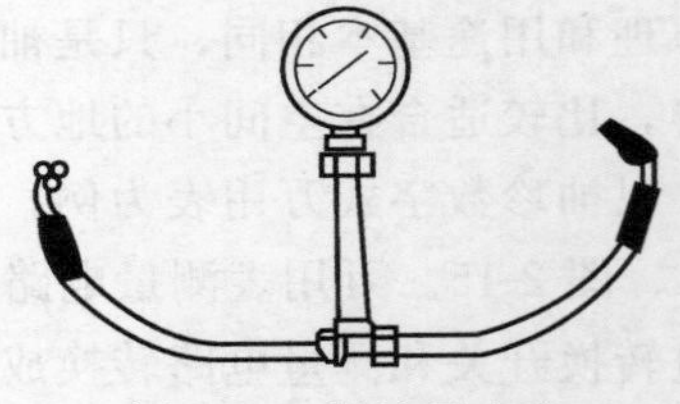

图2-17 燃油压力表

5. 燃油压力表

燃油压力表（见图2-17）是用来测量燃油系统燃油压力或喷油器喷油压力的专用工具，是对燃油系统或喷油器进行检查和故障诊断的常用工具。

使用燃油压力表时，应注意选择量程与被测压力范围相适应的燃油压力表。柴油机电控泵系统的喷油压力一般为10～20MPa，喷油嘴、单体泵和共轨电控系统的燃油压力一般在120MPa以上，甚至高达200MPa以上。

6. 故障诊断仪

故障诊断仪俗称解码器，它是一种多功能的诊断检测仪器，一般都有如下功能。

① 快速、方便地读取和清除故障码。

② 在发动机运转或车辆行驶过程中，对发动机控制系统进行动态测试，显示ECU多种

输入、输出信号的瞬时信息，使电控系统的工作状况一目了然，为诊断故障提供依据。

③ 在静态或动态下，向电控系统各执行元件发出检修作业需要的动作指令，以便检查执行元件的工作状况。

④ 在车辆运行时或路试时监测并记录数据流。

⑤ 具有示波器功能、万用表功能及打印机功能。

⑥ 有些诊断仪能显示系统控制电路图和维修指导，以供故障诊断和检修时参考。

⑦ 有些功能强大的专用诊断仪能对发动机 ECU 进行某些数据的重新输入和更改。

由于故障诊断仪的种类繁多，其使用方法在此不能逐一介绍。故障诊断仪的操作方法一般都比较简单，参照使用说明书会很快掌握，一般操作步骤如下。

① 选择测试卡和合适的连接电缆连接器（专用故障诊断仪不需此项）。

② 连接故障诊断仪。电源电缆连接到车内点烟器或蓄电池上，测试电缆与工程机械的故障诊断座相连。

③ 选择测试地址和功能。选择测试地址是指选择想要测试的电控系统，如发动机控制系统、自动变速器控制系统、ABS 系统、安全气囊系统等；功能选择是指根据测试目的选择具体的测试项目，如读取系统数据流、调取故障码、清除故障码等。

④ 进行测试。带打印功能的故障诊断仪，还可与打印机相连，选择打印功能将测试结果（如故障码信息）打印出来。

7. 示波器

示波器主要用来显示控制系统中输入、输出信号的电压波形，以供维修人员根据波形分析、判断电控系统故障。示波器比一般电子设备的显示速度快，是唯一能显示瞬时波形的检测仪器，是电控系统故障诊断中的重要设备。

示波器可分为模拟式示波器和数字式示波器。模拟式示波器显示速度快，但显示波形不稳定（抖动），且没有记忆功能，给对故障波形的分析判断带来困难。数字式示波器由微处理器控制，由于将模拟信号转换成数字信号需要一定的时间，所以显示速度较模拟式示波器慢，但数字式示波器波形稳定，且具有记忆功能，可在测试结束后使故障波形重现，便于对故障波形进行下一步的分析、判断。

模拟式示波器一般采用开关、按键和旋钮等实现对波形垂直幅度、水平幅度、垂直位置、水平位置和亮度等的调整。数字式示波器多采用菜单式操作，只需要在各级菜单上选择测试项目，无需任何设定和调整，可以直接观测波形，使用起来非常方便。示波器主要功能如下。

① 测试各种传感器、执行元件、电路和点火系等电压波形。

② 数字式示波器有工程机械万用表的功能，可测试电压、电阻、闭合角、喷油脉冲、喷油时间、点火电压等。有的示波器内部还存有工程机械数据库和标准波形，使判断故障更为方便。

③ 数字式示波器可对测试内容进行记录、回放。

④ 能提供在线帮助，包括提供系统工作原理、测试连接方法、接线颜色等。

8. 发动机综检仪

“发动机综检仪”是发动机综合性能检验仪的简称，它能对发动机进行不解体综合测试，并配有标准的数据及专家分析系统，可通过对测试结果与标准数据比较，判断发动机整机或部分系统工作好坏。不同型号的发动机分析仪在结构、使用方法等方面都存在一定的差异，使用时注意认真阅读使用说明书。图 2-18 为元征 EA-1000 型发动机综检仪外形。

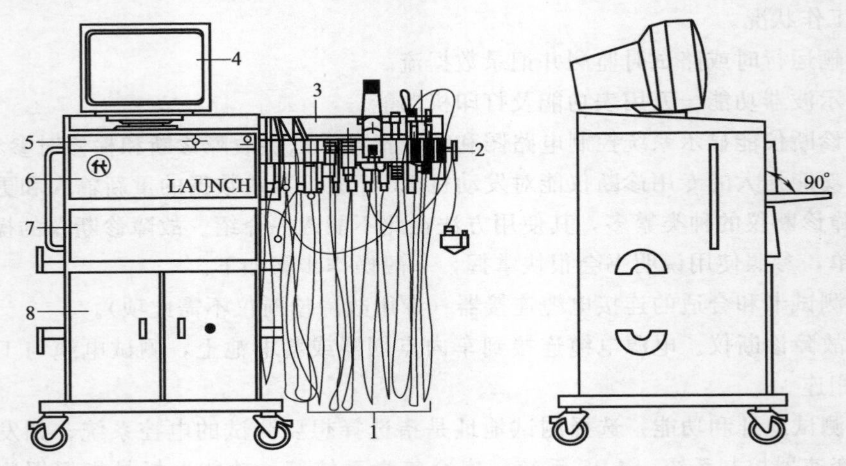

图 2-18　元征 EA-1000 型发动机综检仪

1—信号采集系统；2—传感器挂架；3—前端自理器；4—显示器；5—热键板；6—主机柜和键盘柜；7—打印机柜；8—排放仪柜

发动机综检仪一般都具有如下功能。

(1) 汽油机检测功能　包括喷油压力及压力波形检测、喷油提前角检测、无负荷测功、单缸动力性检测、转速稳定性分析、温度检测、进气管真空度检测、启动系统检测、充电系统检测、数字万用表功能和废气分析（需配备废弃分析仪）等功能。

(2) 电控燃油喷射发动机检测功能　包括进气量检测、转速检测、温度检测、进气管真空度检测、节气门位置检测、爆震信号检测、氧传感器信号检测、喷油信号检测、点火系统检测等。

(3) 故障诊断分析功能　包括故障查询、检测信号再现、参数设定和显示数据或波形等。

2.6.3 工程机械柴油电控系统故障诊断的基本方法

1. 故障诊断基本原则

近年来工程机械电子技术发展十分迅猛，大量的新型电子装备和新式控制方式在工程机械上被广泛采用，使得工程机械电控系统故障诊断的技术含量越来越高，了解并掌握工程机械电控系统的故障诊断的一些基本原则和方法，是十分有益的。尽管工程机械公司生产的发动机，其电控元件外观、形状、安装位置等有很大差异，但其基本控制原理是相近的，故障诊断也有基本规律可循，例如：大多数传感器都使用 5V 参考电压，而执行器用 12V 驱动；几乎所有的发动机冷却液温度传感器、进气温度传感器、燃油温度传感器，都采用负温度系数热敏电阻型传感器；所有发动机的凸轮轴/曲轴位置传感器，都必须安装在与曲轴有固定关系的部位，而且几乎采用电磁感应式、霍尔式或光电式，等等。如果我们能掌握这些规律，遵循一定的原则，在故障诊断过程中往往能取得事半功倍的效果。

对电控发动机进行故障诊断一般应遵循的原则概括为：先简后繁、先易后难，先思后行、先熟后生，先上后下、先外后内，先备后用、代码优先。

（1）先简后繁、先易后难的原则　发动机电控系统的结构和发生故障的原因十分复杂，为避免在故障诊断过程中走弯路，应首先借助简单工具，利用眼看、鼻闻、耳听、手摸等手段进行简单检查，如：观察故障指示灯是否点亮，观察线束和连接器是否有断裂、松脱，观察进气管路有无破损。观察燃油线路有无泄漏痕迹等，闻一闻有无电气线路或元件烧焦的气味，听一听发动机有无异响，怠速转速是否平衡，有无漏气声等；用手摸一摸相关电控元件、继电器、可疑的线束连接器是否有松动，摸一摸电控元件的温度有无异常，摸一摸喷油器、电磁阀是否有规律的振动等。如果通过简单检查诊断不出故障，需借助仪器设备来进行故障诊断时，也应优先对就车检查的项目、采用简单仪器设备的项目、较容易检查的项目进行检查，然后再进行拆卸检查、使用较复杂仪器设备检查，对较困难的项目检查。

（2）先思后行、先熟后生的原则　在对电控系统进行故障诊断时，应首先利用自己所掌握的专业知识和经验，针对故障现象进行推理分析，明确引起故障的可能原因、优先检查的方向和部位，做到有的放矢，避免对与故障无关的项目进行无谓的检查，也防止与故障有关的漏检。

此外由于设计制造和使用环境等方面的因素，有些工程机械的某些故障，常常以某个部件或总成故障比较常见，维修人员根据平时积累的经验，应对这些部件或总成优先检查，往往能手到病除。

（3）先上后下、先外后内的原则　随着电控系统在工程机械上的应用越来越多，工程机械零部件和线束的数量也不断地增加，尤其是发动机舱内几乎没有闲余空间，有时为了进行某项检查，需要拆除周围很多的零部件，因此，掌握好先上后下、先外后内的原则，对省工省时十分有益。

（4）先备后用、代码优先的原则　对电控系统进行故障诊断时，确定电控元件性能好坏，线路是否正常，常以其精确的电压或电阻等参数值来判断，如果没有这些数据资料，而且不具备采用换件法诊断故障的条件，将无法进行故障诊断。“先备后用”就是要求在进行故障诊断前，先准备好维修资料以备后用。维修资料除从维修手册、专业书刊上收集整理外，另一个有效的途径就是对无故障车辆进行测量并记录下来，平时注意做好资料收集工作，会给故障诊断带来方便。

工程机械上的电控系统一般都有故障自诊断功能，在对电控系统进行故障诊断时，应优先调取故障码，并按故障码提示进行诊断。将故障码提示的故障排除后，如果发动机故障现象仍然存在，或者开始就无故障码输出，则再对发动机可能的故障部位进行检查。

2. 故障诊断基本程序

电控燃油喷射发动机发生故障后，进行故障诊断应遵循以下基本程序。

（1）向车主调查　向车主了解故障发生的时间、现象、故障发生前后的情况、近期检修情况等非常必要，尽管有些车主描述不够清楚，但对车主提供的信息认真分析，对迅速诊断故障都会有或多或少的帮助。

（2）外部检查　外部检查的目的是排除一般性的故障成因，避免走弯路；外部检查的主要内容包括：检查各真空软管是否损坏、是否连接错误、是否堵塞，检查各线路连接器是否连接可靠，检查发动机有无明显的漏油、漏气或外部损伤等。

（3）调取故障码　如果“故障指示灯”点亮，按规定程序调取故障码，并按故障码提示又检查不出故障原因，应按间歇性故障进行检查。

在车辆使用中，如果故障症状明显，“故障指示灯”不亮，调取故障码时显示正常码，应按无故障码进行检查。

(4) 检测　只有在进行检测后才能最终判定故障的位置和找到产生故障的原因。检测包括的内容很多，如：信号检测、数据检测、压力检测、执行器动作测试等，涉及的检测仪器也比较复杂，要求能够正确选择和使用检测仪器。

(5) 试验　确定准确的故障原因并进行检修后，必须进行试验，以确认故障是否被排除，并检查维修后的效果等。通过试验，在确定维修合格后，要进行故障码的清除工作。

3. 故障码的调取和清除

发动机电控系统发生故障时，调取故障码是快速、准确获取故障信息的有效途径。

(1) 故障码调取与清除的基本方法　虽然不同公司生产的工程机械，调取故障码的操作程序及读取方法有很大的差异，但基本方法分两种：一是使用随车自诊断系统调取，二是使用故障诊断仪调取。

① 利用随车自诊断系统调取故障码。只需按照规定程序进行操作（如短接诊断座上的端子、操作某些开关等），即可利用仪表板上的“故障指示灯”、指针式万用表、自制二极管灯或车上显示器等读取故障码，此种方法不需价格比较昂贵的仪器设备，但必须知道被检车辆的维修资料，如调取故障码的操作程序和故障码含义等，否则无法进行故障诊断和检修，而且有些工程机械也无法利用随车自诊断系统调取故障码（如德国大众车系等）。随着汽保设备价格不断下降，其应用也越来越普及，利用随车自诊断系统调取故障码的方法已很少使用，因此本教材也不对此作介绍。

② 使用故障诊断仪调取故障码。使用故障诊断仪调取故障码，只需掌握诊断仪的简单使用方法，对维修人员理论水平要求不高，而且速度快、准确率高，目前已得到广泛应用。

③ 清除故障码方法。与调取故障码类似，在发动机故障排除后，必须按规定程序利用随车自诊断系统清除故障码，或利用故障诊断仪清除故障码。

(2) 按故障码提示进行故障诊断　首先应该注意，有故障码不一定有故障，因为维修人员在故障码排除后并未清除的历史故障码，在发动机运行或点火开关打开情况下，驾驶人员或维修人员拆开线束连接器产生的人为故障码，都会导致有故障码但无故障的情况发生。所以，即使能调取故障码，也不要急于按故障码来维修，如果发动机能够启动，最好是先清除故障码，启动运行后再重新调取故障码，第二次调出的故障码才真正说明有无故障码。当然在清除故障码前应记下故障码，因为有些故障码的产生情况难以再现，第二次调取故障码或许会漏掉一些故障信息。

自诊断系统监视的往往是某一段线路，而非某一元件。所以如果故障码含义是“某传感器信号不正常”，实际是指该传感器相应的电路故障，传感器电路包括传感器、传感器与ECU间的连线（包括线束连接器）、ECU及其供电和搭铁线路，如果只按故障码含义的字面含义来检修，必然会走弯路。

4. 间歇性故障

间歇性故障是指受外界因素（如温度、受潮、振动等）影响而有时存在、有时又自动消失的故障。由于此类故障无明显故障现象，诊断比较困难，一般需模拟车主陈述故障出现时的条件和环境，使故障再现，以便根据故障现象查明故障原因。

(1) 振动法　电控系统线路接触不良或元件安装不牢固等引发的故障，工程机械行驶中由于振动往往会使故障现象时隐时现。遇到此类故障可使发动机维持怠速运转，在水平和垂直方向摇动线束或线束连接器，用手轻拍装有传感器的部件，观察发动机故障是否再现，如果有故障出现，说明摇动的线路或轻拍部位的传感器有故障。

注意：不能用力拍打继电器，否则会造成继电器断路；对传感器进行振动试验时，可用万用表测量其输出信号有无异常变化，以确定该传感器是否有故障。

(2) 加热法　如果故障只在热机时出现，可用电吹风加热有故障的电控系统元件，如果加热某元件时故障再现，说明该元件有故障。注意：不能对 ECU 中的元件直接加热，且加热温度不超过 60℃。

(3) 水淋法　如果故障只在雨天、洗车后或高湿度环境下出现，可用水喷车辆使故障再现，以便根据故障现象分析判断故障原因。注意：不能用水直接喷淋电控系统元件，而应将水喷淋在发动机散热器前面，间接改变发动机室内的湿度。

(4) 电器全部接通法　如果怀疑因用电负荷过大而引起故障时，可接通全部用电设备，检查故障是否再现。

(5) 道路实验法　有些故障只在特定的行驶状态下出现，则必须使故障再现，以便查明故障原因。

间隙性故障一般不会长时间出现，所以在故障诊断时，用上述方法使故障再现后，应抓住时机，根据故障提示和故障现象迅速对故障进行诊断。

5. 无故障码故障诊断

无故障码是指在工程机械使用中，有明显的故障现象，但不亮“故障指示灯”，按规定程序调取故障码时，显示正常码。

自诊断系统只能监测电控系统电路，这包含两点：一是故障不属于电路，也就不可能有故障码；二是不属于电控系统的电路（如启动系统、充电系统等）故障，也不会存储故障码。

因此，无故障码故障往往与电控系统无关，此时应按非电控发动机故障的诊断步骤进行排查，切记不要盲目检查电控系统的 ECU、执行元件、传感器和电路，否则不仅徒劳无功，稍有不慎反会损坏电控元件。此外，自诊断系统一般只能监测信号的范围，不能监测传感器特性的变化。若因某种原因只是使传感器信号的特性发生了变化，并不能产生故障码。例如，发动机冷却液温度传感器的阻值有一个正常的工作范围，一旦阻值超过此范围，自诊断系统马上会产生故障码；但是假如该传感器的特性（指温度和阻值的对应关系）发生变化，但阻值依然在此范围内，发动机会工作不良，故障指示灯却并不会亮，当然也无故障码。维修人员不应因为无故障码，就认为肯定无故障，以免走弯路。这时应该根据发动机的故障现象进行综合分析判断，有条件的还应用专用诊断仪读取相关数据流、分析波形，继而对传感器单体进行针对性的检测，以找到并排除传感器故障。

如果故障指示灯亮，却调不出故障码，则可能是故障指示灯电路搭铁故障。

2.7 工程机械柴油发动机常见故障诊断与排除实例

2.7.1 SY420 挖掘机发动机升温困难故障实例分析

1. 故障现象

一台 SY420 挖掘机在冬天冷启动后，发动机温度难以升至正常工作范围。

2. 故障分析

（1）节温器阀门关闭不严，发动机启动后升温缓慢，在较长一段时间处于冷状态，冬季尤为严重。

（2）保温装置工作性能差，失去了对散热器的保温作用，流经散热器和发动机的冷空气不能随发动机热状况的需要而增加或减少，使发动机过冷。

（3）带离合器的风扇因故障失去了调节风扇转速的作用，导致风量过大。

（4）节温器被人为拆除。

经检查故障原因为发动机节温器阀卡住不能关闭。如图 2-19 所示。

图 2-19　节温器故障现象

3. 排故方法

（1）启动发动机空转 30min 左右，发动机水温一直在 60℃，温度不再上升。

（2）发动机周遭环境温度在 13℃左右，不存在天气原因造成水温低。

（3）拆除节温器上水管，拆除节温器发现节温器阀卡住，不能打开。

（4）更换节温器后，运转发动机 30min 左右，发动机温度升到 73℃，故障排除。

4. 排故体会

排除故障应由简到繁，细细推理，结合当时的状况，排除问题就容易得多。

2.7.2　三一 SY205C8M 挖掘机冒黑烟故障排除实例

三一 SY205C8M 挖掘机冒黑烟处理，为了进一步完善处理方案，增加转速检查及调速步骤，处理方案具体如下。

1. 检查进气管路及燃油进油管路

（1）检查发动机进气管路是否有松动，保证进气路没有漏气，确认效果。

（2）检查燃油油路中是否使用了国产粗滤（蓝色瓶），若使用，则更换为三菱油水分离器，编码：B229900002809，名称：油水分离器 ME091412。更换此油水分离器时，需同时更换以下配套物料：

10473828，板 SY230C6B. 1. 3. 5. 1B-1，1 件/台。

A210434000007，垫圈 14JB982，4 个/台。

（3）检查发动机进油管路是否有脏堵现象，必须保证进油路清洁，更换所有燃油滤芯，确认效果。

2. 检查及调整发动机转速

（1）检查发动机的掉速（空转转速与溢流转速之差）情况：若 S 模式工作挡位的掉速超过 250r/min，或 H 模式工作挡位掉速值超过 300r/min，检查 H 和 S 模式的最高转速是否符合以下标准：

$$H=2220\pm20;\ S=2120\pm20$$

若不符合，进行下一步，符合则直接进行第三项。

（2）按以下标准重新标定转速：各模式下最高转速为 H＝2220±20；S＝2120±20；L＝1950±20；A/I＝1350±20。

（3）重新标定转速后，检查 S 模式及 H 模式下工作挡位掉速。

若 S 模式下掉速超过 160r/min，则下调 S 模式最高转速，下调量为“掉速值－160”。例如：掉速为 190r/min，则将最高转速调低 30r/min。

按以上方法，将 S 模式工作挡位掉速控制在 150～160r/min，H 模式工作挡位掉速控制在 190～200r/min，确认效果（发动机掉速＝空载转速－稳定溢流转速）。

3. 发动机进排气门及喷油系统检查调整（三菱公司服务人员操作）

（1）调整气门间隙，保证调整后的气门间隙严格符合三菱公司要求：吸排气门均为 0.4mm（冷机时），确认效果。

（2）调整喷油正时，第一步，保证提前角为三菱公司要求数值 14°，确认效果。第二步，将喷油正时尽可能调整提前，调整方法：松开图 2-20 中的螺栓，利用螺栓孔与螺栓间隙调整，确认效果。

图 2-20　调整喷油正时方法

（3）更换发动机喷油器，要求全部更换，确认效果。

（4）更换喷油泵，更换时，喷油正时按本条第（2）步操作。

在进行第三项时，请服务部联系三菱公司服务人员处理，务必是发动机的专业维修人员。

注：请严格按以上步骤进行，其中第一、二项可以同时进行，在完成更换喷油泵后，转速标定按第二项第（2）及第（3）步操作。

2.7.3　卡特 320B 型挖掘机不能启动故障的排除

1. 故障现象描述

一台卡特 320B 型挖掘机，在长途运输途中不慎侧翻于公路旁，用起重机将控制机吊起后，发现挖掘机仅发动机一侧的护壳破坏，而其余部分完好无损。驾驶员检查发现，机油、柴油和冷却水都不同程度地流失，分别添加了机油、柴油和水后启动发动机时，只听到启动机与发动机飞轮有强烈的撞击声，同时观察到发动机风扇叶片只是略微转动了一下，再次启动时故障依旧。

2. 故障排查过程

为查清"为什么启动机不能带动发动机转动"，首先，检查了是电器部分还是电动机部分有故障。用扳手在发动曲轴皮带轮上来回扳动螺栓时，感觉很费力且皮带轮只能来回转动很小个角度，说明启动机不能带动发动机转动是发动机阻力过大造成的，不是电器部分的故障。分析认为，挖掘机置于拖车上预备长途运输前，发动机的技术状态是正常的，故不可能是正时系统、连杆配气机构卡死以及曲轴抱死；出现启动机不能带动发动机转动是发生在挖掘机侧翻后，挖掘机侧翻时发动机的Ⅰ缸高于Ⅵ缸位置、油底壳高于缸盖位置，发动机处在这种状态下油底壳内的机油就会慢慢地从缸壁间隙处流入燃烧室；由于Ⅵ缸所处位置最低，Ⅰ缸所处位置最高，因而机油流入燃油室的可能最大的是Ⅵ缸，依次是Ⅴ缸、Ⅵ缸，可能性最小的是Ⅰ缸。

于是拆下Ⅳ、Ⅴ、Ⅵ缸的气门室罩，用一字形改锥插入Ⅵ缸进、排气门的间隙处，目的是使Ⅵ缸进、排气门一直处于打开状态，此时用扳手来回扳动曲轮皮带轮，感到曲轴转动角度比以前略为大一些。用同样的方法，使Ⅴ缸进、排气门处于打开状态，转动曲轴皮带轮时，感到曲轴能转动的角度又要大一些；使Ⅳ缸进、排气门处于打开状态，转动曲轴皮带轮时，曲轴就完全能转动 360°。由此证明，是发动机油底壳内机油通过缸壁间隙流进了燃烧室，由于大量机油流入燃烧室，启动机（或用扳手扳动曲轴皮带轮）使曲轴转动时，在活塞上行的过程中压缩比过高（各处间隙均处于完全密封状态）。曲轴转动阻力过大，故表现出启动机不能带动发动机转动。故障原因找到后，决定改用 1mm 塞尺插入Ⅳ、Ⅴ、Ⅵ缸进、排气门间隙处以代替一字形改锥（因一字形改锥过厚），以免气门压下过多而顶坏活塞，但试机时启动机同样不能启动，于是将塞尺的厚度由 1mm 增加到 1.5mm，再次启动时发动机能顺利启动，并从排气管排出了大量机油。这时，有两缸的塞尺从气门间隙处滑出，而发动机立即被憋而熄火；重新插入塞尺，再次顺利启动发动机，并怠速运转了约 1min，但滑出Ⅳ缸的塞尺后，发动机又被憋熄火，说明燃烧室内机油还很多，于是又重新插入塞尺，再次启动发动机，并怠速运转了 5min，估计燃烧室内机油已排尽后，相继抽出Ⅳ缸和Ⅴ缸的塞尺，发动机都能正常运转，最后抽出了Ⅳ缸塞尺，发动机的运转也正常。说明故障已被彻底排除。

3. 此故障排除的启示

使用装在 TY220 推土机上的康明斯发动机时也常见类似故障，即若 PT 泵上电磁阀及单向阀关闭不严、燃烧室内进了柴油，则启动机不能带动发动机运转。此时，只需使曲轴来回转动几下，柴油便能从缸壁间隙处流回油底壳而易于启动；若机油因黏度过大，进了燃烧室又不易在短时间内从缸壁间隙处流回油底壳，则发动机不易启动。所以，在遇到新问题时一定要联想到类似故障现象，以便快速查出故障原因，并提出简捷的解决办法。

2.7.4 CAT365BⅡ发动机不能着车的故障诊断与排除实例

1. 故障现象

一台 CAT365BⅡ出现不能着车的故障，司机反映挖掘机夜班还干着活，白班交班以后就打不着车了。

2. 故障原因分析与排除

此台CAT365BⅡ大型挖机，短臂型的斗容可达$4m^3$，功率大，工作效率高，采用卡特的3196发动机，此型号发动机是电喷柴油机，缸径130mm，行程150mm，排气量12L，功率365kW。采用机械促动的电子控制单体式喷油器（EUI）的燃油系统，EUI单体式喷油器由凸轮轴产生的机械力用来产生高喷射压力，该装置将泵吸元件、电子式的燃油计量元件和喷油元件组合在一个单独的装置中。由发动机电子控制模块（ECM）根据机车主控制电脑板发送的油门信号及各发动机传感器的信号，再给出正确的脉冲信号到电子控制单体式喷油器（EUI）的电磁线圈，激活喷油器喷油，产生合适的发动机转速。电控系统整体设计到发动机燃油系统和发动机进排气系统中，以便对燃油输送和喷油正时进行电子控制。和常规的机械式发动机相比，电控系统能提供增强的正时控制和燃油空气混合比控制。喷油正时通过喷油点火时间的精确控制来实现。发动机每分钟转速通过调整喷油的持续时间来控制。燃油的喷射压力可以高达30000psi（约$2100kgf/cm^2$），使燃油雾化更好，排放更优良。此机型的电脑板有机车主控制板、重要信息控制板（VIDS）、发动机控制板（ECM），因为手柄是电控手柄，发动机是电喷发动机，所以各种输入输出的电信号比一般的机型要多，所以电脑板功能比较强大，监控器上有参数键，可以调出机车及发动机的许多重要参数，如电控手柄的输出信号，主控制阀上控制各机构动作的先导比例电磁阀的电流值，主泵及回转泵的动力换挡减压阀的电流，发动机的各个重要传感器的信号等。当发动机不能着车，可能的原因有启动电路的问题，或燃油供给方面有故障，或有机械故障。

根据经验，司机反映机子夜班还干着活，白班交班以后就打不着车了，因为是在正常停机的情况下出现的，有机械故障的可能性很小，打开钥匙键接通电源，如果有电路故障，在监控器的信息显示中心会显示故障内容及故障诊断代码，此时显示有冷却液位低，因为此显示早已存在，是传感器的故障，且不影响启动，按压监控器的主菜单键，调出诊断故障及代码，因为无其他故障显示，可先不考虑电路方面的原因。

试启动时，启动电机能转动，启动转速也够，可以排除启动电路有问题及电瓶电压不足的可能，发动机声音也正常，无异响。本着先易后难的原则，先排除油路方面的可能原因，首先进行排气，油路并无空气，手泵泵油时感觉压力很大，燃油压力足，检查燃油压力调节阀（背压阀），也无问题，油路无泄漏，也无阻塞现象，油路方面的原因可初步排除。为了进一步确认电路无故障，故需要检查有无电流到电子控制单体式喷油器，因为无专用的卡特彼勒的电子技术员（ET）检测工具，故用试灯进行检测，经检测，试灯亮，说明电路正常，有电流到喷油器，因此初步判断是单体式喷油器的故障，因为此机的喷油器已经使用了有五千多小时，因为工地在非洲的苏丹，当地的燃油质量也很差，故电控单体式喷油器内部的柱塞、阀芯、喷嘴等已经磨损，造成燃油雾化及喷油量都达不到技术标准，使发动机无法启动。因为工地无新的喷油器可更换，订购的配件需要一定的时间才能到，所以使用启动液帮助启动，在使用启动液的情况下，发动机能启动，且基本能正常工作，只是10挡转速时，有转速不稳定的现象。在配件到达后，更换了六个缸的电控单体式喷油器，发动机能正常启动了，挖掘机功能恢复正常。

2.7.5　日立 EX200-5 型挖掘机发动机转速不改变故障诊断与排除实例

1. 故障现象

主控制器（MC）、EC 电机、发动机控制器之间的导线有故障，即使发动机控制器转动，发动机转速也不改变。

2. 主控制器和发动机控制器连接器端子图

主控制器和发动机控制器连接器端子图如图 2-21所示。

连接器(从开端一侧观看的导线末端连接器端子)
主控制器22P连接器：试验时每个端子号码要加D

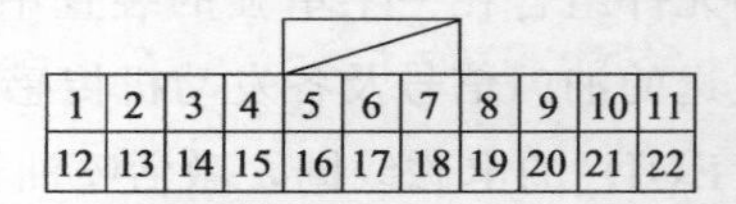

1	2	3	4	5	6	7	8	9	10	11
12	13	14	15	16	17	18	19	20	21	22

发动机控制器

4	3	○		2	1
5	6	7	8	9	⊠

图 2-21　EX200-5 型挖掘机主控制器和发动机控制器连接器端子图

3. 故障诊断与排除步骤

（1）用 Dr. EX 诊断分析仪进行诊断，检查屏幕上是否显示故障码 07（07 表示发动机控制器有故障）。如果显示故障码 07，则说明发动机控制器有故障，应把发动机控制器连接器断开，检查发动机控制器侧的端子 5 与 7 之间的电阻是否为（5±0.5）kΩ，再把发动机控制器连接好，将万用表的试针从发动机控制器的后部插入，转动发动机控制器，检查电压的变化情况，在最低速位置时电压是否达到 0.3～1V？在最高速位置时电压是否达到 4.0～4.7V？如果电阻和电压都不符合要求，则说明发动机控制器有故障，更换后故障就可以排除。

（2）如果经过检测，电阻和电压都在规定范围内，但故障还存在，则应把发动机控制器连接器断开，检查导线末端连接器端子 5 与 7 之间的电压是否为（5±0.5）V（钥匙开关在 ON 位置）。如果电压不正常，则继续检查导线末端连接器端子 5 与底盘之间的电压是否为（5±0.5）V/（钥匙开关在 ON 位置），如果电压仍不正常，则说明主控制器与发动机控制器端子 5 之间的导线断路，进行修理或更换后，故障可以排除；如果电压正常，则说明主控制器与发动机控制器端子 7 之间的导线断路，进行修理或更换后，故障可以排除。

（3）如果导线末端连接器端子 5 与 7 之间的电压在（5±0.5）V 范围内（钥匙开关在 ON 位置），则继续检查主控制器 22P 连接器端子 D21 与发动机控制器端子 6 之间是否断路或短路。如果没有断路和短路，则说明主控制器有故障（注意：更换主控制器后要进行发动机转速调整和发动机学习）；如果断路或短路，则进行相关检修。

（4）如果在开始用 Dr. EX 诊断分析仪诊断时，屏幕上不显示故障码 07，则应把灯导线（零件号为 ST7125。在连接器之间连接带灯的导线元件，根据操作过程中灯是亮还是灭来检查电路是否正常）连到 EC 电机上，当发动机控制器转动时，检查灯是否亮，如果灯不亮，则说明主控制器有故障或主控制器与 EC 电机之间的导线断开；如果灯亮，则说明 EC 电机有故障。

思考题

1. 工程机械柴油发动机故障诊断的基本方法有哪些?
2. 什么是直观诊断方法？要求有哪些?
3. 什么是随车故障自诊断系统?
4. 气缸压缩压力检测的条件是什么?

5. 工程机械发动机出现异响的原因有哪些?

6. 发动机异响的特征有哪些?

7. 怎样区分发动机连杆轴承响与曲轴轴承响?

8. 气门漏气响如何诊断?

9. 柴油机燃油供给系统常见故障有哪几种?

10. 电控柴油机电控系统检测时应注意什么?

第3章　工程机械底盘故障诊断与排除

3.1　主离合器常见故障诊断与排除

3.1.1　主离合器打滑

1. 现象

主离合器打滑是指离合器不能将发动机的扭矩和转速可靠地传给传动系。其表现为：

① 机械起步困难；

② 机械的行驶速度不能随发动机的转速提高而提高；

③ 机械行驶或作业阻力增大时，机械不走而离合器发出焦煳臭味。

2. 原因分析

摩擦式主离合器是依靠其摩擦副的摩擦力矩来传递发动机扭矩的，如果离合器的摩擦力矩小于发动机的输出扭矩，离合器就会出现打滑现象。离合器摩擦力矩的大小主要取决于其摩擦副的摩擦力的大小，离合器的摩擦力是作用在压盘上的正压力与摩擦副的摩擦系数的乘积。如果作用在压盘上的压力减小或摩擦系数减小或者两者都减小，摩擦力也相应减小，离合器的摩擦力矩也会减小，会导致离合器打滑。具体原因如下。

① 主离合器摩擦片变质。离合器摩擦衬片在工作时与压盘或飞轮之间出现滑动摩擦，所产生的高温易使摩擦衬片中的有机物质发生变质，从而导致摩擦副的摩擦系数下降，严重时可导致摩擦片龟裂，影响离合器的正常工作。

② 摩擦衬片表面因长期使用而硬化，也会导致摩擦副的摩擦系数减小。

③ 摩擦衬片表面有油污或水时，摩擦系数将大大下降。

④ 常结合式主离合器压盘总压力是由压紧弹簧产生的，其大小取决于压紧弹簧的刚度和工作长度。如果压紧弹簧的刚度减小或工作长度增加，则压盘的总压力减小。引起弹簧压紧力减小的原因有：离合器摩擦片磨损变薄后，压盘的工作行程增加，使弹簧的工作长度增加，导致压盘压紧力减小；离合器长期工作或打滑产生的高温使压紧弹簧的刚度下降，导致

压紧力不足；压紧弹簧长期承受交变载荷，使其疲劳而导致弹力衰退、压紧力下降。

⑤ 非常结合式主离合器是由杠杆系统压紧的，其压紧力的大小取决于其加压杠杆与压盘受力点距离的大小，即加压杠杆与其距离大，压紧力小；反之，压紧力大。在使用过程中，由于摩擦面的不断磨损，使主、从动摩擦盘越来越靠近，而使加压杠杆与压盘受力点越来越远，导致压紧力减小、离合器打滑。各铰链销及孔磨损；压臂磨损；压盘及摩擦片磨损过多；耳簧及各弹性连接臂弹性减弱；调整圈上的导向销松动伸出；离合器前端螺母松动等均能造成离合器打滑。

弹性推杆的弹力对压盘压紧力也有直接影响，若弹性推杆材料选择不当或受交变载荷而疲劳，会使其弹力下降，导致压盘压紧力相应减小。

另外，使用操作不当如离合器分离不迅速；大油门高挡位起步；低挡换高挡时，车速没有足够高时就挂高挡并猛加油门，用突然猛加油门的方法克服大的阻力；使离合器处于半结合状态的时间过长等也可能造成离合器打滑。

3. 诊断与排除

（1）试车判断　判断常接合式离合器是否打滑，可将发动机启动，拉紧手制动器，挂上挡，慢慢抬起离合器踏板，徐徐加大油门，如车身不动，发动机也不熄火，说明离合器打滑。另一方法是挂上挡，拉紧手制动器，用摇手柄摇转发动机，若发动机能够摇转，但车身并不移动，也说明离合器打滑。

判断非常接合式离合器是否打滑，可启动发动机，挂上三挡或四挡，结合离合器，机械行驶速度明显减慢；挂上一挡或二挡爬坡或作业，加大油门仍感到无力，但发动机不熄火，则说明离合器打滑。

（2）排除故障

① 常结合式主离合器踏板自由行程的检查　离合器在结合状态下，测量分离轴承距分离杠杆内端的间隙应不小于 2～2.5mm，或将直尺放在踏板旁，先测出踏板完全放松时最高位置的高度，再测出踩下踏板感到有阻力时的高度，两者之差即为离合器踏板的自由行程。若检查出踏板自由行程正常时，应查看离合器分离杠杆内端是否在同一平面内，当个别分离杠杆调整不当或弯曲变形时，会影响踏板自由行程的检查，应进行处理。若踏板无自由行程，应按规定要求进行调整。

② 常结合式主离合器杠杆最大压紧力的调整　机械工作时若出现离合器打滑，扳动离合器操纵杆，手感很轻，说明离合器打滑多是由于杠杆压紧机构的最大压紧力减小所致，应予以调整。调整步骤如下：

a. 将变速操纵杆置于空挡位置。

b. 扳动离合器操纵杆，使其处于分离状态。

c. 拆下离合器罩的检视孔盖，拨转加压杠杆的十字架，使其压紧螺钉处于易放松的位置。将变速操纵杆置入任一挡位，以阻止离合器轴的转动。

d. 放松夹紧螺钉，转动十字架，旋入则杠杆最大压紧力增加，旋出则减小。将离合器调整到机械全负荷工作时不打滑为止。

e. 调整完毕后拧紧压紧螺钉。

③ 检查摩擦片　步骤如下。

a. 拆下离合器检视孔盖，观察离合器有无甩出的油迹。若有油迹，则会使摩擦副的摩擦系数减小而引起离合器打滑。此时应拆下离合器，用汽油或碱水清洗油污并加热干燥。

b. 若摩擦片厚度小于规定值，如铆钉头低于表面不足0.5mm，或摩擦片产生烧焦破裂时，应更换摩擦片。若摩擦片厚度足够，但表面硬化，应进行修磨，消除硬化层，并增加其表面粗糙度，以恢复摩擦副的摩擦系数。

④ 检查压紧弹簧　经过以上检查和处理后离合器打滑现象仍未消除，则可能是压紧弹簧弹力减小所造成的，应更换压紧弹簧。

3.1.2　主离合器分离不彻底

1. 现象

主离合器分离不彻底是指踩下离合器踏板或扳动离合器操纵杆使离合器分离时，动力传递未完全切断的现象。表现为挂挡困难或挂挡时变速器内发出齿轮撞击声。

2. 原因分析

主离合器分离不彻底是由于主动盘与从动盘未完全分离而造成的，使发动机的动力仍能够传递给变速箱输入轴。

（1）常合式主离合器分离不彻底的主要原因

① 离合器踏板自由行程过大。

② 从动盘变形。

③ 分离杠杆调整不当。若分离杠杆内端高度不在同一平面内，会使离合器在分离过程中压盘发生歪斜，导致离合器局部分离不彻底。若分离杠杆内端调整过低，也会使压盘分离行程不足而使离合器分离不彻底。

④ 摩擦衬片过厚。

⑤ 双片式离合器中间压盘限位螺钉调整不当。

⑥ 从动盘花键毂卡滞。离合器分离时摩擦片不能灵活地轴向移动使离合器分离不彻底。

⑦ 摩擦（衬）片破碎。离合器分离时摩擦（衬）片碎片可能填挤在主、从动盘之中，使离合器分离不彻底。

⑧ 分离弹簧失效。双片式离合器在飞轮与中间主动盘之间装有3个分离弹簧，以保证两从动盘与中间主动盘、压盘及飞轮外端面彼此彻底分离。若分离弹簧折断、脱落或严重变形而使弹力减小，便失去其作用，进而使离合器分离不彻底。

⑨ 双片式离合器传动销的影响。双片式离合器沿周向均布有6个传动销，中间主动盘与压盘均滑套在传动销上，若传动销与销孔的形位偏差过大或锈蚀，可导致在分离时压盘轴向移动阻力增大，不能与从动盘产生间隙，使离合器分离不彻底。

⑩ 变速箱第一轴支承轴承的影响。变速箱第一轴用轴承支承在飞轮中心的轴承孔内，如果轴承锈蚀或烧蚀，会使飞轮与变速箱第一轴直接连接，离合器分离时即使其分离良好，发动机的动力仍能通过轴承向变速箱第一轴传递，容易被误认为离合器分离不彻底。

另外，液压操纵式离合器油液不足或液压管路中进入空气，也会导致离合器分离不彻底。

（2）非常合式主离合器分离不彻底的主要原因

① 调整不当。非常合式主离合器最大压紧力调整时，杠杆压紧机构的十字架旋入过多，使主、从动摩擦盘的分离间隙过小而导致离合器分离不彻底。

② 板弹簧的影响。在离合器后盘上铆接有三组板弹簧，其作用是在离合器分离时，使

主从动摩擦盘产生分离间隙。如果由于铆钉松脱或板弹簧本身疲劳而使其弹力下降，会导致离合器分离不彻底。

③ 摩擦盘锈蚀的影响。机械在潮湿的环境中停放过久，容易使离合器的摩擦盘产生锈蚀，导致主、从动摩擦盘之间的分离间隙减小而造成离合器分离不彻底。

离合器主动盘轴承的锈蚀或因缺乏润滑油而导致烧蚀，会使发动机的动力不经离合器摩擦副而直接传给离合器轴，离合器不能切断动力。

3. 诊断与排除

判断离合器是否分离不彻底，可将变速杆放空挡位置，使离合器处于分离状态，用起子推动从动盘，如能轻轻推动，则说明离合器分离彻底，反之，则说明分离不彻底。

(1) 常合式主离合器故障诊断排除

① 检查踏板自由行程，方法同前所述。若自由行程过大，可能是引起离合器分离不彻底的原因，应进行调整。

② 检查分离杠杆内端。打开离合器检视孔，观察分离杠杆内端的高度是否在同一平面内，若出现高低不一的现象应进行调整。

③ 双片式离合器限位螺钉的检查。检查离合器限位螺钉端头距中间压盘的间隙是否符合规定，若不符合则应进行调整。

④ 检查离合器摩擦（衬）片的厚度。离合器新换摩擦（衬）片后分离不彻底，可能是由于摩擦（衬）片过厚所导致的，应调整离合器的分离距离。

如果经过上述检查与调整后离合器仍分离不彻底，其原因可能是摩擦片翘曲变形、破裂或分离弹簧失效等原因，应做进一步分析。

(2) 非常合式主离合器故障诊断排除

① 如果机械停机时分离正常，停放过久后出现离合器分离不彻底，且驾驶员扳动操纵杆费力，说明离合器分离不彻底大多是因为锈蚀导致的，应予以排除。

② 如果机械刚维修后出现离合器分离不彻底，则说明是因为离合器杠杆压紧机构的十字架调整不当导致的，应重新调整。

3.1.3 离合器发抖

1. 现象

当离合器按正常操作平缓地接合时，机械不是平滑的增加速度，而是间断起步甚至使机械产生抖动或机械突然闯出。离合器发抖也称为离合器接合不平顺，是由于发动机向传动系输出较大扭矩时，离合器传递动力不连续。

2. 原因分析

根本原因是主从动盘间传递的扭矩时大时小，不能平顺地增加。离合器发抖故障的具体原因如下。

① 主、从动摩擦盘接触面不平，如主、从动盘翘曲、变形，导致发动机的动力传递断断续续，而使离合器发抖。

② 压盘正压力不均匀。离合器压紧弹簧弹力不一致或分离杠杆内端不在同一平面内，均会造成压盘压力不均匀，进而使离合器发抖。

③ 离合器从动盘钢片键槽松旷或变速箱第一轴花键轴磨损过大而松旷，也会导致动力

传递不连续及离合器发抖。

④ 从动盘毂铆钉松动，从动钢片断裂，转动件动平衡不符合要求等。

⑤ 操作不当。如油门小，挡位高，起步过猛。

3. 诊断与排除

离合器发抖故障的诊断与排除的步骤及方法如下。

① 检查分离杠杆内端与分离轴承的间隙是否一致。若不一致，说明分离杠杆内端不在同一平面内，应进行调整。反之，可检查发动机前后支架及变速箱的固定情况。如果以上检查均正常，说明离合器发抖可能是由于机件变形或平面度误差过大导致的，应分解离合器检查测量。

② 从动盘的检查。从动摩擦片的端面跳动量应不大于0.8mm，平面度约1mm，若不符合要求，应进行修磨。

③ 压紧弹簧的检查。将压紧弹簧拆下，在弹簧弹力检查仪上检测其弹力是否一致。也可测量弹簧的高度并作比较，若弹簧的自由长度不一致，则其弹力也不一样，应予以更换。

3.1.4 离合器异响

1. 现象

离合器异响是指离合器工作时发出不正常的响声。异响可分为连续摩擦响声或撞击声，以出现在离合器的分离或接合过程中，也可能是分离后或接合后发响。

2. 诊断与排除

离合器异响故障的原因分析及诊断、排除的步骤与方法如下。

启动发动机后即出现“沙沙”的摩擦声时，应先检查离合器踏板自由行程。若无自由行程，但离合器踏板放松后还能抬起少许，且异响随之消失，说明异响的原因是踏板回位弹簧过软或折断，应予以更换。若踏板放松后不能抬起，则原因是调整不当，应重新调整。离合器踏板自由行程正常，但在发动机转速变化时有间断撞击声或摩擦声，异响的原因是离合器套筒回位弹簧脱落、折断或过软，应拆开离合器盖认真检查或更换弹簧。

发动机怠速运转时踩下离合器踏板少许，使其自由行程消除。若此时出现干摩擦响声，说明分离轴承缺少润滑油，注入润滑油后再次试验。若有效则为轴承松旷，若无效再踩踏板少许，并略提高发动机转速，如果异响增大，说明分离轴承损坏，应予以更换。

在踩下离合器踏板的过程中无异响，但踩到底后出现金属敲击声，且随着发动机转而加重，但在中速稳定运转时声响又明显减弱或消失。对于双片式离合器，此异响原因是主动盘的传动销与销孔配合松旷，使中间主动盘失去定心作用，在自重的作用下，每转过一个角度就会向下跌落一次，使传动销与销孔撞击而产生金属敲击响。对于单片离合器，异响原因可能为压盘与离合器盖配合松旷，可在离合器踏板踩到底后，用螺丝刀拨动压盘进一步检查并予以排除。

连续踩动离合器踏板，在将要分离或结合的瞬间出现异响，多数是因为分离杠杆或支架销孔磨损松旷或摩擦衬片铆钉松动外露引起的。

如果在离合器接合时有撞击声，可能是从动盘花键毂的铆钉松动或从动盘花键毂与变速箱第一轴配合松旷引起的。可根据离合器异响的原因分析和异响的特征进行判断，必要时应解体确诊，并予以排除。

3.2 动力换挡变速箱常见故障诊断与排除

3.2.1 挂不上挡

1. 现象

变速箱挂挡时不能顺利进入某一挡位。

2. 原因分析

导致动力换挡变速箱挂不上挡的主要原因有以下几种。

① 挂挡压力过低，使换挡离合器不能良好接合，因而挂不上挡。

② 液压泵工作不良、密封不好，导致液压系统油液工作压力太低，使换挡离合器打滑，导致挂不上挡。

③ 液压管路堵塞。随着使用时间的延长，滤油器的滤网或滤芯上附着的机械杂质增多，使过滤截面逐渐减小，液压油流量减小，难以保证换挡离合器的压力，使之打滑。

④ 换挡离合器故障。换挡离合器密封圈损坏而泄漏，活塞环磨损、摩擦片烧毁、钢片变形均可导致变速箱挂不上挡。

3. 诊断与排除

动力变速箱挂不上挡故障的诊断与排除的方法、步骤如下。

① 挂挡时如果不能顺利挂入挡位，应首先查看挂挡压力表的指示压力。如果空挡时压力低，可能是液压泵供油压力不足。拔出油尺，检查变速箱内的油面高度。若油位符合标准，则检查液压泵传动零件的磨损程度及密封装置的密封状况，如果液压泵油封及过滤器结合面密封不严，液压泵会吸入空气而导致供油压力降低，此时应拆下过滤器及液压泵进行检修。若液压泵及过滤器良好，则应查看变速压力阀是否失灵、变速操纵阀阀芯是否磨损，将阀拆下按规定进行清洗和调整。

② 如果空挡时压力正常，挂某一挡位时压力低，则可能是湿式离合器供油管接头及变速箱轴和离合器的油缸活塞密封圈密封不严而漏油，应拆下变速箱予以更换。

③ 如果发动机转速低时压力正常，转速高时压力降低或压力表指针跳动，一般是油位过低、过滤器堵塞或液压泵吸入空气造成的，应分别检查与排除。

3.2.2 挡位不能脱开

1. 现象

动力换挡变速箱进行换挡变速时某些挡位脱不开。

2. 原因分析

导致变速时挡位脱不开的主要原因有以下几种。

① 换挡离合器活塞环胀死。

② 换挡离合器摩擦片烧毁。

③ 换挡离合器活塞回位弹簧失效或损坏。

④ 液压系统回油路堵塞。

3. 诊断与排除

启动发动机后变换各挡位，检查哪个挡位脱不开，以确定该检修的部位。

拆开回油管接头，吹通回油管路，连接好后再进行检查。如果挡位仍脱不开，必须拆解离合器，检查回位弹簧是否损坏，根据情况予以排除；检查摩擦片烧蚀情况，如烧蚀严重应更换；检查活塞环是否发卡，如发卡应修复或更换。

3.2.3 变速箱工作压力过低

1. 现象

压力表显示的变速箱各挡的压力均低于正常值，机械各挡行走均乏力。

2. 原因分析

造成变速箱工作压力过低的原因有以下几种。

① 变速箱内油池油位过低。这不仅会导致液力变矩器传动介质减少而造成传力不足，甚至不能传递动力。此外，还会因液压系统内油压降低而使换挡离合器打滑，使机械行走乏力。

② 滤油器的影响。变速箱油泵的前后设有滤网或过滤器，以滤去工作油液中的机械杂质。随着使用时间的延长，过滤装置上附着的机械杂质增多，使通过截面及油液油量减少，导致变速箱工作压力下降。

③ 调压阀的影响。液压系统内设有调压阀，其作用是使系统工作压力保持在一定范围内，如果调整压力过低或调压弹簧弹力过小时，会使调压阀过早接通回油路，导致变速箱工作压力过低。另外，如果调压阀芯卡滞在与回油路相通的位置，会使液压系统内的压力难以建立，从而变速箱的工作压力也无法建立。

④ 泄漏的影响。如果液压系统管道破漏、接头松动或松脱、变速箱壳体机件平面接口处漏油或漏气，会使系统内的压力降低，变速箱的工作压力相应下降。

⑤ 油泵的影响。如果液压泵使用过久，内部间隙增大，其泵油能力下降，因此系统内工作油液的压力及变速箱工作压力降低。另外，液压泵轴上的密封圈损坏，也会使液压泵泵油能力下降。

⑥ 油温的影响。为使液压系统工作正常，在液压系统内设有散热器，如果散热器性能下降或大负荷工作时间过长等均会使液压油温升高、黏度下降，导致系统内的内泄漏量增大，也会使系统工作压力下降。

3. 诊断与排除

变速箱工作压力过低的故障诊断与排除的步骤如下。

① 检查变速箱内的油位。如果油液缺少，应予以补充。

② 检查泄漏。如果油液泄漏会有明显的油迹，同时变速箱内油位明显降低，应顺油迹查明泄漏原因并予以排除。

③ 如果进、出口管密封良好，应检查离合器压力阀和变矩器进、出口压力阀的工作情况。若变矩器进、出口压力阀不能关闭，应将压力阀拆下，检查各零件有无裂纹或伤痕、油路或油孔是否畅通、弹簧是否产生永久变形而刚度变小。当零件磨损超过磨损极限值时应予以更换或修复。

④ 若压力阀工作正常，拆下进油管和滤网，如有堵塞则应进行清洗，清除沉积物。变

速箱油底壳中滤油器严重堵塞，会造成液压泵吸油不足，应适时清洗滤网。

3.2.4 个别挡行驶无力

1. 现象

机械挂入某挡后变速压力低，机械的行走速度不能随发动机的转速升高而提高。

2. 原因分析

如果机械挂入某挡后行走无力，其主要原因是该挡离合器打滑。造成该挡离合器打滑的原因有以下几种。

① 该挡换挡离合器的活塞密封环损坏，导致活塞密封不良，使作用在活塞上的油液压力降低。

② 该挡液压油路严重泄漏。

③ 该挡液压油路某处密封环损坏，导致变速压力降低。

3. 诊断与排除

个别挡行走无力的故障诊断与排除的方法、步骤如下。

① 检查从操纵阀至换挡离合器的油路、结合部位是否严重泄漏，根据具体情况排除故障。

② 拆下并分解该挡换挡离合器，检查各密封圈是否失效、活塞环是否磨损严重，必要时予以更换。

③ 如果液压系统密封良好，应检查液力变矩器油液内有无金属屑。若油液内有金属屑，表明是该挡离合器摩擦片磨损过大，导致离合器打滑。

3.2.5 自动脱挡或乱挡

1. 现象

机械在行驶过程中所挂挡位自动脱离或挂入其他挡位。

2. 原因分析

动力变速箱自动脱挡或乱挡故障引起的原因有以下几种。

① 换挡操纵阀的定位钢球磨损严重或弹簧失效，导致换向操纵阀定位装置失灵。

② 由于长期使用，换挡操纵杆的位置及长度发生变化，杆件比例不准确，使操作位置产生偏差，导致乱挡。

3. 诊断与排除

动力变速箱自动脱挡或乱挡故障的诊断与排除的步骤、方法如下。

① 检查是否为定位装置引起的故障，可用手扳动变速杆在前进、后退、空挡等几个位置时的感觉。如果变换挡位时，手上无明显阻力感觉，即为失效，应拆下检查；如果有明显的阻力感觉，则为正常。

② 检查是否为换挡操纵杆引起的故障。先拆去换挡阀杆与换挡操纵杆的连接销，用手拉动换挡滑阀，使滑阀处于空挡位置，再把操纵杆扳到空挡位置，调整合适后再将其连接。

3.2.6 异常响声

1. 现象

变速箱工作时发出异常响声。

2. 原因分析

引起动力变速箱异常响声有如下几个原因。

① 变速箱内润滑油量不足，在动力传递过程中出现干摩擦。

② 变速箱传动齿轮轮齿打坏。

③ 轴承间隙过大，花键轴与花键孔磨损松旷。

3. 诊断与排除

动力变速箱异常响声故障的诊断与排除的方法、步骤如下。

① 检查变速箱内液压油是否足够，若不足应加足到规定位置。

② 采用变速法听诊。若异常响声为清脆较轻柔的“咯噔、咯噔”声，则表明轴承间隙过大或花键轴松旷。根据异响特征确诊为变速箱故障后必须立即停止工作，然后解体检修。

3.2.7 故障实例

1. ZL50装载机变速箱常见故障的诊断与排除

ZL50装载机的变速箱由箱体、超越离合器、行星变速器、摩擦片离合器、液压缸、活塞、变速操纵阀、过滤器、轴和齿轮等主要零部件组成。变速箱的动力来源是由变矩器的二级涡轮经涡轮输出齿轮把发动机的动力传至变速箱的输入齿轮，而变矩器一级涡轮的动力由一级涡轮齿传至大超越离合器外环齿。这种变速箱为液力变速，一个倒退挡，两个前进挡。当前进或倒退时，都是变速压力油作用于该挡液压缸的活塞上，再经过中间传动过程而成为该挡的输出力。只要弄清变速箱的这些工作机理，就能比较准确地判断故障并可以及时排除之。

(1) 故障现象

① 挂挡后，车不能行驶。如反复轰油门，某个时刻车就突然能行驶。

② 挂挡后，较长时间（10～20min）车都似动非动。不能行驶，待能行驶时，行驶无力。

③ 挂挡后，无论时间多长，无论如何加油，车都不能行驶。

④ 车行驶正常，但没有滑行，或滑行时有制动的感觉。

(2) 故障诊断与排除　以上在没有认真分析之前，切不可随意拆修变速箱，以避免重复劳动和不必要的损失。因为任何一个部位出现故障，除有其本质内在的因素外，也有其外部的原因，既有许多相似之处，也有各自不同的特征，如果不假思索地拆修，经常会出现失误，造成损失。

① 挂挡后，车不能行驶，若间断轰油，有时车突然能够行驶，给人的感觉好像离合器突然接合上似的。若检查变速油表指示压力正常，制动解除灵敏有效，那么出现这种情况，一般可确定是大超越离合器内环凸轮磨损所致。大超越离合器的功能之一就是当外负荷增加时，迫使变速箱输入齿轮转速逐渐下降，当转速小于大超越离合器外环齿的转速时，滚子就被楔紧，经涡轮传来的动力就经滚子传至大超越离合器的内环凸轮上，从

而实现动力输出。

但由于内环凸轮与滚子长期工作，相互摩擦，在内环凸轮齿的根部常常会被滚子磨出一个凹痕，而滚子在凹痕内不易被楔紧，或者说楔入不上，因此动力始终传不出去，这时给人的感觉就像离合器没接合上一样，即使轰油，车也不动。但断续反复轰油，改变内外环齿的相对位置，又可在某个时刻突然把滚子楔紧，因而又能达到行驶的状态。遇有此种故障，必须分解变速箱，更换大超越离合器内环凸轮，以彻底排除故障。

② 挂挡后，较长时间内（一般在10～20min，或者更长一点），无论如何加油，车都似动非动，待能行驶时，又行驶无力。这种故障现象多发生在个别挡位，且正常用的工作挡位中一挡为多。这是离合器接合不良，一般可断定为摩擦片离合器发生了故障。

摩擦片离合器是在操纵变速操纵阀，挂上挡位，接通变速压力油的油路后，压力油进入该挡液压缸，压紧活塞压紧离合器的摩擦片而工作的。此时若液压缸拉伤泄油，活塞内外密封圈磨损造成泄油，摩擦片本身损坏，活塞与摩擦片的接触平面损伤，液压缸工作面损伤等，都可造成该挡活塞对摩擦片的压力不够，而使摩擦片的主、被动片相对打滑，使动力无法输出，所以表现出车辆无法行驶或行驶严重无力。

遇到上述故障，首先检查挡位的准确性，因为有时由于挡位不准确就不能完全打开变速操纵阀，这就影响了工作液力油的流量和压力，也表现出上述故障现象。还有像一挡液压缸油道油封损坏等也可导致上述故障。

③ 挂挡后，车根本不行驶，或个别挡不行驶。发生这种故障时，变速压力油没有压力。这表明变速压力系统有故障。假如接表实验有正常的油压，可检查变速操纵阀中的油路切断阀是否不回位，此时表压为零。在这种情况下，往往出现挂挡不能行驶的现象。若变速操纵阀工作正常，油压也正常，而挂挡后车不能行驶，这时应排除压力油系统的故障，应该注意摩擦片离合器，一般为行星架隔离环损坏。特别是新车或者是新装修的变速箱发生这类故障时，基本上都是隔离环损坏。行星架上的隔离环损坏后，一般用300mm以下的板料气割一个大环，然后按其原尺寸车削，直径要比环槽直径大一点，按其实际尺寸裁留并焊接修磨好，其效果良好。当然，挂挡后车不行驶，应首先查看传动轴是否转动，若传动轴转动，则是减速器发生故障，通常情况下，减速器出现故障伴有异响。

④ 挂挡后，车行驶比较正常，但抬起脚滑行时，车有制动的感觉，并不能滑行。出现这种故障，若检查减速器无异响、工作正常时，一般可断定是大超越离合器的故障。因为大超越离合器内环凸轮和外环齿楔紧滚子时，才能使变速器把发动机的动力输出去。而一旦松开油门踏板，在突然降低负荷时，滚子应该立即松脱，从而达到滑行的目的。如滚子不能松脱，车就无法滑行。出现这种故障的原因多为大超越离合器隔离环损坏所致。遇有此种故障，就必须分解大超越离合器检查修理。

综上所述，变速箱常见的四种较大故障，无论是修理还是判断都是比较复杂的，这就需要深入了解变速器的工作机理、各部件的功能，并本着“由外及里，由表入深，由简到繁”的原则来分析、判断，避免失误。

2. 液力传动系统过热故障诊断与排除实例

（1）故障现象　有一台966F轮式装载机，新机使用1h左右变速器油温就升高并报警。

（2）故障诊断与排除　用压力测试法对传动系统进行了检测，很快就找到了过热的原因，并与拆检的结果相符，问题得以解决。

① 确定测试目标。液力传动系统的散热一般是由传动油在冷却器中与发动机的冷却剂

交换热量进行。如果发动机的工作温度正常，则系统的散热情况取决于传动油冷却器的状态和通过冷却器的传动油的油量。传动系统里任何一个运动元件工作异常，都会产生异常的热量，一般认为变矩器和离合器是两种主要生热元件，其他元件虽然对系统的温度有影响，但影响很小。所以，通过对冷却器、变矩器、离合器和液压泵进行压力测试，就很容易找到系统过热的原因。

② 进行测试。按照规定的测试条件，分别测得液压泵、各速度离合器、各方向离合器、变矩器出口和冷却器出口在发动机低速和高速时的压力值，并记下数据。测试前应询问驾驶员，确认传动系统没有出现异常响声后才能进行测试，以免造成更严重的机械损坏。

③ 对测试结果进行数据分析。

a. 液压泵压力。液压泵向整个系统提供压力油，液压泵效率的高低直接影响离合器压力、送往变矩器和冷却器的油量。因此，液压泵压力是判断过热原因的基础。但是由于液压泵压力受系统压力调节阀调定压力（即速度离合器压力）的影响，所以，当泵的压力低时并不能肯定液压泵有问题，如果冷却器出口压力同时也低，可以断定液压泵泄漏严重，否则应在确定压力调节阀状况后，才能判断液压泵有无问题。

b. 离合器压力。压力低时，离合器就会打滑，产生过多热量。若某个离合器的压力低，表明这个离合器有泄漏情况；若全部离合器压力都低，说明液压泵或压力调节阀有问题。参照对泵的检测结果判断压力调节阀的好坏。

c. 变矩器出口压力。压力过高或过低都会导致过热，应调整到正常压力。如果压力低但调不上去，说明变矩器或液压泵有问题。参照上述对泵的检测结果，可以确定变矩器是否有泄漏情况。由于从变矩器出来的油直接到冷却器，所以变矩器的泄漏会使得冷却器出口压力降低。

d. 冷却器出口压力。压力低，表明通过冷却器的油量少。如果已确定液压泵和变矩器正常，则说明冷却器内部有堵塞。

该装载机传动系统的液压泵为齿轮泵，而齿轮泵的流量和发动机的转速成正比。由于发动机中、低速工作时间较多，因而发动机高速时的压力值正常并不能说明传动系统工作正常，即发动机低速时的数据对判断过热有更高的价值。另外，所测的几个压力是相互关联的，要全面分析测试结果，才能正确地判断出过热的原因。

3.3 万向传动装置故障诊断与排除

万向传动装置常见的故障有传动轴振动、噪声，启动撞击及滑行异响等。产生这些故障的原因是零件的磨损、动平衡被破坏、材料质量不佳和加工缺陷等。

3.3.1 传动轴噪声

1. 现象

车辆在行驶过程中，传动轴产生振动并传递给车架和车身，引起振动和噪声，握转向盘的手感觉麻木，其振动一般和车速成正比。

2. 原因及故障诊断

（1）传动轴动不平衡

① 原因 传动轴上的平衡块脱落；传动轴弯曲或传动轴管凹陷；传动轴管与万向节叉焊接不正或传动轴未进行过动平衡试验和校准；伸缩叉安装错位，造成传动轴两端的万向节叉不在同一平面内，使传动轴失去平衡。

② 故障诊断与排除方法

a. 检查传动轴管是否凹陷。若有凹陷，则故障由此引起；若无凹陷，则继续检查。

b. 检查传动轴管上的平衡片是否脱落。若脱落，则故障由此引起；否则继续检查。

c. 检查伸缩叉安装是否正确。若不正确，则故障由此引起；否则继续检查。

d. 拆下传动轴进行动平衡试验：动不平衡，则应校准以消除故障；弯曲应校直。

(2) 传动轴弯曲、扭转变形 传动轴弯曲、扭转变形也会引起振动和噪声，高速行驶时还有使花键脱落的危险，应检查传动轴直线度误差，若超过极限，应更换或进行校正。

(3) 万向节松旷

① 原因 凸缘盘连接螺栓松动；万向节主、从动部分游动角度太大；万向节十字轴磨损严重。

② 故障诊断与排除办法 用榔头轻轻敲击各万向节凸缘盘连接处，检查其松紧度。若太松则故障是由于连接螺栓松动而引起，否则继续检查。用双手分别握住万向节主、从动部分转动，检查游动角度。若游动角度太大，则故障由此引起。

(4) 变速器输出轴花键齿磨损严重 若磨损严重超过规定极限值，应更换相关部件。

(5) 中间支承松旷、磨损。

① 原因 滚动轴承缺油烧蚀或磨损严重；中间支承轴承安装方法不当，造成附加载荷而产生异常磨损；橡胶圆环损坏；车架变形，造成前后连接部分的轴线在水平面内的投影不同线而产生异常磨损。

② 故障诊断与排除方法 给中间支承轴承加注润滑脂，若响声消失，则故障由缺油引起；否则继续检查。松开夹紧橡胶圆环的所有螺钉，待传动轴转动数圈后再拧紧，若响声消失，则故障由中间支承安装方法不当引起。否则，故障可能是由于橡胶圆环损坏，或滚动轴承技术状况不佳，或车架变形等引起。

3.3.2 启动撞击和滑行异响

原因及排除方法如下。

① 万向节产生磨损或损伤，应更换零件。

② 变速器输出轴花键磨损，修理或更换相关零件。

③ 滑动叉花键磨损、损伤，应更换零件。

④ 传动轴连接部位松动，拧紧螺栓即可消除故障。

3.3.3 故障实例

叉车行驶中，传动轴要承受很大的扭矩和冲击载荷，同时做高速转动，润滑条件又差，容易磨损、变形和损坏。从而工作失常，出现异常和抖震。

叉车起步时，车身发抖，伴有“格啦格啦”撞击声，在行驶中听到底盘有周期性响声，且速度越快，声音越大，甚至驾驶室振动，手握转向盘有麻木感。

遇到上述故障时，到车底查看各连接螺钉有无松动，用手晃动传动轴查找磨损部位；把后轮架起挂挡转动，观察传动轴振动及异响情况；也可采用千分表测传动轴变形量，查明原因后分别予以修复。

3.4 驱动桥故障诊断与排除

3.4.1 轮式驱动桥故障诊断与排除

驱动桥中的主传动器、差速器、半轴轴承和油封等长期承受冲击载荷，使各配合副磨损，导致驱动桥产生异响、漏油、发热等故障。

1. 异响

（1）轴承响。轴承响是一种杂乱的连续噪声。主要是由于轴承磨损、疲劳点蚀及安装不正确（松旷）而产生。轴承发响时应更换或重新调整轴承紧度。

（2）螺旋锥齿轮发响。螺旋锥齿轮发响通常是由于调整不当（啮合间隙及接触印痕不符合要求）而引起的。配合间隙过大，机械急剧改变车速或起步时会产生较严重的金属撞击声。啮合间隙过小时由于发生运动干涉而产生一种连续挤压摩擦的噪声。接触印痕不正确也会引起齿轮噪声。螺旋锥齿轮因配对错误而破坏其正确的啮合关系，同样会产生不正常响声。当螺旋锥齿轮出现异响时应及时检查并重新进行调整。

（3）差速器响。行星齿轮与十字轴发咬、差速器齿轮调整不当或齿轮止推垫圈磨损过大，差速器会产生不正常的响声。但这种响声一般只在机械转弯、差速器起作用时发生。

（4）轮边减速器响。轮边减速器齿轮磨损时，机械变速或换向时会产生清脆的敲击声。轮边减速器传递转矩较大，一旦产生异响，会加速减速器零件的磨损。因此，当轮边减速器有异响时应及时维修。

2. 漏油

主传动器壳内油位降低，外部有漏油痕迹，说明驱动桥漏油。连接螺栓或放油螺栓松动、油封损坏等都会造成漏油。后桥壳通气孔应保持畅通，否则会造成后桥壳内压力增高而使润滑油外漏。

3. 发热及其他故障

后桥壳缺油或油的黏度太小，主、从动齿轮或轴承的配合间隙过小等均会导致驱动桥发热。后桥发热时，先检查润滑油，再检查各部位间隙，必要时更换符合要求的润滑油，并将轴承齿轮间隙调到规定要求。

半轴承受过大的扭力或经长期使用，材料超过疲劳强度而引起的扭转、弯曲、折断或者键槽开裂，均会出现传动轴虽然转动但动力无法传至车轮的故障。另外，经长期使用，半轴承受交变扭力作用也容易造成花键齿磨损。

有时，后轮偏摆情况也会发生。后轮偏摆或转动困难的故障原因是：轮辋翘曲变形，轮毂轴承松动或过紧，以及轮毂轴头螺栓滑扣脱落。

3.4.2 履带式驱动桥故障诊断与排除

1. 中央传动及终传动装置故障诊断

中央传动由大小锥齿轮、横轴、轴承等组成。其作用是进一步增大传动比并改变传动方向，以利于对驱动轮的驱动。履带式机械后桥中央传动多为单级锥齿轮减速，因长期使用会出现异响、发热等故障现象。

（1）中央传动异响　中央传动的异响主要发生在齿间与轴承处。齿轮异响主要由于齿面加工精度低、啮合间隙与啮合印痕调整不当、壳体形位误差超限等引起。啮合间隙过小会引起“嗡嗡”声，间隙过大会引起撞击声。啮合间隙不均是齿轮本身有缺陷。啮合印痕不正确，除调整不当外，还因使用中壳体、齿轮轴、齿轮变形以及轴承磨损所致。

轴承异响是由于轴承磨损、安装过紧、轴承歪斜、壳体与轴变形等引起。横轴锥轴承间隙小，也可能因调整不当造成。

（2）中央传动齿轮室发热　中央传动齿轮室发热是由于齿轮啮合间隙过小，轴承安装过紧、歪斜，滚动体内有杂物，润滑油不足或油质较差等引起。有时也会因转向离合器与制动器工作不正常，其摩擦热引起整个后桥箱发热，可由中央传动室与转向离合器室的温差加以判断。

（3）最终传动的故障及原因　最终传动的主要故障是漏油和异响。最终传动漏油主要发生在油封处，有时也会发生在最终传动壳体与后桥壳体结合面处。油封处漏油多为油封损坏所致，有时也为油封安装不当引起。壳体结合面处漏油是由于壳体变形、垫片损坏、连接螺钉松动等造成。漏油易引起缺油，如果齿轮与轴承磨损，进一步引起响声和过热。最终传动异响大多是因为缺油或轴承齿轮磨损过度引起的。

2. 转向制动装置故障诊断

（1）转向不灵

① 现象　所谓转向不灵，是指驾驶员向后拉动转向操纵杆时失去原始的转向速度，即机械转向反应迟钝。推土机转向不灵可分单侧转向不灵和左右转向均不灵。转向时扳动操纵杆感到费力。

② 原因分析　履带式推土机转向不灵的主要原因如下。

a. 转向机构工作油液黏度不符合要求。当压力油过稠时，造成液压系统内油液流动速度缓慢，作用在活塞上的油液压力增长速度较缓慢；当油液过稀时，又会造成工作时系统泄漏量过大，同样会使作用在活塞上的压力增长速度缓慢，使推土机左右转向不灵。

b. 液压油数量不足，造成液压系统内油压增长缓慢，即作用在活塞上的压力增加缓慢，使转向离合器分离缓慢，导致推土机转向不灵。

c. 工作油液内杂质过多，易将油路堵塞，使推土机的两侧转向均不灵。若某侧控制阀油路堵塞时，会使被堵塞一侧转向不灵。

d. 齿轮泵磨损过甚，使之转换效率下降、工作压力不足，不能满足转向的要求，导致推土机转向不灵。

e. 转向离合器操纵机构调整不当，如操纵杆自由行程过小，使转向离合器压盘在分离时的工作行程过小，造成转向离合器分离不彻底而使转向不灵。

f. 操纵机构的顶杆与推杆的调整间隙过大时，使控制阀的滑阀移动行程减小，使进入滑阀内腔的油路截面减小而使流油不畅，导致作用在活塞上的油压增长速度缓慢，使推土机转向不灵。

g. 如果转向离合器一侧的制动不良或另一侧的转向离合器打滑，也会使推土机转向不灵。

③ 诊断与排除　履带式推土机转向不灵故障的诊断步骤如下。

a. 如果推土机左右转向均不灵，故障多在液压操纵系统内，应检查系统内的工作油液的储油量、油液黏度和油污染情况。如果储油量不足或油液不符合要求，应加油或换油。

b. 若转向操纵系统内工作油液符合要求，而齿轮泵使用过久，则可能是齿轮泵过甚，泵油能力衰退而影响了推土机的转向灵敏性，应查明原因并予以修理或更换。

c. 如果履带式推土机单侧转向不灵，可能是该侧的操纵杆的自由行程过大，应进行调整。

(2) 不转向

① 现象　所谓履带式推土机不转向，是指驾驶员向后扳动转向操纵杆，并同时踩下制动踏板，但履带式推土机仍保持直线行驶。

② 原因分析　履带式推土机出现不转向的故障，必然是转向一侧的转向离合器没有分离，使动力传递不能切断，使两侧履带运转速度仍相等的结果。其主要原因大致有以下几种。

a. 转向操纵杆自由行程过大。履带式推土机转向操纵杆在驾驶室内摆动所占空间是一定的，如果转向操纵杆的自由行程过大，则其有效工作行程就会过小，当不足以使转向离合器分离时，履带式推土机即不能转向。

b. 转向离合器操纵机构传动中断，如转向操纵杆的顶杆与增力器推杆间的间隙过大时，即使将操纵杆向后拉到极限位置，也难以顶动推杆将油路接通，造成操纵时传动中断，不能将驾驶员扳动操纵杆的力传至转向离合器，即转向离合器不分离，履带式推土机不能转向。

c. 转向离合器锈蚀。当履带式推土机在潮湿环境中停放过久时，会使转向离合器锈蚀，锈蚀的产物填充在主、从动片之间并膨胀，使主、从动片之间的距离增大，将压紧弹簧压缩至极限状态，转向离合器锈蚀成为一个不可分离的整体，使履带式推土机不能转向。

d. 转向液压系统内无油或油泵吸油管滤网严重堵塞，使油泵至活塞间无传动介质，转向离合器得不到分离时所需的动力而不能分离，履带式推土机不能转向。

③ 诊断与排除

a. 如果履带式推土机原来一切正常，但在潮湿的地方停放过久后，再使用时履带式推土机不转向，说明是转向离合器锈蚀引起不能转向，可打开检视孔进而查明，进行除锈排除故障。

b. 如果履带式推土机只能直线行驶不能转向，可能是转向操纵机构传动中断、液压系统无油或油管严重堵塞等，应查明原因予以排除。

c. 如果推土机某一侧不能转向，可能是这一侧的转向离合器操纵机构动力传递中断，应查明原因并予以排除。

(3) 行驶跑偏

① 现象　所谓行驶跑偏，是指履带式推土机在行驶时，其行驶方向自动发生偏斜。

② 原因分析　履带式推土机行驶跑偏，多数是由于两侧履带运转速度不一致所引起的，主要原因如下。

a. 转向离合器操纵杆没有自由行程，会使转向离合器打滑，导致推土机两侧履带运转速度不等。

b. 转向离合器主、从动摩擦片沾有油污、摩擦片磨损严重或摩擦片工作面烧蚀硬化等均会引起摩擦系数减小；压紧弹簧长期处于压缩状态而疲劳，导致弹簧的弹力减小，即作用于摩擦片上的压紧力减小，使转向离合器打滑，履带式推土机后桥的左、右传动效率不一致，导致行驶跑偏。

c. 履带式推土机某侧的制动被锁，使两侧的行驶阻力相差过大而导致履带式推土机行驶跑偏。

③ 诊断与排除 履带式推土机行驶跑偏故障的诊断步骤如下：

a. 拉动转向操纵杆，若感到没有自由行程，应按规定进行调整。

b. 如果履带式推土机行驶向一侧跑偏，同时感觉发动机负荷也比正常时大，可能是这一侧的制动锁没有解除，应扳开制动锁。

c. 如果以上检查均正常，则履带式推土机跑偏的原因可能是离合器打滑引起的。如果使用时间过久，便是离合器摩擦片磨损过甚，或是压紧弹簧弹力下降所致，应解体检查，并进行排除。若不属以上情况，离合器打滑可能是摩擦片的工作面有油污，应用汽油或煤油进行冲洗。

(4) 制动不灵或失灵

① 现象 踩下制动踏板进行制动时，制动效能不理想，或无制动反应。

② 原因分析 制动不灵或失灵故障的主要原因有以下几点。

a. 制动带与转向离合器从动毂之间的间隙调整过大，或由于制动带使用过久而磨损引起两者间隙过大，在驾驶员踩动制动踏板力大小一定时，使制动带与离合器毂之间的压紧力减小。

b. 踏板自由行程过大，使有效的制动行程减小。

c. 制动系各机件的连接处锈蚀，造成传动阻力过大，使制动带抱紧制动毂的力减小。

d. 制动带摩擦系数减小，如摩擦衬片有油污、摩擦片硬化、铆钉外露、过薄或水湿等。

e. 转向离合器未分离。

③ 诊断与排除 制动不灵或失灵故障的诊断步骤如下。

a. 检查踏板的自由行程，踩动制动踏板，若踏板自由行程过大，应予以调整。

b. 如果踩动制动踏板很费力，且无自由行程感，制动效能也不良，说明是因制动系传动机件锈蚀所致，应予以清除。这种情况的出现，多数是在恶劣环境中停放过久所造成的。

c. 如果踏板自由行程符合要求但制动不良，说明是带式制动器摩擦系数减小所致，应检查摩擦片上有无油污，铆钉有无外露，摩擦片是否烧蚀或破裂等，视检查情况予以排除。

(5) 制动拖滞

① 现象 解除制动时制动带与转向离合器从动毂仍保持有摩擦，推土机行驶时感到有阻力，手摸制动带感到发热。

② 原因分析 制动拖滞故障的主要原因有以下几点。

a. 制动带与转向离合器从动毂之间的间隙过小。

b. 制动系的有关回位弹簧因疲劳而弹力减小或折断，造成制动带不能回位。

c. 制动带与转向离合器从动毂锈蚀。

③ 诊断与排除

a. 检查踏板自由行程，如果自由行程过小，而且手摸制动带表面发热，说明制动间隙过小，应予以调整。

b. 解除制动后制动踏板的自由高度不在最高位置，且用手将制动踏板扶至最高的位置，放手后又自动落下，说明制动踏板回位弹簧弹力减小或折断，应予以更换。

c. 如果制动带与转向离合器毂锈蚀，应予以清除。

3.5 转向系常见典型故障诊断与排除

3.5.1 机械转向系常见典型故障诊断与排除

轮式工程机械转向系结构及其性能直接关系到机械行驶的稳定性和作业的安全性，在使用过程中转向系的零、部件会产生磨损、变形及疲劳裂纹，会影响机械的正常使用。

1. 典型故障分析排除

机械式转向系典型故障原因及排除如表 3-1 所示。

表 3-1 机械式转向系典型故障原因及排除

现象	原因	排除
转向沉重：机械在运行中转动转向盘时感到费力	1. 转向器调整过紧或轴承损坏	1. 调整或更换
	2. 转向轴弯曲，或配合间隙小，调整不良	2. 校正、调整和润滑
	3. 转向盘与转向轴衬套端面磨损	3. 修理或更换
	4. 转向器壳内缺油	4. 加注齿轮油
	5. 转向节与前轴配合间隙变大	5. 调整
	6. 主销与转向节衬套配合间隙过大	6. 修理
	7. 前轮定位失准，轮胎气压不足	7. 调整或润滑
	8. 转球头销过紧或缺油	8. 调整、充气
	9. 向止销上端面与转向节臂接触	9. 调整
行驶跑偏：轮式工程机械行驶或作业时，不能保持直线方向而自动偏向一边	1. 转向轮定位不准	1. 调整
	2. 两侧轮胎气压不同	2. 按标准充气
	3. 两侧钢板弹簧弹力不同	3. 修理或更换
	4. 两侧轮胎规格不同	4. 更换
	5. 两侧轮毂轴承紧度不同	5. 调整
	6. 车架、车桥、转向节臂、转向直拉杆等变形	6. 修理或更换
转向不足：轮式机械转向时，向一边转向的半径大，而向另一边转向的半径小	1. 转向垂臂在转向垂臂轴上安装不正确	1. 重新安装
	2. 转向直拉杆弯曲变形	2. 校正或更换
	3. 前钢板弹簧螺栓松动	3. 校正、紧固
	4. 转向限位螺钉调整不当	4. 调整
	5. 不对称的前钢板弹簧前后装反	5. 重新安装
行驶摆头：轮式机械在低速行驶时，感到方向不稳、转向轮摆动，在高速行驶时出现转向轮发抖摆振、行驶不稳定等现象	1. 转向轮定位不准，如前束过大、车轮外倾角小或主销后倾角小等	1. 调整
	2. 钢板弹簧挠度过大或过小，改变了主销后倾角	2. 修理或更换
	3. 前轴轴承装配过松或固定螺钉松动	3. 调整、紧固
	4. 转向节主销与衬套间隙过大，转向器内传动副啮合间隙过大，或转向垂臂固定螺钉松动	4. 更换衬套、调整、紧固
	5. 传动系部件安装松动，传动轴变形或动不平衡	5. 紧固、修理
	6. 车轮轮辋偏摆或车轮运转不平衡	6. 校正或更换、修理
转向盘及转向轮不能自动回正：轮式机械行驶时将转向盘转过一定角度后，驾驶员必须用力扳动转向盘，才能使其恢复直线行驶状态	1. 转向桥左、右轮胎气压不足或不等	1. 按标准充气
	2. 转向轮定位不准确	2. 调整
	3. 转向传动机构各连接杆件润滑不良	3. 润滑
	4. 转向节主销与衬套配合过紧	4. 修理、润滑

2. 诊断实例

（1）故障现象　叉车向左、右转弯时，转动转向盘，感到沉重费力。

（2）故障原因

① 转向螺杆上下轴承调整得过紧或轴承损坏。

② 齿条与齿扇啮合间隙调整过紧。

③ 横、直拉杆球头装置调整过紧。

④ 横拉杆、转向桥弯曲变形。

⑤ 转向装置润滑不良，如转向机内缺油；各球节未及时润滑，使摩擦阻力增大。

（3）故障诊断与排除

① 拆下转向机摇臂，转动转向盘感觉沉重，则应调整齿条与齿扇、螺杆轴承的紧度，若感觉有松紧不均或内部有卡住现象，则应检查螺杆、钢球、导管夹、齿条和轴承有无毛刺或损坏，必要时修理或更换。

② 转动转向盘检查时，如感到轻松，则说明转向机内部良好，应检查传动机构是否配合过紧以及润滑不良，必要时应进行调整、润滑。

③ 若以上情况均属良好，则应检查转向桥是否变形、轮胎气压是否充足。

3.5.2　液压转向系的故障诊断与排除

1. 液压助力转向系故障诊断

液压助力转向系是在机械转向系的基础上加装了转向助力装置，机械转向系的故障前已述及。下面主要分析动力转向系液压传动部分的泄漏、渗入空气、液压泵工作不良、转向分配阀失灵等引起的故障。

（1）转向沉重或失灵

① 现象　动力转向的轮式工程机械突然感到转向沉重或转向盘转不动。

② 原因分析

a. 液压泵驱动皮带松弛。

b. 油箱缺油或油液高度不足或滤油器堵塞。

c. 油泵磨损，泵油压力不足。

d. 转向轴弯曲或变形、前悬架过低、转向器调整不当。

e. 压力控制阀阀门黏结。

f. 液压系统的内、外泄漏过大。

g. 液压系统内渗入空气。

③ 诊断与排除

a. 首先检查液压泵驱动皮带是否打滑，或其他驱动形式（如齿轮传动）的传动机件有无损坏。若皮带打滑，应进行调整；若传动机件损坏应更换新件。

如果皮带、传动机件运转良好，则应检查转向器、转向分配阀、转向油泵、动力油缸之间的液压管路以及各管接头、放油螺塞处有无渗漏，若有渗漏，应查明原因并予以排除。

b. 若无渗漏，应检查油箱油平面及液压油质量，如果油平面低于标准规定，应进行添加；如果发现液压油中有泡沫，则可能是油路中渗入空气，应排出油路中的空气。排除空气的方法是：顶起前轴或拆下直拉杆，启动发动机使其在急速下运转，反复将转向盘从一个尽头转到另一个尽头，使动力油缸全行程往复运动，逐步排出油路中的空气，直至液压油充满整个液压系统。

c. 若油箱油面正常，则应检查液压泵及安全阀的工作情况。在液压泵和转向器之间接上与规定油压相适应的压力表和开关。打开开关，转动转向盘到尽头，启动发动机使其低速运转。这时，如果油压表读数达不到规定值，且在逐步关闭开关时，油压也不提高，说明液压泵流量不足或油压低或安全阀未调整好。可通过增减转向油泵溢流阀垫片调整流量大小，增强安全阀弹簧弹力以提高压力。经以上调整后，如果压力和流量仍达不到要求，说明液压泵磨损严重，应更换。

d. 如果油压表读数达到规定值，且在逐步关闭开关时压力有所提高，说明液压泵工作不良等，应分别检查分配阀和动力油缸，视其磨损和损坏情况，采取相应的措施修复。

e. 经过上述检查一切正常，则故障可能是各球销或机械部分缺少润滑与调整不当引起的。

(2) 轮式机械直线行驶时，转向轮发飘或跑偏

① 现象　轮式机械直线行驶时，难以保持正方向，总是自动偏离原来的行驶方向。

② 原因分析

a. 转向分配阀位置不当，分配阀推力轴承失调或损坏，使滑阀不在中间位置，于是接通了转向油缸的某一侧油路而自动转向。

b. 转向时两车轮的阻力不等，若某一侧转向轮有制动拖滞、轮胎气压不足或磨损过度、轮毂轴承装配预紧度过大，则该侧车轮的行驶阻力大于另一侧车轮的行驶阻力，从而使轮式机械行驶时跑偏。

c. 调整不当，转向轮前束调整不当或横拉杆弯曲；转向操纵机构的连杆有效长度调整不当，使转向分配阀的滑阀不能处于中间位置等，均可使轮式机械行驶时跑偏。

③ 诊断与排除　如果轮式工程机械转向轮自动跑偏，可能是左、右车轮行驶阻力不等所引起。如果轮式机械固定朝某一侧跑偏，可能是转向分配阀的滑阀不在中间位置，操纵机构的连杆有效长度调整不当或某一侧车轮摩擦阻力过火。

a. 观察机械行驶阻力。观察轮式机械左、右轮的行驶阻力，如果轮式机械在左、右行驶阻力不等时跑偏，但在平路上行驶不跑偏，说明轮式机械跑偏是由左、右行驶阻力不等引起的。

b. 若轮式机械固定朝某一侧跑偏，应检查转向分配阀。将分配阀与操纵机构的连杆折断，若折断后滑阀在弹簧的作用下能自动回到中间位置，说明转向操纵机构有卡滞，应查明原因予以排除。否则，是转向分配阀有故障，应拆开分配阀查明原因，予以排除。

c. 检查操纵机构连杆的有效长度。将分配阀与操纵机构的连杆连接处拆开，使滑阀在弹簧的作用下自动回到中间位置，同时也将操纵杆置于中间位置，此时拧转连杆端的连接叉，使其连接销孔与滑阀连接销孔相重合即可。

d. 若经以上检查均正常，则轮式机械跑偏的原因可能是一侧车轮摩擦阻力过大，应检查车轮摩擦阻力过大的原因，并予以排除。

(3) 左右转向轻重不同

① 现象　轮式机械左右转向时，转动转向盘感到轻重不同。

② 原因分析

a. 转向分配阀的滑阀偏离中间位置。

b. 分配阀滑阀虽在中间位置，但滑阀与阀体台肩的磨损不一致，而使缝隙不一致。

c. 分配阀滑阀内有脏物阻滞，使其左右移动时阻力不一致。

d. 某一侧的转向限止阀调整不当。

③ 诊断与排除

a. 首先检查液压油质量，如果油液脏污，应更换新油。

b. 若油液良好，应检查分配阀滑阀是否偏离中间位置。如果不能保持在中间位置，应进行调整。如果调整后仍感到左、右转向轻重不同，应分解分配阀，检查缝隙台肩是否有毛刺及环肩的磨损程度，必要时更换滑阀和阀体。

(4) 转向时有噪声

① 现象　轮式机械转向时，转向油泵发出噪声。

② 原因分析　轮式机械转向时有噪声，原因有以下几种。

a. 液压泵驱动皮带松弛。

b. 油箱中油面过低，液压油严重不足。

c. 油液污染或油路堵塞。

d. 液压系统各管接头松动或油管破裂。

e. 液压系统中渗入空气。

f. 液压泵磨损严重或损坏。

g. 液压系统压力控制阀黏结。

③ 诊断与排除

a. 首先检查液压泵驱动皮带是否过松打滑，若皮带过松，应进行调整。若正常，则应检查油箱油面高度并查看油液中有无泡沫。

b. 油液中如有泡沫，应查找漏气处并予以排除。

c. 若无漏气，说明油路有堵塞处或油液严重污染，使液流通道受阻，此时应对转向液压系统进行彻底清洗，并按规定及时更换油液。

d. 如经以上检查均属正常，则应检查、调整液压泵的流量和压力，必要时更换液压泵。

2. 全液压转向系故障诊断

由于使用过久、磨损、密封件老化、维护不当或使用不当时，会出现故障。其表现为堵、漏、坏或调整不当，导致转向效果恶化。

(1) 转向失灵

① 现象　转向失灵是指轮式机械在转向时，要较大幅度地转动转向盘才能控制行驶方向，使转向轮转向迟缓无力，有时甚至不能转向。

② 原因分析　全液压转向系的转向失灵故障的原因如下。

a. 液压系统堵塞。液压系统若维护不当或使用不当会出现堵塞现象，使系统内的油液流动不畅，影响输入转向动力油缸的流量而导致转向不灵，甚至失灵。

b. 液压系统泄漏。液压系统泄漏分外泄漏和内泄漏。外泄漏是指液压转向系统因管道破裂或接头松动，工作油液漏出系统外，这不仅使系统内工作油液减少，同时还会使系统压力下降。内泄漏是指在系统内的压力油路通过液压元件的径向配合间隙或阀座与回油路沟通，而使压力油未经执行机构便短路流回油箱。内、外泄漏均会造成液压转向系统内工作压力下降，使推动转向动力油缸活塞的力减小，导致转向不灵，甚至失灵。

c. 转向器片状弹簧折断或弹性不足。转向器的转阀内设有片状弹簧，当转向盘转过一定角度后而不动，由片状弹簧的弹力与转子油泵共同作用，使转阀恢复到中间位置，切断转向油路，使转向轮停止转向。当转向器片状弹簧失效时，转向盘不能自动回中间定位，导致转向失灵。

d. 液压转向系统内液压元件部分或完全丧失工作能力，如动力元件液压泵损坏，会影响液压系统内压力，从而导致转向失灵。

e. 液压转向系统内流量控制阀的流量和压力调整不当，使压力调整过低，造成转向不灵或失灵。

f. 转向阻力过大。如果转向机构的横拉杆、转向节的配合副装配过紧、锈蚀或严重润滑不良，造成机械摩擦阻力过大；转向轮与地面摩擦阻力过大等，均会使转向阻力增大，当转向阻力大于动力油缸的推力时，转向轮便不能转向。

③ 诊断与排除

a. 检查液压转向系统外观是否有泄漏，如有泄漏，应对症排除。

b. 检查流量调节阀，将其调整螺母旋转半圈至一圈后，再测试转向灵敏度，若恢复正常，说明流量调节阀调整不当。若仍不正常，应检查流量控制阀的阀座是否有杂质或有磨损而关闭不严，使油液瞬时全部返回油箱，而导致转向失灵。

c. 如果是液压油温度高时出现转向失灵，可能是油液黏度不符合要求或液压元件磨损过甚，应更换液压油或液压元件。

d. 若转动转向盘时，转向盘不能自动回中间位置，可能是转向器片状弹簧弹力不足或折断，应将转向器分解检查。

e. 转动转向盘时压力振摆明显增加，甚至不能转动，可能是转向器传动销折断或变形，应分解转向器进行检查。

f. 如果转向盘自转或左右摆动，可能是转子与传动杆相互位置错位而致，应分解转向器予以排除。

g. 如果液压转向系统油液显著减少或制动系统有大量油液，则可能是接头密封圈损坏，应予以更换。

h. 检查轮式机械的转向阻力是否过大。用手抓住转向横拉杆来回周向转动，若转不动，表明横拉杆接头装配过紧；将转向油缸的活塞杆与转向节的连接部位拆开，然后用手扳动车轮绕主销转动，若转不动则是主销与衬套装配过紧使转向阻力增大；还应检查轮胎气压是否严重不足，根据检查的原因，对症排除。

(2) 转向沉重

① 现象　全液压转向的轮式机械突然感到转向沉重或转动转向盘很费力。

② 原因分析

a. 油液黏度过大，使油液流动压力损失过多，导致转向油缸的有效压力不足。

b. 油箱油位过低。

c. 液压泵供油量不正常，使供油量小或压力低。

d. 转向液压系统内渗入空气。

e. 液压转向系统中溢流阀压力低，导致系统压力低。

f. 溢流阀被脏物卡住或弹簧失效，密封圈损坏。

g. 转向油缸内漏太大，使推动油缸活塞的有效力下降。

③ 诊断与排除

a. 若快转与慢转转向盘均感觉沉重，并且转向无压力，则可能是油箱液面过低、油液黏度过大或钢球单向阀失效造成的。应首先测量液压油箱油位，并检查液压油的黏度，如果油液黏度过大，应更换黏度合适的液压油。如果油位及油液黏度均正常，则应分解转向器检查单向阀是否有故障，并视情况予以排除。

b. 若慢转转向盘轻，快转转向盘感觉沉，则可能是液压泵供油量不足引起的，在油位高度及油液黏度合适时，应检查液压泵工作是否正常，如出现液压泵供油量小或压力低，则应更换液压泵。

c. 若轻载时转向轻，而重载时转向沉重，则可能是转向器中溢流阀压力低于工作压力，或溢流阀被脏物卡住或弹簧失效等导致的，应首先调整溢流阀工作压力，调整无效时分解清洗溢流阀，如弹簧失效、密封圈损坏应予以更换。

d. 若转动转向盘时，液压缸有时动有时不动，并发出不规则的响声，则可能是转向系统中有空气或转向油缸的内泄漏太大造成的，应打开油箱盖，检查油箱中是否有泡沫。如油中有泡沫，应先检查吸油管路有无漏气处，再检查各管路连接处，并查看转向器到液压泵油管有无破裂，如各连接处均完好，则应排除系统中的空气。如排除空气后，转向油缸仍时动时不动，则应检查油缸活塞的密封情况，必要时要更换其密封元件。

(3) 自动跑偏

① 现象　所谓自动跑偏，是指轮式工程机械在行驶中自动偏离原来行驶方向的现象。

② 原因分析

a. 转向器片状弹簧失效或断裂，使转向阀难以自动保证中间位置，从而接通转向油缸某一腔的油路使转向轮得到转向动力而发生自动偏转。

b. 转向油缸某一腔的油管漏油。当转向盘静止不动时，转向阀处于中间位置而封闭了转向油缸两腔的油路，油缸活塞两端压力相等，活塞不动，即转向车轮不摆动，呈直线行驶或等半径弯道行驶。如果油缸两腔的某一腔因油管接头松动或破裂而漏油，会使油缸活塞两端油压不相等，使活塞移动，则转向轮自动跑偏。

c. 左、右转向轮的转向阻力不等，导致轮式机械自动跑偏。如果某一侧转向轮由于制动拖滞，轮胎气压不足、轮毂轴承装配预紧度过大等使转向阻力大于另一侧转向轮时，使轮式机械行驶时自动跑偏。

③ 诊断与排除

a. 观察与转向油缸连接的管路，若有漏出的油迹，应顺油迹查明漏油的原因并予以排除。

b. 检查轮胎气压，若轮胎气压严重不足，应予以充足。

c. 用手摸制动毂或轮毂，若有烫手的感觉，说明该转向轮有制动拖滞或轮毂轴承装配过紧等故障，应予以排除。

d. 转动转向盘，松手后转向盘不自动回弹，表明转向器中片状弹簧可能折断，应分解转向器查明原因并予以排除。

(4) 无人力转向

① 现象　动力转向时转向油缸活塞到极端位置驾驶员终点感不明显，人力转向时转向盘转动而液压缸不动。

② 原因分析

a. 转子泵的转子与定子的径向间隙过大。

b. 转子与定子的轴向间隙超过限度。

c. 转向阀的阀芯、阀套与阀体之间的径向间隙超过限度。

d. 转向器销轴断裂。

e. 转向油缸密封圈损坏。

f. 液压转向系统连接油管破裂或接头松动。

g. 液压管路堵塞。

③ 诊断与排除

a. 首先检查液压转向系统的连接管路有无破裂、接头有无松动，如有漏油处，说明管路破裂或接头松动，应更换油管，拧紧接头。

b. 若管路完好，可将转向油缸的一管接头松动，向左（右）转动转向盘，观察油管接头有无油液流出，如果没有油液流出，说明液压管路有堵塞处，或转子与定子轴向、径向配合间隙超过限度，或阀芯、阀套与阀体之间的径向间隙过大，此时应拆下并分解转向器，按技术要求检测各部件配合间隙及结合表面，如间隙超过规定，应镀铬、光磨修复，如表面轻微刮伤，可用细油石修磨，如出现沟槽或严重刮伤应更换；如各部件检测值在规定范围内，则应清洁系统油道。

c. 若上述检查完好，则故障可能在转向油缸，应将油缸拆下并分解，检查密封圈是否损坏，活塞杆是否碰伤，导向套筒有无破裂等。视检查结果予以排除。

（5）转向盘不能自动回正

① 现象　转向盘在中心位置压力降增加或转向盘停止转动时，转向盘不能自动回正。

② 原因分析　转向盘不能自动回正的原因是以下几种。

a. 转向轴与转向阀芯不同心。

b. 转向轴顶死转向阀芯。

c. 转向轴转动阻力过大。

d. 转向器片状弹簧折断。

e. 转向器传动销变形。

③ 诊断与排除　转向盘不能自动回正故障的诊断步骤如下。

a. 将转向轮顶起，发动机低速运转，转动转向盘，若转向阻力大，可将发动机熄火。两手抓住转向盘上下推拉，如没有任何间隙感觉，且上下拉动很费力，说明转向轴顶死转向阀芯或转向轴与转向阀芯不同心，应重新装配并进行调整。

b. 若经调整后转向盘仍不能自动回正，则可能是片状弹簧折断，或传动销变形，应分解转向器，分别检查。片状弹簧变形、弹性减弱或折断应进行更换，传动销变形应校正或更换，绝不允许用其他零件代替。

3.6 制动系常见故障诊断与排除

3.6.1 液压式制动系典型故障诊断与排除

1. 制动不灵或失灵

（1）现象　踩下制动踏板进行制动时，制动效果不理想，或无制动反应。

（2）原因分析　制动不灵主要是由于制动器摩擦片与制动毂（或制动盘）之间的摩擦力

减小导致的，其主要原因有以下几点。

a. 制动总缸内的油液不足、皮碗漏油或踩翻，使制动摩擦片与制动毂（或制动盘）之间的摩擦力减小。

b. 制动管路破裂、管接头漏油、系统内进入空气，均会导致制动不灵或失灵。

c. 因制动器有制动拖滞，长时间连续制动而产生高温，使油缸内的油液由液态变为气态，由于气体可压缩性好，制动时会吸收油液压力，使制动轮缸的压力减小，造成制动不良。

d. 制动器摩擦系数减小，导致制动力下降。

e. 制动阀阀芯不能自由移动，液压元件磨损过甚等均会导致制动不灵，甚至失灵。

（3）诊断与排除

① 连续踩几下制动踏板，踏板不升高，同时也感到无阻力，应先检查制动总缸是否缺油，如果缺油，应添加同型号的油液，并排除管路空气。如不缺油，应检查前、后制动油路是否有漏油或损坏，视情况予以排除。

② 踩下制动踏板，如无连接感，则可能是踏板至制动总缸（或动力缸）的连接脱开，应按连接关系连接好。

③ 踩下制动踏板，虽感到有一定阻力，但踏板位置保持不住，有明显下沉，观察制动总缸有滴油或喷油现象，则为总缸皮碗破裂，应分解制动总缸，更换皮碗。

④ 连续踩几下制动踏板，踏板能逐渐升高，升高后不抬脚继续往下踩，感到有弹力，松开踏板稍停一会再踩，如无变化，即为制动系内有空气，应进行排气。

⑤ 踩一下制动踏板制动不灵，连续踩几下，踏板位置逐渐升高并且制动效果良好，说明踏板自由行程过大或制动器摩擦副间隙过大。应先检查调整踏板自由行程，使其在规定范围之内，再检查调整制动间隙。

⑥ 若连续踩下制动踏板，踏板位置能逐渐升高，当升高后，不抬脚继续往下踩未感到有弹力而有下沉感觉，说明制动系中有漏油之处，应检查油管、油管接头、制动总缸、制动轮缸、加力器动力缸等有无漏油处，如有漏油，应采取紧固、更换、焊接等方法修复。

⑦ 当踩下制动踏板时，踏板高度合乎要求，也不软弱下沉，但制动效果不好，则为制动器的故障，如摩擦片硬化、铆钉头露出、摩擦片油污或水湿等，应拆检制动器，根据具体原因，采取不同方法修复排除。

2. 制动跑偏

（1）现象　机械制动时偏离原来行驶的方向。

（2）原因分析　制动时如果左、右车轮的制动力不等，则制动合力的作用线就会偏离通过质心的纵向中心线，而产生一个旋转力矩，使机械制动跑偏。导致左、右两车轮制动力不相等的原因有以下几种。

① 左、右车轮制动器摩擦副之间的间隙不一致。

② 左、右车轮制动摩擦片与制动毂（或制动盘）接触面相差过大。

③ 左、右车轮摩擦片材质不同。

④ 左、右车轮制动器回位弹簧弹力不一样。

⑤ 两侧车轮制动轮缸活塞磨损不一样。

⑥ 某侧车轮制动管路内有空气，或制动总缸皮碗、软管老化。

⑦ 两侧车轮轮胎气压不一样。

⑧ 某侧车轮制动器摩擦片油污、水湿、硬化或铆钉外露。

（3）诊断与排除

① 通过路试，找出制动效能不良的车轮。当机械行驶中制动时，若向右偏斜，说明左侧车轮制动迟缓或制动力不足；若向左偏斜，说明右边车轮制动效能不好，同时观察车轮在地面上拖滑的痕迹，印迹短的车轮为制动迟缓，印迹轻的为制动力不足。

② 找出制动效能不良的车轮后，仔细检查该轮制动管路有无凹陷、漏油的现象，如有，应查明原因并予以排除。

③ 如果该轮制动管路外观完好，可对其制动轮缸放气，若放气时发现有空气或放气后故障消除，说明故障在该车轮制动轮缸或管路内有气阻，应查明原因并予以排除。

④ 如果无气阻现象，应检查该车轮制动器的制动间隙，若不恰当，应调整至正常范围。

⑤ 如果制动间隙符合要求，制动时仍跑偏，应检查该轮轮胎气压和磨损程度，若轮胎气压太低或轮胎花纹磨平，应进行充气或更换新胎。

⑥ 上述检查均正常，说明故障在制动器内，应拆检制动器，检查摩擦片是否有油污、水湿，检查制动轮缸活塞和皮碗的状况及有无漏油，找出故障并予以排除。

3. 制动拖滞

（1）现象　解除制动后摩擦片与制动毂（或制动盘）仍有摩擦，机械行驶时总感到有阻力。

（2）原因分析　制动拖滞主要是由于机械在非制动状态下制动间隙消失所导致的，其主要原因有以下几种。

① 全部车轮均有拖滞的原因主要在制动主缸或制动阀。

简单液压式与液压助力式制动系出现全轮制动拖滞的主要原因在制动主缸，如主缸活塞回位弹簧过软或折断；总缸皮碗发胀或活塞变形或被污物粘住；总缸皮碗发胀堵住进油孔或污物堵塞回油孔等。

液压直接驱动式制动系出现全轮制动拖滞的主要原因在制动阀，如制动阀活塞回位弹簧过软，活塞回位能力差等。

② 单个车轮出现制动拖滞的主要原因是制动器制动间隙过小，制动蹄回位弹簧过软或折断，制动轮缸皮碗发胀及轮缸活塞变形或被污物粘住，制动蹄在支承销上转动不灵活等。

③ 制动液过脏或黏度过大，或制动管路堵塞。

（3）诊断与排除　机械工作一段时间后，用手抚摸各车轮轮毂，若全部车轮制动毂都发热，说明故障发生在制动阀或制动主缸：若个别车轮发热，则说明故障在车轮制动器。

若故障在制动阀，应拆检制动阀，查明原因并予以排除。

若故障在制动主缸，应检查踏板自由行程，若自由行程不符合要求，应按规定调整踏板自由行程。若自由行程符合要求，可将制动总缸的储油室盖打开，并连续踩下、放松制动踏板，观察其回油情况。如不能回油，则为回油孔堵塞，应清洗疏通；如回油缓慢，则是皮碗、皮圈发胀或回位弹簧失效无力，应视情况予以排除。与此同时，观察踏板回位情况，如踏板不能迅速回位或没有回到原位，说明踏板回位弹簧过软或折断，应更换。

若故障在车轮制动器，应先拧松放气螺钉，如果制动液急速喷出，制动蹄回位，则为油管堵塞，制动轮缸不能回油所致，应疏通油管。如果制动蹄仍不能回位，应调整制动间隙。

若上述检查调整均无效，则拆检制动器，检查轮缸活塞皮碗与回位弹簧的状况以及制动蹄支承销的活动情况，必要时进行修理或更换。

4. 故障实例

在一台应用该湿式制动系统的轮式装载机路试调试过程中，调试员每次踩下刹车后制动系统警报器都会低压报警，制动系统压力表数值在踩下刹车时短时间急剧下降至低于 90×10^5 Pa 然后再回升至正常值，而且发觉制动距离变大，有制动不灵的倾向。

（1）分析原因　综上所述排除了压力传感器和制动系统压力表损坏的可能。该装载机的压力传感器位于 DS2 口，由压力表的变化规律可以得知，此时蓄能器进出油口处压力变化应该也很大，导致这种情况出现的原因一般有三种情况：制动系统管路有泄漏；蓄能器容量与制动系统不匹配，蓄能器容量太小；蓄能器预充氮压力参数不对，充氮压力严重偏离正常值，充氮压力过大或过小，甚至密封失效，蓄能器内氮气泄漏殆尽。

（2）排除方法　针对第 1 种情况查看有没有制动系统管路自泄漏现象。第 2 种情况一般也不太容易出现，蓄能器的容量选择取决于制动压力、排量（制动器用油量）和动力消失后紧急制动次数。制动管路不太长，弹性变形不太大的系统，管路的影响可以忽略不计，本例不应存在此类问题。第 3 种情况有可能会经常出现。先测试蓄能器的预充氮压力。测前先充分泄压，泄压方法为发动机熄火后反复数次压下制动踏板，然后用蓄能器的充氮压力表测量蓄能器的预充氮压力，经测试，发现该车的两个蓄能器，一个压力正常，另一个没有压力，表明该故障现象是由一个蓄能器无预充压力引起的。检查蓄能器充氮口密封垫圈没问题后重新充氮，结束后拧紧蓄能器充氮口充氮螺栓，试车，故障排除。

3.6.2　气压及气液式传动装置典型故障诊断与排除

1. 气压式传动装置故障诊断

（1）制动不灵或失灵

① 现象　机械行驶或作业时，踩下制动踏板制动效能不理想，甚至无制动感。

② 原因分析

a. 空气压缩机因使用过久各部位机件磨损导致工作不良，使其供气能力衰退，使储气筒内无气压或气压不足，导致制动力减小；空气压缩机皮带过松或折断，使之供气能力下降，甚至不能供气。

b. 空气滤清器堵塞造成供气困难。

c. 气压控制阀调整的压力过低，造成供气系统内气压过低。

d. 冬季供气管路内的积水或油水分离器分离出的水结冰，堵塞供气气路而供能不良。

e. 制动管路有破裂、管接头松动漏气、控制阀关闭不严、垫片或膜片破裂等，均会造成漏气，当因漏气使系统内气压降至不足以制动时，则制动不良。

f. 制动阀平衡弹簧弹力调得过小，使进气阀门过早关闭而切断制动气路，使制动气缸内的气体压力不能升高而造成制动力减小。

g. 制动阀的活塞密封件磨损，进气阀上方胶垫与芯管密封不良，均会造成漏气而使制动力减小。

h. 制动传输管道、制动气缸、快速放气阀密封不良，制动时漏气，导致制动不灵。

i. 制动凸轮轴因锈蚀而转动困难或转角过大，使制动力减小。

j. 制动器摩擦副的摩擦系数减小，使其制动力减小。

③ 诊断与排除

a. 启动发动机使之中速运转数分钟后，观察气压表读数是否符合技术要求。如气压表读数仍然很低，可踩下制动踏板，当放松踏板时放气很强，说明气压表损坏，故障不在制动器；若无放气声或放气声很小，则应检查空压机传动皮带是否折断、松弛或严重打滑，查明原因对症排除；若空压机传动皮带正常，应拆下空压机出气管检查；若排气很慢或不排气，表明出气管堵塞；若出气管未堵塞，查看出气管接头是否堵塞，进而检查空压机的排气阀是否漏气，弹簧弹力是否过弱或折断，缸盖衬垫是否损坏，气缸壁及活塞是否磨损过度等。根据检查的故障原因对空压机进行修理。

b. 如气压表读数正常，但发动机熄火后，气压表指针徐徐下降，说明系统有漏气，应检查制动阀、制动管等是否漏气，查明后予以排除。

c. 启动发动机后气压表指针指示气压上升速度正常，但气压未达到规定值就不再上升，说明压力调节阀调整压力过低，应进行调整。

d. 若气压表读数正常，发动机熄火后气压也能保持正常，但踩下制动踏板后有漏气声。应先检查制动阀，若有漏气声，说明制动阀不良，需拆检制动阀。若制动阀无漏气声，应再检查制动气室或制动软管有无漏气处，根据漏气部位，采取调整或更换元件的方法排除。

e. 若每踩一次制动踏板，气压表指针下降值少于规定值，说明制动阀平衡弹簧调整压力过小，应重新调整。

f. 若每踩一次制动踏板，气压表指针下降正常，说明制动不良是因制动器的摩擦系数减小，或制动蹄支承销锈蚀，或其他原因造成摩擦阻力过大所致。

如果长时间下慢长坡，连续使用制动，则说明制动不良是使用不当所致，应让机械适当休息。若涉水、洗车或潮湿后制动不良，说明是制动摩擦系数减小，可以低速行驶并轻踩制动踏板，使制动器摩擦发热蒸发水分即可。

若上述现象均不存在，说明制动不良是由于制动蹄摩擦片与制动毂贴合面不良或摩擦片磨损过度所致，应更换摩擦片或重新靠合制动蹄的贴合面。

如果轮式工程建设机械停放时间过长，重新使用后出现制动失灵，多数是由制动器锈蚀所致。

g. 如果发动机熄火后，气压能保持正常，踩下制动踏板也不漏气，但制动不灵，应检查制动踏板自由行程是否过大，若过大，应调整至标准范围；进而检查各制动气室推杆伸张情况，若伸张行程过大，一般是因为制动毂与摩擦片间隙多大，应进行调整。

(2) 制动跑偏

① 现象　机械制动时自动偏离原来的行驶方向。

② 原因分析　机械制动时跑偏，主要原因是在同一轴上的左、右车轮的制动效果不相同。按要求，机械车轮制动力的合力作用线应与过质心的纵向中心线重合。如果左、右车轮的制动力不等，则制动合力的作用线偏离纵向中心线，产生一个旋转力矩，使机械制动时跑偏。左、右车轮制动力相差越大，则制动时产生的旋转力矩越大，制动跑偏越严重。导致左、右车轮制动力不相等的主要原因有以下几种。

a. 左、右车轮制动毂与制动摩擦片之间的间隙不相等。

b. 左、右车轮制动器摩擦片材质不同或接触面积相差悬殊。

c. 某车轮的摩擦片有油污或水。

d. 某车轮制动毂的圆柱度误差过大。

e. 某车轮制动气室推杆弯曲或膜片破裂。

f. 左、右车轮制动蹄回位弹簧弹力不相等。

g. 左、右车轮轮胎气压不一致。

h. 某侧制动软管堵塞、老化。

i. 车架、转向系有故障。

j. 制动时左、右车轮的地面制动力不相等。

③ 诊断与排除

a. 通过路试，找出制动效能不良的车轮，一般是机械向右侧偏斜，则左侧车轮制动不良；机械向左侧偏斜，则右侧车轮制动不良。同时查看左、右车轮在地面上的拖印痕迹，拖印短的一边，车轮制动效能不良。

b. 找出制动效能不良的车轮后，踩住制动踏板，注意听该车轮的制动气室、管路或接头是否有漏气声，如制动气室有漏气声，必是膜片破裂，管路或接头松动，也会有漏气现象。若无漏气，应注意观察制动气室推杆的伸张速度是否相等，有无歪斜或卡住情况，如左、右制动气室推杆伸张速度不等，则应检查左、右制动气室工作气压。如果左、右制动气室气压相差过大，应检查气压低的制动软管是否堵塞、老化等，并视情况予以排除。

c. 如左、右制动气室推杆伸张速度相等，可检查制动气室推杆行程是否过大，若过大应调整至符合要求。若推杆行程正常，应检查制动器内是否有油污和泥水以及摩擦片松脱现象，并检查制动毂与摩擦片之间的间隙是否正常，且左、右两轮应该一致。

d. 若上述检查均正常，应拆检制动毂是否失圆、摩擦片是否磨损过量、铆钉是否外露等，视检查情况，采取光磨制动毂、更换摩擦片等方法进行排除。

e. 检查左、右车轮轮胎气压是否一致，不符合要求，按需补气。

(3) 制动拖滞

① 现象　机械解除制动后，制动蹄摩擦片与制动毂仍有摩擦，行驶时总感到有阻力，用手摸制动器，感到发热。

② 原因分析　制动器在解除制动状态时制动蹄与制动毂之间应保持一定的间隙，即为制动间隙。非制动状态时不论什么原因使制动间隙消失，均会引起制动拖滞。制动拖滞分为全部车轮均有拖滞、单轴车轮拖滞和单车轮拖滞。

a. 全部车轮均有拖滞，多为制动阀有故障，如制动阀的活塞回位弹簧弹力变弱，不能将制动管道的气路与大气沟通，管道内气体压力不能下降，使制动气室内气压不能消除。还有可能是制动阀排气阀弹簧折断或制动阀阀橡胶座变形或脱落等原因导致制动拖滞。

b. 单轴车轮拖滞，主要受快速放气阀的影响。若快速放气阀的排气口堵塞，解除制动时使单轴两车轮的制动气室内的压缩气体不能放掉，则该轴车轮的制动力不能消除，故出现单轴两车轮制动拖滞。

c. 单车轮制动拖滞，多数是因为制动器和制动气室的故障。如制动毂与摩擦片间隙过小，制动蹄支承销处锈蚀卡滞，制动凸轮轴与支架衬套锈蚀卡滞，制动蹄回位弹簧过软或失效，制动气室推杆伸出过长或弯曲变形而卡住，制动气室膜片老化变形或破损等。

③ 诊断与排除

a. 如果机械不能起步，或起步后感到行驶阻力较大，可停车观察各车轮制动气室的推杆，若制动气室的推杆均未收回，即为全部车轮均制动拖滞。应先检查制动踏板自由行程，若无自由行程，应进行调整：若自由行程正常，多为制动阀有故障，应查明原因予以排除。

b. 如果用手抚摸同轴的两车轮制动感到发热，说明是单轴车轮制动拖滞，故障在与此轴有联系的快速放气阀，应拆卸放气阀，查明原因予以排除。

c. 如果有个别车轮制动毂发热，或两发热的制动毂不在同一轴上，即为单车轮拖滞，故障原因在车轮制动器和制动气室。检查时踩抬制动踏板，观察该车轮制动气室推杆回动情况，若推杆回位缓慢或不回位，可拆下调整臂，再检查推杆回动情况，如仍回位缓慢，则应拆下该制动气室，检测推杆是否弯曲变形或歪斜，或伸出过长，根据情况校正或调整。当拆下调整臂后，制动气室推杆回动正常，则应拆检、清洁、润滑制动器制动凸轮轴和制动蹄轴。

若制动气室推杆回位正常，则应检查该车轮轮毂轴承预紧度及制动间隙。其方法是：将有制动拖滞的车轮支起，若车轮能自由转动，说明车轮轮毂轴承过松，应调整轴承预紧度；如果车轮有摩擦，应将制动间隙调入；若调整后车轮转动仍有摩擦，同时调整制动间隙感到费力，说明是制动器有锈蚀引起制动拖滞。如果调整制动间隙无效，说明是由于该车轮制动器的回位弹簧失效或脱落所致，应查明原因予以排除。

2. 气液综合式制动装置故障诊断

（1）制动不灵或失灵

① 现象　踩下制动踏板后其制动效果不理想或机械无减速感觉。

② 原因分析　制动不灵主要是由制动器的制动摩擦块与制动盘的摩擦力减小或消失，或者摩擦系数减小所导致的，其主要原因有以下几点。

a. 空气压缩机因磨损或气门关闭不严，造成能量转换效率降低，输出的气压不足。

b. 压力控制阀调整压力过低，使空压机输出的气体压力低。

c. 储气筒或所连接的管路漏气，如储气筒进气口单向阀密封不良、制动阀进气门被污物堵塞关闭不严、压力控制阀漏气等，造成供给的气体压力下降。

d. 空气滤清器堵塞，造成空压机充气不足而供能不良。

e. 油水分离器冬季时被分离出的水冻结，使供能气路堵塞，使制动力下降。

f. 加力器的活塞密封不良而漏气，使作用在活塞上的气体压力减小，液压制动总缸输出的油液压力也减小，使制动力减小。

g. 液压制动总缸内油液不足、皮碗漏油或管路漏油，使制动摩擦衬块压向制动盘的力减小，即制动力减小。

h. 制动轮缸密封件损坏漏油，使制动力下降。

i. 液压制动油路泄漏或系统内有空气时，导致制动不灵。

j. 制动器摩擦系数减小，使制动力减小。

③ 诊断与排除

a. 检查制动系供能装置、制动阀和气推油加力器故障。其气压部分与气压制动装置基本相同，进行故障诊断与排除时参看“气压制动装置故障诊断与排除”部分的内容。

b. 如果冷车时制动效果良好，热车时制动效果变差，应检查制动盘温度，如果制动盘有烫手感觉，则可能是制动系统内有油蒸气，应排除制动器内的蒸气或停车冷却。

排除液压部分气体的方法是：踩下制动踏板，松开制动轮缸上的放气螺塞，将气体排出，若一次排不完，可先将放气螺塞关闭，然后放松制动踏板，再重复以上动作，直至放出的油液无气泡为止。

c. 检查液压制动总缸的油液储存量，如果制动油液缺少，应添加油液。

d. 检查液压制动系是否有漏油，如有泄漏，应根据油迹查明漏油部位和原因，并予以排除。

e. 若制动盘有油污和水分，应查明来源并予以排除。

(2) 制动跑偏

① 现象　机械制动时偏离原来行驶方向。

② 原因分析　机械的制动器是两侧对称布置的，两侧车轮的制动效能应相同，若转向轮两侧车轮制动效能不同，就会出现制动跑偏，差值越大，制动跑偏现象越严重。造成制动跑偏的主要原因有以下几种。

a. 某车轮制动管路中进入空气。

b. 两侧车轮制动器制动块与制动盘之间的间隙不相等。

c. 两侧车轮制动器摩擦衬块材质不同。

d. 某车轮的摩擦衬块油污或水湿。

e. 两侧车轮轮胎气压不一致。

③ 诊断与排除　根据所分析的原因，气压制动部分故障与气压制动装置基本相同，诊断与排除时可参看前述气压制动装置；制动器故障的诊断与排除可参看制动不灵的诊断方法。

(3) 制动拖滞

① 现象　机械解除制动后，行驶时感到有阻力，用手抚摸制动器感到发热。

② 原因分析　全部车轮均有拖滞，多为制动阀故障。单个车轮拖滞，多为制动器及制动管路故障，原因分析可参看气压制动装置相关部分的内容。

③ 诊断与排除　制动阀故障的诊断与排除参看气压制动装置部分的相关内容，制动器及制动管路故障参看“制动不灵或失灵”故障的诊断与排除。

3. 故障实例

ZL10C 装载机制动力不足。

(1) 故障原因

① 制动液错用或混用。

② 制动总泵或分泵漏油。

③ 制动液压管路中有气体。

④ 刹车气压低。

⑤ 加力器皮碗磨损、制动摩擦片严重磨损。

(2) 排除步骤及方法

① 检查制动液。如发现白色沉淀、杂质等要过滤后再用。醇型制动液低温时黏度大，变稠分层，使制动失灵；且沸点较低，高温时醇类蒸发易发生气阻使制动失灵。矿物型制动液需将制动系统的皮碗、软管等换成橡胶制品以防腐蚀，否则易导致制动失灵。合成型制动液易吸水，注意密封以防变质。不同类型和不同牌号的制动液绝对不能混用，否则混合后会分层而失去制动作用，同时会迅速损坏橡胶元件。如出现此类情况，应清洗制动系统，换用规定的制动液，即排除故障。

② 检查总泵液面是否正常，制动总泵进回油孔是否通畅，管路接头连接部分有无松动，橡胶元件是否老化、变质。必要时可更换分泵矩形密封圈，更换皮碗。

③ 液压管路应保持一定的压力，防止空气从油管接头或制动器皮碗等处侵入系统。制动液系统中的气体会影响制动性能，所以在更换零件时，清洗系统后要进行放气。

④ 检查空压机、多功能卸荷阀、储气筒及管路密封性。空压机压出的空气经多功能卸荷阀进入储气筒，用于刹车制动，一旦密封性能不好会造成刹车气压低。

⑤ 检查加力器皮碗和钳盘式制动器的摩擦片，当制动踏板松开时，制动液未能及时随活塞返回，总泵缸内形成低压，在大气压下储油室的制动液穿过活塞头部的 6 个小孔皮碗周围补充到总泵内。制动时，加力器推动总泵的压力油经管道进入夹钳内的活塞顶部，推动活塞使摩擦片压向制动盘，产生制动力矩，使车轮减速或停止。当摩擦片上的小沟磨平后即进行更换，更换时只需从钳体上拔去销子，就可将摩擦片抽出。更换皮碗和摩擦片后，再次踏下制动踏板时制动力增大则故障排除。

3.7 行驶系常见故障诊断与排除

3.7.1 轮式机械行驶系常见故障诊断与排除

1. 车桥的故障诊断

前桥、转向系的故障使车辆的操纵稳定性与操纵轻便性变差。常见故障有前轮摆动、前轮跑偏、转向盘沉重或转向盘振抖等，同时引起轮胎的异常磨损。影响工程机械操纵性能，造成前桥、转向系故障的因素很多，故障部位的判断也很困难，在判断故障时，要同时把轮胎磨损的特征也作为依据。首先要考虑前桥造成故障的原因，还要检查前轮轮胎的气压、气压差和胎面磨损的差异，前轮的平衡性能；左、右悬架的弹力，前轴（支撑梁）和车架的变形；前、后桥的轴距以及平行度误差等诸因素。

（1）车轮的影响　首先，按照原厂规定检查调整轮胎的气压。轮胎的气压过高，其偏离角减小，轮胎产生的稳定力矩减小，自动回正能力减弱；轮胎的气压过低，侧向弹性增强，使偏离角增大，稳定力矩过大，车辆回正能力过强，转向后回正过猛，使转向车轮摆动剧烈，转向盘抖动。由此可见，轮胎气压过高或过低，都会引起前轮摆动或前轮跑偏，破坏工程机械操纵稳定性。

然后，检验车轮的平衡性能。轮辋变形，轮毂、轮辋、制动毂和轮胎制造以及修理、装配的误差，质量不均匀等因素，破坏了车轮组件的平衡性能，在高速时会引起严重的角振动（共振），造成前轮摆动。因此，更换车轮组件中的任一零件或修补轮胎后均应对车轮重新进行动平衡试验。维护过程中，车轮上的平衡块不能丢失也不能移位。

（2）前桥配合松旷的影响　前桥配合部位松旷，会影响前轮定位的准确性，有人称其为“前轮定位效应”；同时，也使转向振动系统的刚度及阻尼作用降低，造成工程机械前轮摆动或前轮跑偏，也可能引起转向盘沉重以及转向盘振抖等故障。

转向盘的振动方式分两类：一类是在某一车速范围内产生的高频率振抖，这是由于各部配合松旷以及转向传力机构刚度不足所产生的共振而引起的转向盘振抖；另一类是车速越快振抖越烈，有时还会出现前轮在路面上滚动产生的有较明显节奏的拍击声，引起此类振抖的关键因素是前轮平衡性能过差。只要认真排除如轮辋变形等造成前轮不平衡的因素，必要时进行车轮动平衡试验，故障就可消除。

一般先检查转向盘的自由转动量。若自由转动量过大，在检查、调整轮毂轴承间隙之后，拆下转向器摇臂，固定摇臂轴，再一次检查转向器的自由转动量。若自由转动量仍然过大，则检查调整转向器传动副的啮合间隙，使转向盘的自由转动量符合规定，然后装好摇臂轴并检查转向盘的自由转动量。重新装好摇臂轴之后，转向盘的自由转动量仍然过大，说明转向传动机构的配合部位，或者转向节、独立悬架的摆臂、支撑杆（稳定杆）或推力杆配合松旷，应逐一检查调整。随着行驶里程的增加，各配合零件磨损增大，就会造成配合松旷而影响车辆操纵的稳定性和轻便性，所以，在各级维护中，必须认真做好此项检查调整工作。

（3）前轮定位的影响　车辆操纵的稳定性主要取决于前轮定位的准确程度，车辆二级维护时，在侧滑试验台上检测车辆的侧滑量的基础上，用光学水准前轮定位仪检查调整前轮定位。

① 前轮定位与轮胎磨损的关系　如果胎冠在整个圆周上出现从外侧依次向内的台阶形磨损，侧滑量为正值且大于5m/km，说明前束值过大；若胎冠圆周上出现内侧依次向外侧的台阶形磨损，侧滑量为负值且大于5m/km，说明前束值过小。

独立悬架会出现侧滑量符合标准，但轮胎外侧依然发生胎面边缘圆周形磨损，甚至在车辆转弯时，轮胎与路面会产生较明显的摩擦声，转弯时转向盘自动回正能力差。这是由于前轮外倾过大，造成严重的过度转向引起的。如果轮胎内侧发生胎面边缘圆周形磨损，这是前轮外倾过小，造成过度的转向不足、前轮急剧摆动而引起的。

非独立悬架应调整前束，使侧滑量符合标准；独立悬架必须先调整前轮外倾角至原厂规定值，使前束和前轮外倾相适应。

② 前轮自动跑偏　前轮跑偏有3种情况。

第一种是工程机械中、高速行驶时放松转向盘之后，前轮急剧跑偏，驾驶员往往必须握紧转向盘约束前轮跑偏。造成前轮急剧跑偏的主要原因是两侧前轮主销后倾差异过大，主销后倾大的一侧，路面反力形成的车轮回正能力过于强烈，使前轮急剧向主销后倾小的一侧偏转。

形成前轮急剧自动跑偏的故障。独立悬架先按原厂规定检查调整主销后倾角，然后检查调整前轮外倾角，直至侧滑量符合规定，即可排除前轮剧烈跑偏的故障。

第二种是车辆直线行驶中，放松转向盘，前轮逐渐跑偏，此故障件往往在较低车速时就会出现，产生前轮逐渐跑偏的主要原因是两侧前轮外倾差异过大，外倾角大的前轮所产生的绕主销回转力矩必然大于外倾角小的前轮所产生的回转力矩，使工程机械行驶方向向外倾角大的一侧跑偏，应在保持主销后倾角正确的前提下调整前轮外倾以排除故障。

第三种前轮跑偏的原因是前轮外倾值和前束值都大，使车辆在平直路面直行时，稍打转向盘，前轮就会急速跑偏，转向盘出现漂浮感，有人也称为转向盘“发飘”。调整前轮定位时，先将两前轮外倾角调整好，然后再检查侧滑量，按侧滑量的正负再调整前束值，待侧滑量合格后，故障即可排除。

③ 前轮摆动　工程机械行驶中，驾驶员未转动转向盘，但两前轮忽左忽右的摆动，使工程机械忽左忽右地“蛇行”，并伴有转弯后转向回正能力很差，转向盘“发飘”明显感，此种故障称为前轮摆动。引起前轮摆动的主要原因是转向节主销后倾和主销内倾角过小，前桥、转向系配合松旷而引起的前束值过大。独立悬架先消除配合松旷，然后检查调整主销后倾和主销内倾或车轮外倾，再调整前束以排除故障。

④ 转向沉重　驾驶员在转向时，转动转向盘的圆周力过大，转向反应迟钝，而且转向回位性能差。这类故障的产生，除各部位配合过紧或卡死等原因外，还与主销后倾有关。

双侧均转向沉重，但双侧转向回正性能都好。该故障由于两侧主销后倾角均过大，造成前轮回正力矩过大，引起转向沉重但回位迅速，严重时转向盘出现“发飘”感。如果两侧主销后倾角差异过大，甚至一侧主销后倾角为负，另一侧主销后倾角为正，就会造成单侧转向沉重，而另一侧转向回正能力很差。

（4）前轴、车架变形的影响　非独立悬架的前轴变形，独立悬架支撑架、摆臂、稳定杆与支撑架变形，车架的变形，杆件长度不符合原厂规定等，都会产生“前轮定位效应”，破坏工程机械操纵的稳定性和轻便性。当消除前桥、转向系配合松旷、配合过紧、调整前轮定位、调整轮胎气压、车轮平衡之后，工程机械侧滑量仍然过大，仍不能恢复车辆操纵的稳定性，即可检测前轴、车架等零部件是否变形，必要时进行拆检或修理。

2. 车轮与轮胎的故障诊断

（1）车轮故障诊断　车轮常见故障为轮毂轴承过松或过紧。

轮毂轴承过松，会造成车轮摆振及行驶不稳，严重时还能使车轮甩出。此时，可将车轮支起，用手横向摇晃车轮，即可诊断出车轮轴承是否松旷。一旦发现轴承松旷，必须立即修理。

轮毂轴承过紧，会造成工程机械行驶跑偏。全部轮毂轴承过紧时，会使工程机械滑行距离明显下降。轮毂轴承过紧会使车辆经过一段行驶后，轮毂处温度明显上升，有时甚至使润滑脂溶化而容易甩入制动毂内。将车轮支起后，转动车轮明显感到费力沉重。

（2）轮胎故障诊断　发动机使驱动轮转动，从而带动轮胎旋转。这意味着轮胎属于传动系的一部分。但轮胎还会根据转向器的运动，改变车辆的运动方向，因此，轮胎也属于转向系统的一部分。此外，由于轮胎也用于支撑车体及吸收路面振动，所以，轮胎还是悬架系统的一部分。

基于上述原因，在进行轮胎的故障诊断、排除分析时，一定要记住上述3个系统，即轮胎与车轮、转向、悬架之间的关系。同样重要的是，轮胎的使用和保养不良，也可能导致轮胎本身及相关系统的故障。因此，轮胎故障诊断、排除分析的第一步，便是检查轮胎，应该正确使用，维护恰当。

① 不正常磨损

a. 胎肩或胎面中间磨损。

b. 内侧磨损或外侧磨损。在过高的车速下转弯，轮胎滑动，产生斜形磨损。这是较常见的轮胎磨损原因之一。驾驶员所能采取的唯一补救措施就是在转弯时降低车速。另外悬架部件变形或间隙过大，会影响前轮定位，造成不正常的轮胎磨损。

c. 前束磨损和后束磨损。

d. 前端和后端磨损。

e. 斑状磨损。

② 振动　振动可分为车身抖动、转向摆振和转向颤振。

a. 车身抖动。抖动的定义是：车身和转向盘的垂直振动或横向振动，同时伴随着坐椅的振动。造成抖动的主要原因是：车轮总成不平衡、车轮偏摆过量及轮胎刚度的均匀性不足。因此，排除这些故障，通常便可消除车身抖动。车速在80km/h以下时，一般不会感觉到抖动。高于这一车速时，抖动现象便会明显上升，然后在某一速度上达到极点。如果车速在40～60km/h发生抖动，则一般是由于车轮总成偏摆过量或轮胎缺少均匀性所致。抖动现象与洗衣机排水后的甩干程序所产生的振动相似。

b. 摆振。摆振的定义是：转向盘沿其转动方向出现的振动。造成摆振的主要原因是车轮总成不平衡、偏摆过量或轮胎刚度均匀性不足。因此，排除这些故障，通常便可消除这种摆振。其他可能的原因还有转向杆系故障、悬架系统间隙过大、车轮定位不当。摆振分为两种：在相对低速下（20～60km/h）持续出现的振动；只在高于80km/h的一定车速时才会出现的振动（称为“颤振”）。

③ 行驶沉重

a. 较低的充气压力会使轮胎与地面的接触面积太大，增加轮胎的行驶阻力。

b. 每种车型都有最适合其预计载荷和使用的推荐轮胎。使用刚度较强的轮胎，会导致行驶沉重。

④ 转向沉重　引起转向沉重有以下几个原因。

a. 充气压力太低，会使胎面的接触面变宽，增加轮胎与路面之间的阻力，从而使转向迟缓。

b. 车轮定位调整不当，也会引起转向沉重。

c. 转向轴颈和转向系统出现故障，同样也会引起转向沉重。

⑤ 正常行驶时，车辆跑偏　意味着当驾驶员试图使车辆向正前方行驶时，车辆却偏离并向某一侧行驶。当左、右轮胎的滚动阻力相差很大，或绕左、右转向轴线作用的力矩相差很大时，最容易发生这种现象。具体原因如下。

a. 如左、右轮胎的外径不相等，每一轮胎转动一圈的距离便不相同。为此，车辆往往会向左或向右改变方向。

b. 如左、右轮胎的充气压力不同，则各轮胎的滚动阻力也会不同，车辆因此往往向左或向右改变方向。

c. 如前束或后束过量，或左、右外倾角或主销后倾角的差别太大，车辆也很可能向某一侧偏斜。

3. 悬架系统的故障诊断

（1）悬架故障

① 钢板弹簧折断。钢板弹簧折断，尤其是第一片折断，会因弹力不足等原因，使车身歪斜。前钢板弹簧一侧第一片折断时，车身在横向平面内歪斜；后钢板弹簧一侧第一片折断时，车身在纵向平面内歪斜。

② 钢板弹簧弹力过小或刚度不一致。当某一侧的钢板弹簧由于疲劳导致弹力下降，或者更换的钢板弹簧与原弹簧刚度不一致时，会使车身歪斜。

③ 钢板弹簧销、衬套和吊耳磨损过甚。此时，会造成车身歪斜（不严重）、行驶跑偏、工程机械行驶摆振等故障现象。

④ U形螺栓松动或折断（或钢板弹簧第一片折断）。此时，会由于车辆移位歪斜，导致工程机械跑偏。

（2）减振器故障　减振器常见的故障为衬套磨损和泄漏。衬套磨损后，因松旷易产生响声。减振器轻微的泄漏是允许的，但泄漏过多，会使减振器失去减振作用。所以，应注意检测其密封性能的好坏，以便及时维修。

4. 故障实例

（1）故障现象描述　车辆在拐弯行驶时前桥有异响。

（2）客户描述　近期保养及维修情况：按时按规定保养，维护正常。

（3）故障描述　整机在工作行驶过程中前桥有异响。驾驶室仪表板读数：压力表1.5MPa；水温表85℃；油温70℃；气压表0.78MPa；计时器1612.9h。

（4）维修人员现场检查、故障排查（包含数据测量）

① 拆下前轮左右两边的轮边盖，检查左右轮边是否损坏。检测为正常，拆下左右半轴。

② 在前主传动放油处放油，观察放油情况。发现有齿轮碎片掉落。

（5）故障原因与判断　由于前桥主传动内有齿轮碎片掉落，说明该主传动上的齿轮已损坏，由此产生异响。

（6）现场维修

① 拆卸前桥主传动，确认大小螺旋齿和行星轮齿损坏。

② 更换大小螺旋齿及行星轮齿轮及垫片。

③ 装配主传动并调整大小螺旋的黏合合适。

④ 将主传动安装到桥壳。

⑤ 安装左右半轴轮边盖及轮胎，维修完毕。

通过这次维修，认识到分析故障要按照由简到繁的原则，再结合驾驶员的描述及试车的情况逐步进行认真检查，才能准确地判断故障。

3.7.2 履带式机械行驶系典型故障诊断与排除

履带式行走机构包括机架、悬架、台车架、驱动轮、支重轮、引导轮、托轮和履带，也称“三架四轮一带”。在履带式行走机构中，各总成和零件大多是刚性直接接触，没有办法采用润滑措施和缓冲措施，因此，零件承受的冲击载荷和磨损均比较严重。加之行走机构直接与地面接触，长期承受雨水、泥沙的侵蚀作用，因此，履带行走机构的故障比较多。

履带式机械行驶系的常见故障产生原因和排除方法如表 3-2 所示。由于履带式机械种类及型号繁多，结构也不尽相同，所以在使用中进行维护及故障判断与排除时，除参照表中所述外，还应结合所属机型的使用说明书进行。

表 3-2　履带式机械行驶系常见故障产生原因和排除方法

故障	产生原因	排除方法
链轨和各轮迅速磨损或偏磨（啃轨）	①润滑不良或使用不符合规格的润滑油	①严格执行润滑表规定的润滑项目，使用规定的润滑油
	②各转动部分转动不灵或锈死	②检查、调整和修复
	③轴承间隙过大或过小	③检查、调整至规定间隙
	④驱动轮、引导轮、支重轮的对称中心不在同一个平面上	④检查、修复
	⑤引导轮偏斜	⑤检查引导轮轴承间隙是否过大、内外支承板磨损是否悬殊、内外支承弹簧弹力是否均匀、调整螺杆是否弯曲、引导轮叉臂长短是否一样
	⑥驱动轮装配靠里或靠外	⑥重新检查、装配
	⑦半轴弯曲，驱动轮歪斜	⑦校正半轴、检查轮毂花键磨损情况
	⑧托链轮歪斜	⑧检查并校正托链轮支架
	⑨托链轮轴承间隙过大或半轴轴承和端轴承间隙过大	⑨检查、调整或更换
支重轮、托链轮、导轮漏油	①橡胶密封圈硬化变形或损坏	①换新
	②内外盖固定螺栓松动	②拧紧固定螺栓
	③轴磨损	③修复
	④因装配不当，引起油封移位而失效	④因装配不当，引起油封移位而失效
	⑤D80 型推土机使用的浮动端面油封密封面不平或夹有杂质影响密封	⑤研磨修平，清洗干净

续表

故障	产生原因	排除方法
机件发热，转动困难	①轴承间隙太小，或无间隙	①按规定值调整轴承轴向窜动量
	②轴承损坏、咬死	②更换轴承
	③润滑不良	③清洗，然后按润滑要求加注润滑油
	④严重偏磨	④检查同侧各轮是否在同一对称中心平面上
履带脱轨	①履带松弛引起掉轨	①调整履带松紧度
	②由于引导轮、驱动轮、链轨销套等部件的磨损量积累引起脱轨	②及时调紧履带，并注意履带的维护和各轮的润滑
	③张紧弹簧的弹力不足	③调紧或换新
	④液压式张紧装置的液力缸严重失圆而不起作用	④镶套修复或换新
	⑤液压张紧装置的油压缸塑料密封垫损坏或腐蚀失效	⑤换新或以黄铜料加工代用
	⑥液压张紧装置的油压缸内活塞和密封环严重磨损	⑥修复或换新
	⑦引导轮的凸缘严重磨损，驱动轮的轮齿磨损变尖，支重轮和托链轮的凸边磨损严重	⑦堆焊修复或换新
	⑧台车架变形	⑧检查同侧各传动部分的对称中心是否在同一平面，校正台车架变形部分
	⑨引导轮、驱动轮、支重轮中心不在同一直线上	⑨将各中心调整成一直线
	⑩半轴弯曲变形	⑩校直半轴

思考题

1. 工程机械主离合器常见故障现象有哪些？如何排除？
2. 装载机动力换挡变速箱常见故障有哪些？分别如何排除？
3. 轮式工程机械驱动桥常见故障有哪些？
4. 履带式工程机械驱动桥常见故障现象有哪些？
5. 工程机械机械转向系统常见故障有哪些？
6. 轮式工程机械制动系统常见故障现象有哪些？
7. 轮式工程机械行驶系统常见故障现象有哪些？

第4章 工程机械液压系统故障诊断与排除

目前，越来越多的工程机械采用液压系统来完成动力传递，这是因为采用液压传动系统有许多方面的优点。例如，液压元件相对质量小、惯性小、结构紧凑、整体布局方便；可以在大范围内进行调速，传递运动平稳均匀，易于实现缓冲、安全保护；操作简单方便，当机、电、液联合使用时易于实现自动化、智能化；液压伺服控制和电-液比例控制的应用，大大提高了其控制精度和响应速度。因而，液压系统在现代工程机械中应用广泛。但是，液压传动系统在使用中也存在着许多方面的问题。例如，油液的渗漏和气体的混入，将影响机构的运动平稳性和准确性；油液对温度的变化范围和污染程度的要求严格；液压元件精度高、造价高；液压系统的故障诊断困难，系统故障不像机械传动那样显而易见，又不如电气传动那样易于检测。

一套好的液压传动系统要正常可靠地工作，必须达到许多方面的要求，主要包括：液压缸的行程、推力、速度及其调节范围；液压马达的转向、转速及其调节范围的技术性能；运动平稳性、精度、噪声、效率等方面的要求。如果在实际运行工作中能完全满足这些要求，则说明整个液压设备工作正常可靠；如果在实际运行工作中某些方面不能满足这些要求，则认为液压系统出现了故障。本章从液压系统工作原理出发，着重讨论液压系统故障诊断技术，液压系统常见故障的现象、类型、特征及产生的原因，给出分析、判断、排除液压系统故障的方法和步骤。

4.1 工程机械液压系统故障诊断概述

4.1.1 工程机械液压系统故障的概念

液压系统故障是液压元件或系统丧失规定功能的一种现象，也称失效。液压系统故障的最终表现为液压系统或回路中的元件损坏，伴随有漏油、发热、振动、噪声等现象，导致系统不能发挥正常功能。

4.1.2 工程机械液压系统故障的模式

液压故障模式是从不同表现形态来描述液压故障的，是液压故障现象的一种表征。一般来说，液压故障的对象不同，即不同的液压元件和液压系统，其液压故障模式也不同。

（1）液压缸的液压故障模式有：液压缸爬行、冲击、泄漏、推力不足、运动不稳定等。

（2）液压泵的液压故障模式有：无压力、压力与流量均提不高、噪声大、发热严重等。

（3）电-液换向阀的液压故障模式有：滑阀不能移动、电磁铁线圈烧坏、电磁铁线圈漏电或漏磁、电磁铁有噪声等。

4.1.3 工程机械液压系统故障的征兆

一般情况下，工程机械液压系统的任何故障在演变为大故障，从而导致液压系统不能发挥正常功能之前都会伴有种种不正常的征兆。液压系统故障的常见征兆主要表现如下。

（1）出现不正常的声音。例如，液压泵、液压马达、液压阀等部位的声音不正常。

（2）出现执行元件作业速度下降或无力的现象。

（3）液压元件外部表面出现油液渗漏现象。

（4）出现油温过高现象。

（5）出现管路损伤、松动及振动现象。

（6）出现焦煳气味等。

4.1.4 工程机械液压系统故障的分类

液压传动系统故障按不同方法分类有以下几种。

1. 按故障的性质分为突发性（急性）故障和缓发性（慢性）故障两种

突发性故障的特点是具有偶然性，它与使用时间无关。例如，管路破裂、液压阀阀芯卡死、液压泵压力失调、速度突然下降、振动、噪声、油温突然升高等。这样的故障具有偶然性，因而，难以预测与预防。

缓发性故障的特点是，它与使用时间有关，尤其是在使用寿命的后期表现得最为明显，主要是与磨损、腐蚀、疲劳、老化、污染等劣化因素有关。此种故障通常是由于液压元件或者液压油各项技术参数变差而引起的。此类故障通常可以预防。

2. 按故障的在线显现性分为实际故障和潜在故障两种

实际故障又称为功能性故障，这种故障的实际存在，使液压系统不能正常工作或工作能力、性能显著下降。例如，关键液压元件损坏等。

潜在故障与缓发性（或渐进性）故障相似，尚未在功能方面表现出来，但可以通过观察及仪器测试出来它所潜在的影响程度。

3. 按故障发生的原因分为人为故障和自然故障两种

人为故障是由于设计、制造、运行、安装、使用及维修的不当造成的故障。例如，使用了不合格的液压元件，违反了装配工艺、使用技术条件、操作技术规程，维护保养不当等，从而使液压系统过早地丧失应有的功能。

自然故障是在液压系统使用寿命期内，由于不可抗拒的自然因素的影响而引起的故障。例如，正常情况下的磨损、腐蚀、老化等损坏形式都属于这一故障范围。

4. 按故障发生的时间分为初期故障、中期故障和后期故障三种

初期故障是液压系统经过调试阶段便进行正常运行，运行初期阶段发生的故障。例如，管接头因振动而松脱；密封件质量差或由于安装不当被损伤造成泄漏；管道内或液压元件内

油道内的毛刺、型砂、切屑等污物在液流的冲击下脱落，堵塞阻尼孔和过滤器，造成压力或速度的不稳定；由于负荷大、外界环境散热条件差使油温增高，引起泄漏造成压力或速度的变化。一般在运行初期，由于设计、制造、运输、安装等原因，故障率较高。随着运行时间的延长及故障的不断排除，故障率不断下降。

中期故障是液压系统运行中期发生的故障。这个时期是液压系统的有效工作寿命期，故障率最低，系统运行状态最佳。但是，如果使用维护不当或对潜在的故障不及时诊断与排除，即使在有效寿命期也不能排除各种严重故障的可能。在此时期要特别注意控制油液的污染。

后期故障是液压系统运行到后期发生的故障。由于长期运行过程中的磨损、腐蚀、老化、疲劳等原因，故障增多。液压元件由于工作频率、负荷的差异，易损件先后开始正常性的差异磨损，泄漏增多，效率降低。此类故障率较高。针对这种情况，要对液压元件进行全面检验，对于已失效的液压元件应进行修理或更换，防止由于液压系统不能运行而导致停机。

5. 按液压故障特性分为共性故障、个性故障和理性故障三种

共性故障是各类液压系统和液压元件都经常出现的故障，其故障特点是相同的。例如，振动、噪声、液压冲击、爬行、进气等故障。由于对这种故障的分析比较全面，故障规律性较强，诊断率较高。

个性故障是指各类液压系统和液压元件所特有的特殊性故障。故障特点是各不相同的，故障特性均为个别特殊故障。

理性故障是由于液压系统设计不合理或不完善、液压元件结构设计不合理或选择不当而引起的故障。例如，溢流阀额定流量小，导致发出尖叫声。这类故障必须通过设计理论分析和系统性能验算后才能最终加以诊断。

4.1.5 工程机械液压系统故障的特点

1. 故障的多样性和复杂性

液压传动系统出现故障的原因可能是多种多样的，而且大多情况下是几个故障同时出现。例如，系统压力不稳定的同时伴随振动与噪声同时出现；而系统压力达不到要求往往与动作故障联系在一起；甚至机械、电气部分的毛病也会与液压系统的故障交织在一起。从而使故障变得多样复杂，新液压传动系统在调试的时候更是如此。

2. 故障与原因的交错性

交错性是指液压传动系统的故障症状与原因之间存在着各种各样的重叠与交叉。

（1）引起同一个故障症状有多种可能的原因　一个故障有多种可能的原因，而且这些原因常常是互相交织、互相影响的。例如，系统压力达不到要求，其原因可能是泵引起的，也可能是溢流阀引起的，还可能是两者共同作用的结果；系统压力不足，可能是油液黏度不合适，也可能是系统泄漏引起的；再如，引起执行机构速度慢的原因可能是负载过大、执行元件本身磨损使内泄漏过大、系统内存在泄漏口、系统调压故障、系统调速故障及泵的故障等。

（2）同一个原因引起多种故障症状　液压传动系统中一个原因可能引起多个故障症状。往往同一个原因，但因其程度的不同、系统结构的不同、与它配合的机械结构的不同，所引起的故障现象也是多种多样的。例如，同样是混入了空气，严重时使泵吸不进油，轻者引起流量、压力的波动，同时还会产生噪声和运动部件的爬行。再如，叶片泵定子曲线磨损后会出现压力波动增大和噪声增大的故障；泵的配流盘磨损后会出现流量减小、泵的表面发热及油温升高等症状。对于一个故障有多种可能的原因的情形，应采用有效的手段剔除不存在的原因。一个原因可能引起多个故障症状的情形，可利用多个症状的组合来确定故障源。对于叠加的现象，应全面考虑每个影响因素，分清各因素作用的主次轻重。

3. 故障的隐蔽性

液压传动系统是依靠在密封管道内并具有一定压力的油液来传递动力的，系统的元件内部结构及工作状况又不能从外表进行直接观察，因此它的故障具有隐蔽性，不如机械传动系统故障那样直观，又不如电气传动系统那样易于检测。液压装置的损坏与失效往往发生在内部，又不便拆卸，现场的检测条件也十分有限，难于直接观测，各类液压元件无不如此。由于表面症状的个数有限，加上随机因素的影响，使得液压传动系统的故障分析与诊断比较困难。大型液压阀板的内部孔系纵横交错，如果出现贯通与堵塞，液压传动系统就会出现严重的失调，在这种情况下寻找故障点的难度更大。

4. 故障产生的偶然性和必然性

偶然性和必然性是指液压传动系统故障的产生有时是偶然的，有时是必然的。

偶然性是指因为液压传动系统在运行过程中受到各种随机性因素的影响，如环境温度的变化、机器工作任务的变化、外界污染的侵入等都是随机的。由于随机性的影响，故障的发生点及变化方向不确定，是偶然的，从而引起判断与定量分析的困难。如溢流阀的阻尼孔突然堵塞，使系统突然失去压力；换向阀的阀芯突然卡死，不能换向；电气老化使电磁铁吸合不正常而引起的电磁阀不能工作等。这些故障没有一定的规律可循。

必然性是指故障的发生是由特定原因引起的，而且持续不断经常发生的情况。如，液压油黏度低引起系统泄漏、液压泵内部间隙大导致容积效率低等这都是必然的。再如，环境温度低使液压油黏度增大，使油液流动困难；环境温度高使液压油黏度减小，使系统压力、流量不足；在不干净的环境工作会引起液压油严重污染，导致液压系统出现故障；另外，操作人员的技术水平也会影响系统的正常工作。这都是必然性的表现。

5. 失效分布的分散性

分散性是指由于设计、加工、材料及应用环境等方面的差异，以及液压元件的磨损恶化速度相差较大，致使液压元件的使用寿命差异很大。一般液压元件的寿命标准在现场是无法成为依据的，只有对具体的液压设备与液压元件确定具体的评定标准，这需要积累长期的运行数据。

由于液压传动系统故障具有上述的特性，所以当系统出现故障后要很快地确定故障部位是很困难的。必须对故障进行认真的检查、分析、判断，才能找出其原因。一旦找到原因，处理往往是比较容易的。

4.2 工程机械液压系统故障诊断方法

工程机械故障诊断最基本的方法有观察诊断法、逻辑分析法、仪器检测法、计算机辅助诊断法。

4.2.1 观察诊断法

观察诊断法，实质就是凭人的眼、耳、鼻、手的视觉、听觉、嗅觉、触摸的感觉与日常经验结合起来，分析液压设备是否存在故障及故障部位与产生的原因，是最初的直观诊断法。

（1）视觉　观察管路、接头有无破裂、损伤，漏油、松脱、变形；观察执行机构有无动作缓慢、爬行或速度不均；观察油箱油量、黏度、气泡、油液污染变质情况；观察液压泵、液压阀、液压缸、液压马达等的固定处有无松动与振动，元件的管接头、端盖、轴端等处有无渗漏和滴漏；观察系统工作压力、流量的稳定性。必要时辅以其他手段和方法。例如，当油液渗漏不严重又难以确定其位置时，可用洁净的擦布把可疑部位擦干净，仔细查找渗漏点。必要时在该部位配撒白色粉灰，以便准确找到渗漏点。不要盲目拆卸或更换。

（2）触觉　手摸感觉液压元件的外壳表面温度；感觉有无漏油及漏油部位；感觉有无振动、松动、爬行；感觉判断油路的通断。因为在油压较高并具有一定脉动性的液压系统中，当油管（特别是胶管）内有压力油通过时，手握管路会有振动或类似于摸脉搏的感觉，无油通过或压力过低时则没有这种感觉。据此可判断油压高低及油路通断。手感判断带有机械传动的液压元件润滑情况，当润滑不良时会出现壳体发热。手感适合于用眼直接观察不到的地方。

（3）听觉　听液压泵、压力阀有无工作噪声；听换向有无冲击声；听有无吸空、气蚀、困油的异常声音；听有无振动、撞击敲打声。听机械零件损坏造成的异常声响，用于判断故障点、故障形式、损坏程度等。如，液压泵吸空、压力阀开启、运动元件卡滞等等都会有不同的声响。当金属元件破裂时，可通过敲击可疑部位倾听是否有嘶哑的破裂声。

（4）嗅觉　嗅油液是否有变质的味道，嗅是否有橡胶气味，嗅是否有焦化气味。根据部件过热、摩擦、润滑不良、气蚀等原因而发出的异味来判断故障点。例如，有焦化油味，可能是液压泵或液压马达吸入空气而产生气蚀，气蚀产生高温把周围的油液烤焦而致。密封件由于温度过高产生特殊味道。

观察诊断首先在机器不工作的状态下进行；当在停机状态不易察觉到故障时可开机检查，进行故障复现，但开机检查要注意做好安全防护措施，防止由于故障复现引起故障加重。

在用观察诊断法时，还必须结合查阅技术档案中的故障案例，日检、定检、维修保养记录。还必须结合询问有关人员：故障时，系统工作是否正常，泵有无异常，油液、滤芯更换时间；故障前压力阀、流量阀是否调节过，有否不正常现象，是否更换过液压元件、密封件；故障后系统有哪些不正常；过去常出现哪些故障，如何排除的。

将以上观察所得到的现象、征兆、信息作为第一手资料，根据经验、有关理论知识及有关图表资料数据判断是否存在故障，分析故障性质、发生部位及产生原因，然后采取措施排除故障或排除故障隐患，防止大故障的发生。

观察诊断法虽然简单，但却是较为可行的一种方法，特别是在缺乏完备的设备、仪器、工具的情况下更为有效。只要逐渐积累了丰富的经验，运用起来更加自如。将观察诊断法归纳为六个字：看、听、摸、嗅、阅、问。

用观察诊断法进行日常检查的项目举例见表 4-1。

表 4-1　日常检查的项目

检查项目	检查方法	判断标准	处理方法
外观不正常现象	眼观	有无泄漏、管接头松动、管路损伤	修理、拧紧、维护
油箱油量、油变质、油污染	眼观	油位是否正常、过滤器是否堵塞、油液是否变质	补足油量、清洗过滤器、更换液压油等
振动、噪声不正常	眼观、耳闻	是否正常	比正常值大时立即查明原因后进行修理
油温不正常	手摸后发现不正常再用温度计测量	是否正常	超过正常允许值时，查明原因后进行修理
工作速度不正常	眼观	不正常、太慢	流量不足、泄漏、定压太低等，查明原因后进行处理
工作压力不正常	眼观	无力	定压太低、供油不足及其他故障的查处

不难看出，液压系统常见故障的各项征兆均可以通过观察诊断法进行判断。

4.2.2　逻辑分析法

逻辑分析法是根据设备液压系统基本工作原理进行逻辑推理的方法。也是掌握故障诊断技术及排除故障的最主要的基本方法。该方法是根据液压系统图，按一定的思考方法并合乎逻辑地进行分析，根据逻辑关系逐一查找原因，排除不可能的因素，最终找出故障所在。它是根据该组成设备液压系统中各回路内的所有液压元件有可能出现问题导致故障发生的一种逼近的推理查处法。

这种方法比较简单，但是要求诊断者具有丰富的知识和经验。要求诊断人员首先要了解机械设备的性能，认真阅读说明书，对液压设备的液压系统原理图、液压元件的结构与特性进行深入仔细的研究；查阅设备运行记录和故障档案，了解设备运行的历史与当前状况，向操作者询问设备出现故障前后的工作状况和异常现象等，然后现场观察。如果设备还能启动运行，就应当亲自启动一下，并操纵有关控制部分，观察故障现象及有关工作情况，然后归纳上述情况进行综合分析，认真思考。最后进行诊断与排除。

逻辑分析法按采用的方式不同可分为叙述法、列表法、框图法、因果图法及故障树法等。

1. 叙述法

叙述法就是以叙述的方式将系统发生的故障、发生的原因、发生的部位联系起来进行一系列的逻辑推理过程，从而对故障进行诊断和排除的方法。下面以图 4-1 所示简单液压系统的故障诊断为例说明叙述法的应用。

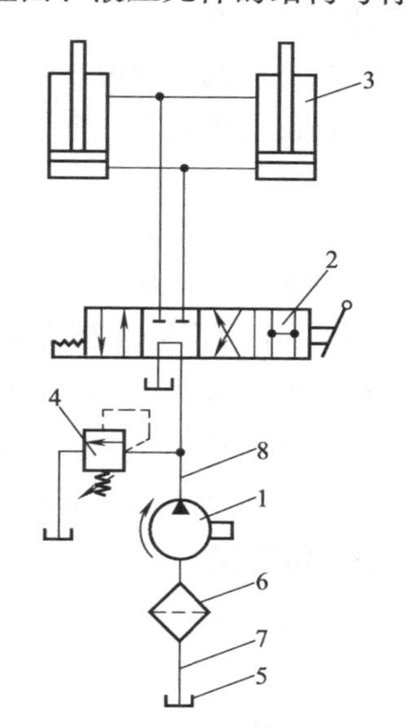

图 4-1　简单液压系统示意图

1—液压泵；2—换向阀；3—液压缸；4—溢流阀；5—油箱；6—吸油过滤器；7—吸油管道；8—压力管道

液压系统故障现象是液压缸动作不灵，采用叙述法诊断分析。

(1) 油箱 5 内液面太低。

故障原因：油液长期损耗或泄漏以致供油不足。

排除方法：加足液压油至油箱容积的80%处。

(2) 吸油过滤器6堵塞。

故障原因：液压油受到污染。

排除方法：检查液压油或换油，清洗或更换吸油过滤器。

(3) 液压油污染或变质。

故障原因：液压油在运输、加注过程中有雨水侵入；元件使用过程中的磨损、高温、气蚀、氧化等。

排除方法：检查油液污染度、变质情况，更换液压油。

(4) 吸油管道7堵塞或太细长，引起吸油不足。

故障原因：吸油管因氧化腐蚀、污物堵塞或设计得太细长，使吸油阻力大、吸油性差。

排除方法：疏通吸油管道，减小管道长度，加粗管径。

(5) 液压泵1自吸性能差。

故障原因：吸油高度过大，吸油速度过快，吸油管过细、弯曲、内壁不光滑、密封性差。

排除方法：减小吸油高度；增大吸油管径，保持内壁光滑、减少弯曲；提高管接头的密封性；变开式油箱为闭式油箱，并使油箱压力提高；在液压泵的上端设立副油箱等。

(6) 液压泵1故障。

齿轮泵自身故障，如密封性差，产生漏气；齿形精度低，接触不好；轴向及径向间隙不合适；安装精度低；齿轮、轴承、密封件的零件损坏等，均会造成压力波动、提不高，流量不均等。

(7) 溢流阀4故障。

溢流阀调压失灵，溢流不正常。原因：阻尼孔堵塞、主阀阀芯卡死、先导阀密封不良、弹簧疲劳或折断等。

(8) 换向阀2故障。

换向阀间隙过大、泄漏严重或阀芯卡紧等。

(9) 液压缸3故障。

液压缸自身存在问题，如密封件损坏、活塞与缸体存在间隙、存在内外泄漏、缸内有空气、缓冲装置有问题等。

(10) 压力管道8有故障。

压力管道接头松动、管内阻尼大、弯头多、弯头处存有空气等。

以上是采用的叙述法诊断故障原因的例子，实际运用中，以上叙述各项均可视情对症予以逐项勘察排除，直至故障消失。

2. 列表法

列表法是利用表格的形式将系统发生的故障、故障原因、排除方法简明地列出的一种故障诊断法，见表4-2。

3. 框图法

框图法是利用矩形框、菱形框、指向线和文字组成的描述故障及故障原因诊断和故障排除过程的一种图示方法。有了框图，即使故障复杂也能做到分析思路清晰，排除方法层次分明，解决问题一目了然。

表 4-2　列表法分析液压油故障实例

故障	故障原因分析	故障排除方法
油温上升过高	①使用了黏度高的工作油，黏性阻力增加，油温升高 ②使用了消泡性差的油，由于气泡的绝热压缩，油液变质使油温升高 ③在高温暴晒下工作，油液劣化加剧，使油温升高 ④其他如过猛操纵换向阀，经常处于溢流状态等也会使油温加速升高	更换合适的液压油，平稳操作，防止冲击，尽可能减小系统溢流损失等
工作油中气泡增多	①工作油中混入了空气，停机时气泡存积于配管中，执行元件排气不良时，同样会出现更多的气泡 ②密封性差 ③油温上升	检查油量是否过少，尤其是在倾斜使用时液面要高于泵的进油口，检查密封性，使用消泡性好的液压油

框分为两种：一种是矩形框，称叙述框，用来表示故障现象或要解决的问题及排除措施，它只有一个入口或只有一个出口；另一种是菱形框，它表示故障原因的分析，是检查判断框，一般有一个入口、两个出口，判断后形成两个分支，一个是满足条件的分支（常以“是”表示），另一个是不满足条件的分支（常以“否”表示）。框图法应用举例如图 4-2 所示。

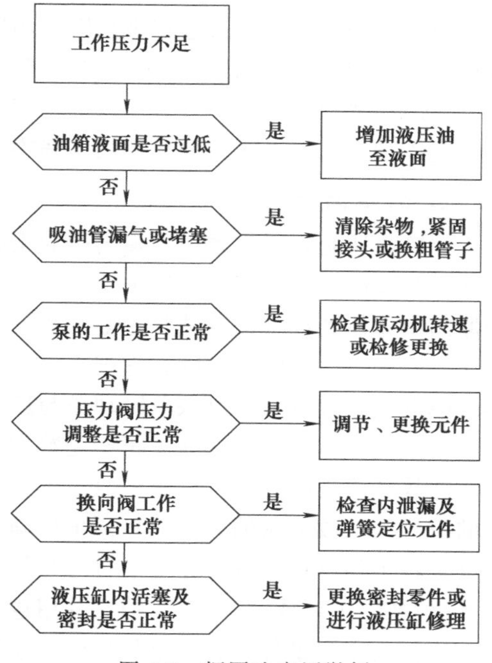

图 4-2　框图法应用举例

4. 因果图法

因果图法是利用因果分析的方法，将故障的特征与可能的影响因素联系在一起对故障的发生过程及原因进行推理诊断的方法。是对液压系统工作可靠性及液压设备故障进行分析诊断的重要方法。由于其图形与鱼骨相似，故因果图又称鱼刺图。

因果图的一般结构如图 4-3 所示。下面举例说明其画法及分析诊断过程：作因果图之前首先要明确分析的故障是什么，例如，液压系统油液过热的故障，通过收集资料、分析研究，找出产生故障的原因，并从主到次、从粗到细进行分析整理。然后按因果关系和层次作出图形，将分析的故障写在图的右端，画出一条带箭头的主干线，箭头指向右端。把产生故障的原因（一般有液压系统原因、环境原因、机械原因三大因素，可视具体情况增减）视为大原因，把大原因用较细线箭头（与主干线箭头夹角为 60°）排列在主干线的两侧；把各大原因作为结果，找出其产生的原因，也就是次层次中的原因（大原因“液压系统原因”的中原因一般有压力损耗大、设计不合理），把中原因用箭头（一般应与主干线平行，并指向大原因）排列在大原因的两侧；再把中原因作为结果，找出其产生的原因，也就是有一层次的小原因（中原因“压力损耗大”的小原因一般有油液黏度高、管路设计与安装不合理、油液流动速度过大），把小原因用箭头（一般应平行于大原因箭头，指向中原因），排列在中原因的两侧；依次类推、直到找出能采取措施以解决的最终层次的原因为止。最后把关键的原因加框以便加以重视。

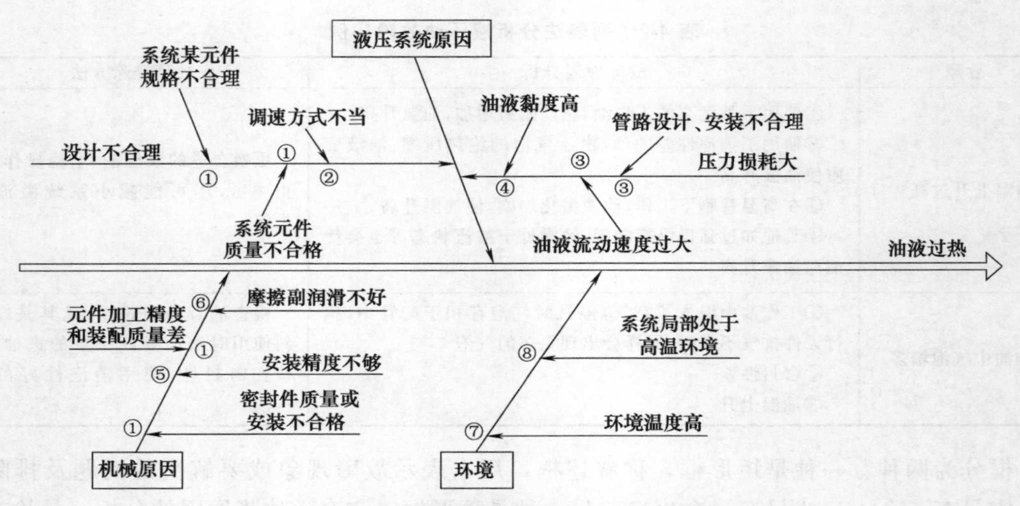

图 4-3　液压系统油液过热故障诊断因果图

故障的排除方法：通过在因果图中小原因箭头所指的位置标注代号，统一归纳列出表示该项故障的措施。例如图 4-3 中：①更换元件；②选择合适的调速方式；③更新设计；④选用合适的润滑油；⑤重新安装；⑥更换润滑介质：⑦降温；⑧局部降温。

应该指出，因果图需要在使用实践中不断验证和修改完善。

5. 故障树法

故障树法是在研究系统故障与引起系统故障的直接原因和间接原因之间关系的基础上，建立这些故障原因之间的逻辑关系，从而确定系统故障原因的分析方法。是一种将故障形成的原因由总体到部分按树枝状逐渐细化，从而找出故障发生的直接原因的分析方法。

故障树是一种图形演绎，它把系统故障与导致该故障的各种可能的原因形象地绘制成树形故障图表，较直观地反映故障现象与原因之间的相互关系。正确地建立故障树是进行故障分析的关键环节，只有建立了正确完整的故障逻辑关系才能保证诊断结果的准确性。

在故障诊断时，以待诊断的故障现象作为故障树的顶事件，把顶事件作为第一级，用规定的符号画在故障树的最上端；顶事件确定之后分析引发顶事件的可能原因，并将其作为第二级又称中间事件，选择相应的符号将第二级画在顶事件之下，按照第二级与顶事件之间的关系（“或”关系或“与”关系），并用逻辑门符号与线条连接。依次分析第二级及以后的各级（均称为中间事件）各个事件的引发原因，并按照逻辑关系进行连接，直到不能进行进一步分析为止（最后一级事件称为底事件），底事件用实线圆内填写数字来表示。最后形成一个以顶事件为根，以中间事件为节，以底事件为叶的，自上而下的，具有若干级的，倒置的树状逻辑结构图——故障树。故障树符号及其意义见表 4-3。

表 4-3　故障树符号及其意义

符号	意　义
	顶事件或中间事件
	底事件
	或门，或门下的任何一个事件都能导致事件的发生
	与门，与门下的所有事件都发生才会导致上级事件的发生

故障树法的应用举例说明如下。

图 4-4 所示为一塔式起重机顶升液压系统原理图。图示位置换向阀 6 位于中位，液压泵 3 处于卸荷状态，液压缸 9 不动。当要顶升套架及上部塔顶结构时，使手动换向阀 6 处于右位，压力油进入液压缸 9 的无杆腔，缸筒上升并带动顶部套架上升，有杆腔油液经换向阀回油箱，完成顶升动作。顶升压力由溢流阀 4 调定，顶升速度由节流阀 7 调节。当施工完毕要降低塔身时，使手动换向阀 6 左位工作，压力油进入有杆腔，缸筒下降，无杆腔油液经换向阀回油箱。双向液压锁 8 的作用是保证液压缸 9 在顶升和下降的过程中可在任意位置停止、锁紧不动。

系统在工作中顶升液压缸会出现不动作的现象，使液压系统处于故障状态。确定以“顶升液压缸不动作”为顶事件建立故障树。

根据塔式起重机顶升液压系统原理图、结构特点、各元件在液压系统中的作用、系统的有关参数及实际液压系统的布置情况，应用故障树逻辑分析法，分析找出导致顶事件所有可能的直接原因有液压缸故障、溢流阀故障、油箱故障及齿轮泵故障，它们是中间事件，与顶事件是“或门”逻辑关系。继续用逻辑分析法找出导致中间事件所有可能的直接原因。

（1）导致液压缸故障的原因有：①液压缸活塞或活塞杆被卡住；②液压缸活塞密封圈损坏，内泄漏严重造成液压缸油压不足。

（2）导致溢流阀故障的原因有：③溢流阀调整压力过低；④主阀阀芯或锥阀座面磨损严重导致压力过低；⑤先导阀调压弹簧弯曲、太软，先导锥阀与阀座结合面处密封性差导致压力低。

（3）导致油箱故障的原因有：⑥油箱油量不足；⑦吸油口过滤器堵塞。

（4）导致齿轮泵故障的原因有：⑧齿轮泵端面与侧板磨损，轴向间隙增大，内泄漏严重；⑨齿顶与泵体磨损，径向间隙增大，内泄漏严重。

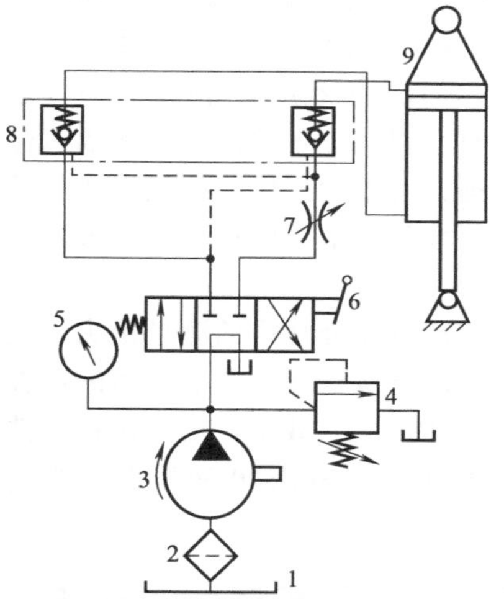

图 4-4　塔式起重机顶升液压系统原理图

1—油箱；2—过滤器；3—液压泵；4—溢流阀；5—压力表；6—换向阀；7—节流阀；8—双向液压锁；9—液压缸

它们是底事件，与相应的中间事件是“或门”逻辑关系。

经过以上分析，可得到塔式起重机顶升液压系统中的顶升液压缸不动作的故障树，如图 4-5 所示。根据故障树进行故障诊断与排除的过程是，对故障树所列的底事件共 9 项进行逐项检查，并相应采用调整、维修、更换等手段进行排除。

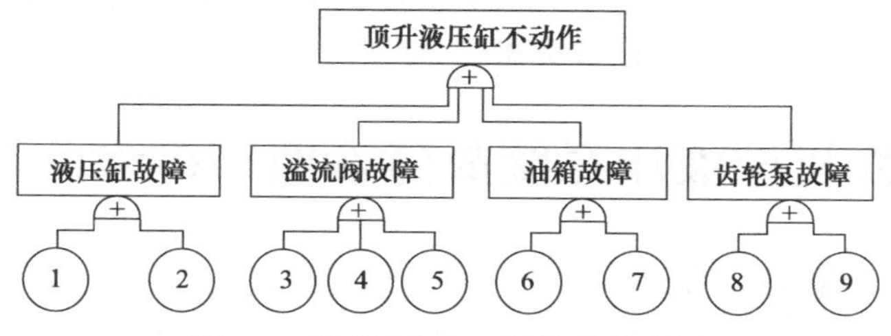

图 4-5　顶升液压缸不动作的故障树

经过归纳，得出故障树诊断法步骤如下。

(1) 选择合理的顶事件。一般以待诊断对象的故障为顶事件。

(2) 对故障进行定义，分析故障发生的直接原因。

(3) 建立正确合理的故障树。分析故障之间的联系，用规定的符号画出系统的故障树结构图。这是诊断的核心与关键。

(4) 故障搜寻与诊断。搜寻方式：可以从故障树顶事件开始先测试最初的中间事件，根据中间事件测试结果判断测试下一级事件，直到测试底事件，搜寻到故障的原因及部位；也可以逐个测试最小割集，从而搜寻故障源，进行故障诊断。

4.2.3 仪器检测法

仪器检测法是使用仪器、仪表进行诊断的方法。这些仪器、仪表必须在拆卸液压设备的情况下进行参数测量，参数测量后与正常值相比较，从而断定是否有故障。主要是通过对液压系统各部分液压油的压力、流量、油温的测量来判断故障点。一般来说，用仪器、仪表检测是较准确有效的。

仪器检测法虽然可以测知相关点的准确数据，但存在着操作繁琐的问题。由于液压系统所设的测量接头很少，要测得某个点的参数，一般要制作相应的测量接头；另外，系统图上给出的数据也很少。所以，要利用仪器检测法顺利地进行故障检查，必须做好以下几个方面的工作。

一是对所测系统各关键点的参数值要有明确的了解，一般在液压系统图上会给出几个关键点的数据，对于没有标注的点，在测量前要通过计算分析得出其大概的数值。

二是要准备几个不同量程的仪表，以提高测量的准确性。量程过大量不准确，量程过小会损坏仪表。

三是多准备几种规格的测量接头，主要考虑与系统中元件、油管接口连接的需要。

四是要注意执行元件回油压力的检查。因为回油路堵塞会造成回油压力增高，以致执行元件进、出油口压差减小，出现执行元件工作无力的现象。

常用检测仪有 SP3600 液压系统检测仪、HICLAS-A 型液压泵故障早期诊断器、PFM 型万能液压故障仪。

4.2.4 计算机辅助诊断法

计算机技术的发展使人工智能专家咨询系统得以实现。它可以根据人们事先安排好的程序有条不紊地进行逻辑判断和推理，模拟人类专家的思维过程。计算机辅助诊断法是在机械的工作状态监测与故障诊断的过程中建立起来的一种以计算机辅助诊断为基础的多功能自动化诊断系统。但是仍要依靠人们在日常工作中积累起来的大量经验与计算机判断结合才能得出正确判断。这种诊断方法特别适用于工程机械的自诊断和在线监测。

此外还有其他诊断方法，对于液压系统中某些元件，如液压泵、液压马达、液压缸等主要元件，可按规定取油样，对油样进行光谱分析或铁谱分析，以确定这些元件的磨损程度，以便及时发现、修理、更新，避免酿成大患。

4.3 工程机械液压系统故障诊断与排除的基本步骤

1. 故障诊断前的准备工作

阅读液压设备使用说明书及液压系统图，掌握液压系统的结构、工作原理、性能及设备对液压系统的要求；掌握液压系统中所有液压元件的结构、工作原理、性能；阅读设备使用的有关档案资料，掌握诸如生产厂家、制造日期、液压件状况、使用期间出现过的故障及处理方法原始记录等。

2. 现场勘查

现场查清故障现象，仔细观察，充分掌握其特点。了解故障产生前后设备的运转情况，查清与故障有关的一切因素。

3. 分析判断

在现场勘查的基础上对可能引起的故障原因作初步的判断分析，初步列出可能引起故障的原因。分析判断时要注意：首先充分考虑外部因素对系统的影响，查明确实不是外部原因引起的情况下，再将注意力集中在系统内部来查找原因。其次，分析判断时一定要把机械、电气、液压三个方面联系起来一起考虑，切不可孤立单纯地考虑液压系统。第三，要分清故障是偶然发生的还是必然发生的。对于必然发生的故障，要认真分析原因，并彻底排除；对于偶然发生的故障，只要查出原因并排除即可。

4. 调整试验

调整试验就是对于仍能运转的机械设备经过上述分析判断后所列出的故障原因进行压力、流量和动作的循环试验，以便去伪存真，进一步证实并找出哪些更可能是引起故障的原因。调整试验可按照已列出的故障原因，依照先易后难的顺序一一进行。如果把握不大，可首先对怀疑较大的原因部位直接试验。

5. 拆卸检查

拆卸检查就是经过调整试验后对进一步认定的故障原因部位进行拆开检验。拆开时要注意保持部位的原始状态，仔细检查有关部位，切不可用手乱摸有关部位，以防手上污物沾到该部位上。

6. 处理故障

对检查出来的故障部位修复或更换，切勿草率处理。

7. 重试与效果测试

按技术规程仔细认真处理故障完毕后，重新进行试验测试。注意观察其效果，并与原来的故障现象进行对比。如果故障已排除，就证实了故障的分析判断与处理是正确的；如果故障还没有排除，就要对其他的怀疑的原因和部位进行同样的处理，直至故障消失。

4.4 工程机械液压元件故障分析与排除

液压系统工作过程中出现的故障有多种类型，无论哪种类型的故障，具体地说就是液压泵、液压缸、液压马达、液压阀、管路及过滤器等构成液压系统的基本元件出现了故障。因此，分析诊断液压传动系统出现的故障也就是判断液压系统中哪个元件出现了故障，所以诊断排除液压系统的故障，必须首先了解各种液压元件本身经常会出现哪些故障，以及怎样排除，以便掌握规律，及时诊断排除液压系统的故障。

4.4.1 液压泵故障分析与排除

怀疑液压泵有机械故障时，应脱开动力后再进行检查。首先用手转动泵轴，如果转动过紧或不平滑，则说明泵的内部有机构损坏，需要更换或维修内部机构。如果泵转动平滑，但运转时出现噪声大、不出油、建立不起压力等故障现象时，就要对泵进行具体的分析与诊断。不同类型的泵，不同的故障现象，其具体的原因与诊断方法也不尽相同，下面进行具体分析。

1. 液压泵的噪声

液压泵的噪声主要有液压噪声和机械噪声两种。

（1）液压泵的液压噪声　液压泵的液压噪声主要是指困油、吸油及进气等引起的噪声。液压泵困油现象会产生噪声。为了消除困油现象，在液压泵设计时已采取了改进机构，如在液压泵中设卸荷槽。但是，如果装配质量不高或维修拆装不当时，就会造成卸荷槽的位置偏移，导致困油现象发生。其表现为随着液压泵的旋转，不断地交替发出爆破声和尖叫声，规律性很强，新旧泵均如此。消除办法是：用刮刀或锉刀修磨卸荷槽（卸荷孔），边修边试验，一直至清除困油噪声。每次修正量一定要很微小，以免造成液压泵吸、压油口互通。

液压泵吸油及进气产生的噪声。一般工作油中溶解的空气量较少，对泵的噪声影响不大，然而，油中一旦混入空气，则影响极大。液压系统通常在运转初期噪声很小，但运转一段时间后出现较大的噪声，且油箱中油液因含有小气泡而变成乳白色，证明油中已混入了空气。油中混入空气产生气穴，噪声值将增加 10～15dB，很容易发出尖叫声。控制空气侵入是减小噪声的重要途径。

检查部位及清除方法如下。

① 油箱液面不能过低，油量要足，一般吸油管口距油箱液面高度以 140～160mm 为宜。

② 进油管的密封性要可靠，如有漏气可拧紧管接头或更换密封圈。

③ 进油口过滤器不能堵塞或滤网过密（一般过滤精度齿轮泵为 50μm、叶片泵为 30μm、柱塞泵为 25μm）。过滤器应在油箱液面下 2/3 处。

④ 液压泵的各个密封部位不能漏气。转速也不能过高，以防止吸空。

若液压泵中已进入了空气，则要排气。进入管道内的空气，可以松开放气阀排气；对于油中的气泡，可采取短时间停车的方法，让油箱中的气泡分离。总之，为了防止气穴的产生，控制液压泵的噪声，对于所有可能进入空气的渠道都应进行检查，并采取相应的措施。

液压油黏度过高、吸油口过小，则吸油阻力大；转速、压力过高，超负荷工作，均会引起噪声。应检查液压油牌号及工作温度（液压油牌号合适、工作温度应正常），检查吸油口流速（不超过 1.5m/s），检查压力、转速（均不应超过额定值）。

（2）液压泵的机械噪声　由机械振动引起的噪声有两类：一类是属于设计、加工问题造成的噪声，如泵的旋转部分的不平衡与加工误差（齿形误差、节距误差等），造成周期性冲击振动，引起噪声；另一类是属于装配质量和零件磨损、破裂及拉毛等造成的振动引起的噪声。具体情况如下。

① 因轴线不平行造成齿轮啮合不良，泵盖与齿轮端面摩擦，螺栓松动使泵体与泵盖接触不良，尤其是齿形误差较大、安装又不符合要求出现的振动噪声更大。

② 泵的轴承磨损，叶片与定子表面撞击、损伤，会出现异常的噪声，这往往是在运转一段时间后出现的，而且会越来越严重。

③ 动力轴与泵的传动轴不同心，变量叶片泵滚针轴承调整不当也会产生振动噪声。

④ 油管、机架、液压泵零件松动与泵出口压力脉动引起振动噪声。可安装蓄能器吸收压力脉动或缓冲压力突变。可通过加橡胶垫、隔音材料或隔音装置降低振动噪声。

齿轮泵噪声高的主要原因有：困油现象、齿形精度低。

解决方法是：修磨卸荷槽或调换盖板，对研齿轮或更换齿轮。

叶片泵噪声高的主要原因有：①定子曲线不良，解决方法是修理研磨或更换定子；②叶片槽与叶片松紧不一，解决方法是单槽配研或更换，使之灵活；③配流盘有困油现象，解决方法是修正卸荷槽；④叶片槽歪斜或转子轴歪斜，解决方法是更换转子或转子轴。

2. 液压泵压力不足或无压力

液压泵的压力取决于负载，当负载很小或无负载时，压力很小或无压是正常的。但是，如果在负载工作情况下不能输出额定压力或压力很小，即为液压泵压力不足的液压故障。其原因主要有以下几个方面。

（1）液压泵不吸油　电动机启动后，液压泵不吸油，其原因主要是液压泵转向不对或转速太低，有时也可能是吸油管没有插入到液面以下。此类故障较好检查，也较易排除。

（2）液压泵泄漏严重　液压泵泄漏严重，造成流量下降，压力不足。此故障多半是由于液压泵磨损、配合间隙增大造成的（也会有其他部位的泄漏）。

对于齿轮泵，磨损造成轴向间隙过大，这是引起泄漏的主要原因。因过多的油流回吸油腔，必然使压力降低。这种故障比较容易从机械噪声和泵的温升状况来判断。解决办法是修磨齿轮端面，使误差满足公差要求，然后修配泵体，保持合适的轴向间隙（CB 型齿轮泵的间隙一般为 0.025～0.04mm）。

对于叶片泵，磨损造成轴向间隙过大，叶片与叶片槽的间隙超差，叶片顶部与定子内表面接触不良，使得密封性能差，内泄漏增大，压力降低。定子内表面及叶片顶部、转子与配油盘的磨损是维修中常见的。双作用叶片泵定子内表面的吸油区过渡曲线部分，由于叶片根部通压力油使叶片顶部顶在定子内表面上的压力和叶片冲击力较大，最容易磨损。而在压油区，叶片两端（根部和顶部）受力基本平衡，磨损较小。解决办法是：磨损不严重时，可用细砂纸修磨，并把定子旋转 180°（使原来的吸油腔变为压油区）即可使用；如果叶片顶部磨损，可把叶片根部做成倒角或圆角作顶部使用（即原来的顶部作根部使用）。转子与配油盘磨损严重时，也可采用修磨的办法，把磨损表面磨平。应当注意，转子磨去多少，叶片也应磨去多少，保证叶片宽度比转子宽度小 0.005～0.001mm，同时还要修磨定子端面，保证轴向间隙。装配时注意不要将叶片装反，叶片和槽不要配合过紧或有卡滞现象。

对于柱塞泵，配油盘与泵体、柱塞与泵体之间的磨损造成间隙过大失去密封性；中心弹簧断裂，使柱塞不能复位或行程不够，引起配油盘与泵体受力不均而失去密封性。从而内泄漏增大，压力降低。

3. 液压泵排量不足或无排量

液压泵排量不足或无排量的原因可能与压力不足的原因相同（液压泵不吸油或泄漏严重），也可能有其他的原因。这里就其他原因进行分析。

（1）吸油口漏气，流量不足和噪声较大。漏气的原因多是管接头处密封不良。

（2）吸油管或过滤器堵塞，造成吸油困难，流量不足，多为被油中污物堵塞。所以应选用过滤精度合适的过滤器且定期清洗、检查油质。

（3）油箱中液面太低、油量不足或液压泵安装位置距油面过高等使吸油困难。若空气被吸入，也会使流量不足。若油量不足，则必要时加油。

（4）油液黏度过高或温度过低，造成吸油不畅或液压泵转速下降，造成流量下降。应检查油液状况，必要时更换。

(5) 油液黏度过低或温度太高，造成泄漏增大，使流量不足。应检查油液状况，视情况将油温和黏度控制在适当的范围内。

(6) 液压泵停转。检查泵轴或驱动连接件是否损坏。可能轴上的键被剪断或泵内有零件损坏，应检查更换。

(7) 对于变量泵，可能由于变量机构磨损等原因损坏，使其达不到极限位置，造成偏心距（对于叶片泵、径向柱塞泵）、斜盘倾角（对于斜盘式柱塞泵）偏小而引起流量不足。当在高压情况下流量不足时，可能是调整的误差，此时可在功率允许的情况下将偏心距或斜盘倾角增大。

4. 液压泵温升过高

液压系统的油温以不超过55℃为适宜，液压泵的温度允许稍高些（高出系统油温5～10℃），但液压泵与系统的最高温差不得大于10℃。温升过高（俗称发热），有设计、装配、调整及使用等多方面的原因。

(1) 系统卸荷不当或无卸荷、管道流速选择得过高、压力损失过大及油箱过小散热不好等，都是造成液压泵温升过高的原因。

(2) 从装配使用和维护的角度造成温升过高的原因如下。

① 液压泵装配质量没有保证（如轴向间隙过小、转子垂直度超差又几何形状超差等），相对运动表面油膜被破坏，形成干摩擦，机械效率降低，使液压泵发热。

② 液压泵磨损严重，轴向间隙过大，泄漏增加，容积效率降低，其能量损失转化为热能，使液压泵发热。

③ 油液污染严重、黏度过高或过低使油温升高。油液污染或变质后形成沥青状污物，使运动副表面油膜破坏，摩擦增大，油温升高。油液黏度过高使流动阻力增大，能量损失转化为热能增加；黏度过低，泄漏增大，也导致油温升高。

④ 系统压力调整过高，液压泵在超负荷下（超过额定压力）运行，因而易使油温升高。此外，油量不足或油箱隔板漏装（或没设置），使回油得不到充分的冷却又被吸入液压泵，因而造成油温升高。高压泵吸进空气也会使油温急剧升高。

总之，为抑制油温的升高，从制造到使用、维修都应严格检查和控制。在设计合理的情况下，装配时，要保证轴向间隙符合要求，保证相对运动表面充分润滑，不能出现干摩擦。使用时，系统工作压力要调整到小于液压泵的额定压力，选择油的黏度适当并保持清洁，保证回油箱的油液充分冷却，必要时设冷却器。

5. 变量泵变量机构故障

(1) 手动伺服变量机构有时操纵杆停不住、失灵。可能原因与排除方法有：

① 伺服阀阀芯被卡死，可清洗、研磨或更换阀芯；

② 变量控制活塞磨损严重，造成漏油和停不住，修配或更换变量控制活塞；

③ 伺服阀阀芯端部折断，需要更换阀芯。

(2) 液控变量机构的变换速度不够。可能原因与排除方法有：

① 控制压力过低，应提高控制压力；

② 控制流量太小，应增加控制流量；

③ 个别油道堵塞，应疏通油道。

液压泵出现故障的原因是多方面的，既具体又复杂，分析与诊断故障的方法要根据故障的表现、维修人员的知识和经验、工厂的条件和生产使用情况来确定。

6. 各类型液压泵常见故障、产生原因及排除措施（见表4-4～表4-6）

表4-4 齿轮泵常见故障、产生原因及排除措施

故障现象	原因分析	排除方法
噪声大、压力波动严重	①过滤器堵塞	清除过滤器上的污物
	②吸油管外露、深入油箱液面较浅、贴近油箱底面太近或吸油位置太高	安装调整，使油管深入油箱液面内2/3处，吸油高度不大于500mm
	③油箱中油液不足	按游标规定添加油液
	④泵体与泵盖平面度误差大，密封性差	研磨接触面，紧固连接件严防泄漏
	⑤齿轮精度不高	更换齿轮或修整齿轮
	⑥骨架油封损坏、油封内弹簧脱落	检查、更换油封
	⑦泵轴联轴器碰撞	采用弹性联轴器，联轴器橡胶圈损坏时需更换，安装时保证同轴度
输出流量不足、压力提高不高	①轴向、径向间隙过大	进行检查，调整、修复或更换机件
	②吸油管或过滤器堵塞	清除污物，定期更换液压油
	③连接处泄漏吸入空气	检查密封，紧固连接处，重装或更换机件
	④油液黏度大或油温过高	选用合适的液压油，控制油温在规定范围
	⑤泵的转速过高或转向不对	控制转速在规定范围，纠正转向
	⑥轴套或侧板与齿轮端面磨损严重	更换轴套、侧板或齿轮
泵温、油温过高	①轴向、径向间隙过小，严重摩擦	检查装配质量，调整间隙，修理或更换机件
	②油液黏度过高	更换黏度适当的油液
	③油液变质，吸油阻力大	更换油液
	④油箱小、散热不良	增大油箱，增设冷却器
	⑤卸荷方法不当或带压溢流时间过长	改进卸荷方法，减少带压溢流时间
	⑥油液在管中流速过高，压力损失过大	加粗油管，调整系统布局
	⑦受外界各种影响	消除外界影响
外泄漏严重	①泵盖上的回油口堵塞	清洗回油孔
	②泵盖与密封圈配合过松	调整或更换密封圈
	③密封圈装配不当或失效	调整装配或更换密封圈
	④零件密封面划痕严重	修磨或更换机件

表4-5 叶片泵常见故障、产生原因及排除措施

故障现象	原因分析	排除方法
不排油或无压	①泵的转向不对	纠正转向
	②油箱液面过低	加油至规定高度
	③油液黏度过大，叶片滑动阻力大	改用适当黏度的液压油
	④泵体有砂眼，使高低压腔互通	更换泵体
	⑤配油盘与壳体接触不良，配油盘在油液压力作用下变形	修正配油盘的接触面
排油量不足或压力提不高	①轴向、径向间隙过大	修复或更换有关机件
	②有关连接部位密封不严，吸入空气	检查是否有泄漏，紧固各连接处或更换密封件
	③个别叶片移动不灵活，与定子曲面接触不良	检查，单槽配研不灵活的叶片
	④叶片与定子曲面接触不良	修磨定子表面
	⑤叶片或转子方向装反	纠正装配
	⑥配油盘内孔磨损	严重损害时更换配油盘
	⑦叶片与叶片槽间隙过大	根据叶片槽单配叶片
	⑧过滤器堵塞，吸油不畅	清洗过滤器、吸油管使其畅通，并定期更换油液

续表

故障现象	原因分析	排除方法
噪声、振动严重	①空气吸入	检查有关密封部位、液面高度等吸入空气的可能,加以排除
	②过滤器堵塞,吸油不畅	清洗过滤器、吸油管路,使之畅通
	③转速过高	适当降低转速
	④联轴器不同心、松动	重装使同心、紧固
	⑤定子曲面拉毛	抛光修磨定子曲面
	⑥配油盘上三角槽堵塞或太短	检查,清除堵塞物或适当修长
	⑦叶片倒角太小或高度不一致	加大倒角或加工成弧形,修磨使其高度一致
	⑧个别叶片过紧	检查,进行研配
	⑨轴的密封过紧,温升大	调整密封圈使松紧适度
	⑩油液黏度过高	改用适当黏度的液压油

表 4-6 轴向柱塞泵常见故障、产生原因及排除措施

故障现象	原因分析	排除方法
流量不足或无流量	①吸油不足	
	a. 吸油管、过滤器堵塞,阻力大	a. 清除污物,排除堵塞
	b. 油箱液面过低	b. 加油至规定高度
	c. 进油管漏气	c. 紧固连接处使之密封
	d. 油温过低	d. 根据温升实际情况,选用合适的油液
	②密封不良	
	a. 配油盘密封面有砂眼或划伤	a. 配研缸体端面及配油盘或更换机件
	b. 柱塞与缸孔或配油盘与缸体接触面磨损	b. 更换柱塞,修磨配油盘与缸体的接触面
	c. 变量机构各元件之间配合或密封不好	c. 检查,维修、更换密封件或机件
	③柱塞回程不够或不能回程	检查中心弹簧,加以更换
	④实际斜盘倾角太小或变量机构失灵	调整手动操纵杆或伺服操纵机构,检查并修复
	⑤压盘损坏	更换压盘,清除碎渣
	⑥泵内未充满油,留有空气	排出空气
	⑦油液黏度过低	根据温升实际情况,选用合适的油液
斜盘零角度时仍有流量	①斜盘耳轴磨损	更换斜盘或研磨耳轴
	②控制器的位置偏高	重新调零
	③控制器松动或损坏	紧固、更换元件,调整控制油压
输出流量、压力波动	①有规则变化的原因:柱塞与柱塞孔、滑履与斜盘、缸体与配油盘有磨损、损伤	修理、研磨接触表面,更换已损坏的机件
	②变量机构控制作用不佳(流量波动很大时)的原因:异物进入变量机构,控制活塞上有划痕,控制弹簧自激振动,控制活塞阻尼差	拆开液压泵,清洗、更换已损坏的机件,加大阻尼,改进弹簧刚度,提高控制压力
	③吸油管堵塞,阻力大或漏气	清除污物,排出堵塞,紧固密封连接处
	④油温高、黏度低,泄漏大	控制油温,选用合适的液压油
	⑤流量过小,内泄大	加大流量
输出压力异常(压力升不上去或过高)	①压力升不上去通常为液压泵内泄过甚或漏气	检查排除
	②液压泵以外的元件故障,如溢流阀、液压缸、液压马达等故障	检查、诊断,排除故障
噪声大	①泵内有空气	排出空气,检查漏气部位并维修
	②吸油管、过滤器堵塞	清除污物,排出堵塞
	③油液黏度大或不干净	检查,过滤或更换合适的油液
	④泵轴安装不同心	重新调整,达到同轴度要求

续表

故障现象	原因分析	排除方法
噪声大	⑤油箱液面过低，吸入泡沫或阻力大吸入不足	加油至规定高度，增大管径，减小弯头，减小吸油阻力
	⑥管路振动	采取隔振或减振措施
变量机构失灵	①在控制油道上出现堵塞	过滤油液，必要时冲洗控制油道
	②斜盘与变量活塞磨损	刮修、配研配合面
	③伺服活塞、变量活塞拉杆卡死	机械卡死时，研磨法使各运动件灵活；油液脏时，更换油液
	④个别油道、孔堵塞	疏通
泵不转动	①油脏或油温变化使柱塞与缸体卡死	更换油液，控制油温
	②因柱塞卡死或有负载启动使柱塞球头折断	更换柱塞
	③因柱塞卡死或有负载启动致使滑靴脱落	修复
泵发热严重	①内部泄漏，压力损失严重	检查配合间隙，研修有关密封
	②相对运动配合接触面磨损	修整或更换磨损件
漏油严重	①泵上的回油管路磨损严重	检查主要零件是否损坏或磨损严重
	②结合面或轴端漏油	检查结合面密封或轴端密封，修复或更换
	③变量活塞、伺服活塞磨损	严重时更换

4.4.2 液压马达与液压缸故障分析与排除

液压马达是把液压泵输出的液压能转化为机械能的执行元件。从理论上讲，液压马达与液压泵是可逆的，其结构基本相同，其故障诊断及排除可参照液压泵的方法。但实际中同类型的液压马达和液压泵由于二者的使用目的不同，结构上也有差异。为了弄清产生故障的原因，必须了解二者的差异。

液压泵的低压腔一般为真空。为了改善吸油性能和抗气蚀能力，通常进油口做得比排油口大。而液压马达的低压腔的压力略高于大气压，没有这样的要求。

液压马达必须能正反转，所以内部结构具有对称性，而液压泵一般为单方向转动，没有对称性要求。例如，齿轮液压马达必须有单独的泄漏油道，而不能像液压泵那样引入低压腔；叶片液压马达由于叶片在转子中沿径向布置，装配时不会出现装反的情况，而叶片泵的叶片在转子中必须前倾或后仰安放。

液压马达的速度范围很宽，要求低速稳定，启动转矩大。液压泵一般速度很高，变化较小。

液压泵结构上必须保证自吸能力，而液压马达没有这样的要求。点接触式轴向柱塞液压马达，其柱塞底部没有弹簧，不能作液压泵使用，就是因为其没有自吸能力。

由于以上原因，实际上很多类型的液压泵和液压马达不能互逆使用，因而其故障原因和诊断也不尽相同。

液压马达的特殊问题是启动转矩和启动效率等问题，这些问题与液压泵的故障也有一定的关系。液压马达常见故障分析如下。

1. 液压马达故障分析与排除

（1）液压马达回转无力或速度迟缓　这种故障往往与液压泵输出功率有关，液压泵一旦发生故障，将直接影响液压马达。原因如下。

① 液压泵出口压力过低。除了溢流阀调整压力不够或溢流阀发生故障外，原因都在液

压泵上。由于液压泵出口压力不足，使液压马达回转无力，因而启动转矩很小，甚至无转矩输出。解决办法是针对液压泵产生压力不足的原因进行排除。

② 流量不够。液压泵供油量不足和出口压力过低导致液压马达输出功率不足，因而输出转矩较小。此时，应检查液压泵的供油情况，查找供油不足的原因并加以排除。

(2) 液压马达泄漏

① 液压马达泄漏量过大，容积效率大大降低。泄漏量不稳定，引起液压马达抖动或时转时停（即爬行）。泄漏量的大小与工作压差、油的黏度、液压马达的结构形式、排量大小及加工装配质量等因素有关。此现象在低速时比较明显，因为低速时进入液压马达的流量小，泄漏量大，易引起速度波动。

② 外泄漏会引起液压马达制动性能下降。用液压马达起吊重物或驱动车轮时，为防止重物自动下落或在斜坡上车轮自动下滑，必须有一定的制动要求。液压马达进、出油口切断后，理论上马达应该完全不转动，但实际上仍在缓慢转动（即有外泄漏），重物缓慢下落或车辆在斜坡上下滑会造成事故。解决办法是检查密封性能，选用黏度适当的液压油，必要时另设专门的制动装置。

(3) 液压马达爬行　液压马达爬行是低速时容易出现的故障之一。液压马达最低稳定的转速是指在额定负载下，不出现爬行现象的最低转速。液压马达在低转速时产生爬行的原因如下。

① 摩擦阻力的大小不均匀或不稳定。摩擦阻力的变化与液压马达的装配质量、零件滑动表面磨损、润滑状况、液压油的黏度及污染度等因素有关。

② 泄漏量不稳定。泄漏量不稳定导致液压马达的爬行现象。高速时因其转动惯性大，爬行并不明显；而在低速时惯性较小，就会明显地出现转动不均匀、抖动或时动时停的爬行现象。

为了避免或减小液压马达的爬行现象，维修人员应做到根据温度与噪声的异常变化及时判断液压马达的摩擦、磨损情况，保证相对运动表面有足够的润滑；选择合适的油液并保持清洁；保持良好的密封，及时检查泄漏部位，并采取防漏措施。

(4) 液压马达脱空与撞击　某些液压马达，如曲柄连杆式液压马达，由于转速的提高，会出现连杆时而贴近曲轴表面，时而脱离曲轴表面的撞击现象。再如多作用内曲线式液压马达作回程运动时，柱塞和滚轮因惯性力的作用会脱离导轨曲面（即脱空）。为了避免撞击和脱空现象，必须保证回油腔的背压。

(5) 液压马达噪声　液压马达噪声和液压泵一样，主要有机械噪声和液压噪声两种。机械噪声由轴承、联轴器或其他运动件的松动、碰撞、偏心等引起。液压噪声由压力与流量的脉动，困油容积的变化，高、低压油瞬时接通时的冲击，油液流动过程中的摩擦、涡流、气蚀、空气析出、气泡溃灭等引起。

一般噪声应控制在 80dB 以下，如果噪声过大，则应根据其发生的部位及原因采取相应的措施予以降低或排除。

各类液压马达常见故障现象、产生原因及排除措施见表 4-7 与表 4-8。

表 4-7　齿轮式、叶片式液压马达常见故障现象、产生原因及排除措施

故障现象	原因分析	排除方法
转速低	流量不足或内泄漏太大	检查流量和内部零件，必要时更换
转矩小	①溢流阀调定压力低	检查溢流阀，重新调定压力
	②回油阻力过大	检查，降低回油阻力
	③零件磨损	更换零件

续表

故障现象	原因分析	排除方法
转向阀关闭马达不能立即停	①工作机构惯性大	增设制动回路，控制惯性
	②转向阀泄漏大	检查转向阀，修复或更换
	③缓冲溢流阀额定压力不当	重新调整缓冲溢流阀

表 4-8　径向柱塞式大转矩液压马达常见故障现象、产生原因及排除措施

故障现象	原因分析	排除方法
压力低时转速不均	①系统内有空气	排除空气
	②供给流量不均	查找原因并排除
压力波动大时转速不均	①配流器安装不正确	转动配流器直至消除不均现象
	②柱塞被卡紧	拆开液压马达修理
发出激烈撞击声（每转撞击次数等于液压马达作用数）	柱塞被卡紧	拆开液压马达修理
有时发出撞击声	①配流器错位	正确安装配流器
	②凸轮环工作表面损坏	拆开液压马达修理
	③滚轮轴承损坏	拆开液压马达更换轴承
在额定流量转速达不到额定值	①配流器漏油	拆开液压马达检查并修理
	②配流器配合间隙过大	
	③柱塞或柱塞缸间隙过大	
输出轴不转	①进口压力低于额定压力	将压力调整在额定压力范围内
	②柱塞被卡紧	拆开液压马达检查并修理
	③整流器被卡	
	④滚轮轴承损坏	
	⑤主轴或其他零件损坏	
壳体或密封处泄漏	①紧固螺钉松动	拧紧螺钉
	②密封圈损坏	更换密封圈

2. 液压缸的常见故障分析与排除

液压缸也是把液压泵输出的液压能转化为机械能的执行元件。液压缸的故障原因除了有流体的因素外，还有机械方面的因素。液压缸的结构有多种形式，典型的、常用的为活塞式液压缸。它主要由两个组件（缸筒组件和活塞组件）和三个装置（密封装置、排气装置及缓冲装置）组成。所以，对液压缸的故障分析主要以活塞式液压缸为主，从流体和机械两个方面进行分析。

（1）液压缸爬行　所谓液压缸爬行是指液压缸运动时所出现的时断时续的速度不均现象。低速时爬行现象更为严重，而且显得液压缸推力不足。速度下降的主要特征是推不动或速度慢，使液压缸工作不稳定。其原因有流体的因素，也有机械方面的因素。

（2）液压缸内泄漏　液压缸内泄漏容易导致液压缸爬行或液压缸推力不足、速度下降、工作不稳定等现象。液压缸内泄漏的主要表现为压力表显示值上升慢或难以达到规定值；液压缸中途用挡铁挡住不能前移时，回油管仍有回油，并且检查液压泵和溢流阀均无故障；在液压缸全行程上故障部位规律性很强。

液压缸内泄漏的原因是缸体与活塞的磨损导致间隙过大，若活塞上装有密封圈则因磨损或老化失去密封作用。处理措施是更换活塞或密封圈，保持合理的间隙。若液压缸经常使用的只是其中的一部分，则局部磨损严重，间隙增大，液压缸会内泄漏。此时可重磨缸筒，然后重配活塞。

3. 液压缸机械别劲

液压缸机械别劲也容易导致液压缸爬行、推力不足、速度下降、工作不稳定等现象。液压缸机械别劲表现为压力表显示压力偏高；液压缸中途用挡铁挡住不能前移时，回油管无回油，而溢流阀回油管有回油；故障规律性也很强；液压缸运动部件阻力过大，使液压缸的速度随着行程位置的不同而变化。

这种现象大多由装置质量差、零件变形与磨损或形位误差超差等所引起。如活塞杆过长、刚性差，缸筒内径呈鼓形或锥形、腐蚀、拉毛，活塞与活塞杆同轴度不好，液压缸安装位置与导轨平行度差，导轨与滑块夹得太紧，活塞杆密封压得太紧等。若污物进入液压缸的滑动部位，也会造成阻力增大，都会产生液压缸机械别劲。如果在同一部位阻力变大，则可能是伤痕或烧结所致。这时，应先卸荷，再往复空行，检查液压缸工作阻力，视情况维修和调整。

4. 液压缸进气

（1）液压缸进气的危害　液压缸混入空气后，使活塞工作不稳定，产生爬行和振动，还会使油液氧化变质、腐蚀液压系统和元件。当液压缸竖直或倾斜安装时积聚在活塞下部的空气不易排出，从而产生大的振动和噪声，一旦受到绝热压缩就会产生较高的温度，以致烧毁密封元件。

（2）液压缸进气的原因及处理

① 液压缸原有的空气未排干净。由于结构上的原因，液压缸内的空气不易排除干净。应在结构上设排气口，且设置在最高处。工作前尽量把残存空气排净。

② 液压缸内部形成负压时空气被吸入液压缸。应在液压系统中设置补油管路等。

③ 管路中积存的空气没有排除干净。连接管路的拐弯处容易积存空气，也很难排除。因此在管路高处应设排气装置。

④ 从液压泵吸油管吸入空气。因为液压泵吸油腔为负压，容易吸入空气。因此吸油管应插入油箱液面以下一定的深度，且吸油管不得漏气。

⑤ 油液中混入空气。回油管口高出液面时，排回的油液在油箱液面上飞溅，就可能卷进空气。过滤器部分露出液面时也会使液压泵吸入空气而带入液压缸。因此回油管应插入油箱液面以下，过滤器不得露在液面外。

（3）液压缸进气的故障诊断

① 液压泵连续吸入空气进入液压缸，其压力表显示值较低，液压缸无力或爬行，油箱起泡，此时诊断为液压泵吸气故障。

② 液压缸内和油管内存有空气，表现为压力表显示值偏低，液压缸有轻微的爬行，油箱内有少许气泡或无气泡。通过排气即可解决。

③ 液压缸形成负压吸气和油中带入气体，表现为压力表显示值偏低，液压缸不断爬行，油箱内有少量的气泡，应及时消除油中气体及对液压缸形成负压的部位进行处理。

5. 液压缸冲击及缓冲装置故障

（1）液压冲击　液压冲击是液压缸快速运动时，由于工作机构质量大，因而有很大的动量和惯性，往往在行程的终点造成活塞与缸盖撞击，产生很大的冲击力，并发生较大的声响和振动。

液压冲击不仅损坏液压缸及有关结构，而且影响配管和控制阀的工作性能。为了防止液压冲击的发生，应在液压缸中设置缓冲装置。

（2）缓冲装置工作不良　缓冲装置有多种结构，有环形间隙式、节流口可调式、节流口可变式及外部节流式等。

① 缓冲作用失灵，即失去缓冲作用。如缓冲调节阀处于全开状态，活塞不能减速，惯性力很大，会突然撞击缸盖，可能使安装在底座和缸盖上的螺栓损坏。应检查、调节缓冲阀，使之进入合适的缓冲状态位置。如是负载惯性过大，应设计合适的缓冲机构。如是缓冲阀不能调节，应进行修复或更换。如是阀口封闭不严，应检查，可更换或修复阀芯与弹簧。如是活塞上密封件破坏，应该更换密封件。如是缓冲柱塞表面上有伤痕，或锥面长度或角度不对，应修复或更换。

② 缓冲作用过度。缓冲节流口开口过小，应检查、调节缓冲阀，使之进入合适的缓冲状态位置。缓冲节流口有污物时，应清洗干净。固定式缓冲装置的柱塞头与衬套之间间隙过小，应修复间隙。

液压缸常见故障、产生原因及排除措施见表 4-9。

表 4-9　液压缸常见故障、产生原因及排除措施

故障现象	原因分析		排除方法
活塞杆不动作	没有油液	①换向阀未换向	检查未换向原因并排除
		②系统未供油	检查液压泵、液压阀的故障并排除
	压力不足	③系统中泵或溢流阀的故障	检查液压泵、溢流阀的故障原因并排除
		④液压缸内泄严重，活塞与活塞杆松脱，密封件老化、失效、唇口装反或损坏	将活塞与活塞杆紧固牢固，更换密封件并正确安装
		⑤活塞环损坏	更换活塞环
		⑥系统调压太低	重新调整压力，达到要求值
		⑦通过调速阀的流量过小，再因为泄漏，流量不足造成压力不足	调整调速阀，使流量大于泄漏量
	压力已达到要求仍不动作	⑧加工、安装质量差，液压缸别劲 a. 液压缸零件尺寸、形状超差 b. 缸体与活塞，导向套与活塞杆配合间隙过小 c. 活塞、活塞杆、缸盖之间同轴度差 d. 液压缸与工作平台平行度差	按正确的方法安装，找出别劲原因： a. 检查，更换无法修复的零件 b. 检查配合间隙并配研到规定值 c. 重新装配和安装，更换不合格零件 d. 重新安装达到要求
		⑨液压缸结构上问题 a. 活塞端面与缸筒端面紧贴在一起，工作面积不够，故不能启动 b. 具有缓冲装置的缸筒上单向回路被活塞堵住	a. 端面上要加一条通油槽，使工作油迅速流向活塞工作面，缸筒的进、出油位置应与接触表面错开 b. 排除
		⑩背压腔未与油箱相通；回油路上调速阀调节的流量过小或换向阀未动作	检查原因并排除

续表

故障现象		原因分析	排除方法
速度达不到要求值	内泄漏严重	①密封件损坏严重，油液黏度太低，油温太高	检查原因并排除
	外载荷过大	②设计错误，选用压力过低	核算后更换元件，调大工作压力
		③工艺使用错误，造成外载荷比预定值大	按设备规定值使用
	活塞移动时别劲	④同"活塞杆不动作"原因⑧	同"活塞杆不动作"原因⑧
	脏物进入滑动部位	⑤装配时未清洗干净，带入脏物，油液过脏，防尘圈破损	清洗、过滤或更换油液，更换防尘圈，装配时注意清洁
	活塞在端部行程速度急剧下降	⑥缓冲节流口过小，在缓冲行程时速度急剧下降或停止	若节流口为可调式的，对调节节流口开度至适宜，使其起缓冲作用；若节流口为固定式的，则适当加大节流口径或节流环间隙
	活塞移动到中途速度变慢或停止	⑦缸筒内径精度差或缸筒发生膨胀，活塞通过增大部位时，泄漏量增大	修复或更换缸筒
爬行	活塞杆移动别劲	①同"活塞杆不动作"原因⑧	同"活塞杆不动作"原因⑧
	阻力不均	②活塞杆全长或局部弯曲	校正
		③缸筒内径直线性不良	镗磨修复、重配活塞
		④双出杆缸两端螺母拧得太紧使同轴度超差	用手旋紧即可，保持活塞杆处于自然状态
		⑤活塞杆刚性差	加大活塞杆直径
		⑥缸内腐蚀、拉毛	轻微者除去锈蚀与毛刺，重者镗磨
		⑦端盖密封圈过紧或过松	调整密封圈至锁紧合适，且平稳拉动活塞时无泄漏(允许微量渗油)
	液压缸内进入了空气	⑧液压泵吸入空气	检查，诊断原因并排除
		⑨油液中混入空气	排除空气，增设排气装置，油质欠佳则更换
		⑩新的、修理过的、停机时间过长的液压缸或管道内排气不净	空载大行程往复运动，直到排净空气
		⑪液压缸内形成负压，吸入空气	用油脂涂抹密封结合面进行检查并排除
		⑫由于液压缸至换向阀段管道容积比液压缸大，空气难以排净	在靠近液压缸的管道最高处加排气阀进行排气
牵引力不足、速度下降	阻力增加	①活塞配合间隙过小造成阻力大	调整配合间隙至合适
		②端盖密封圈过紧，活塞杆弯曲引起剧烈摩擦	调整密封圈，校正活塞杆
		③油液杂质卡住活塞或活塞杆，使阻力增大	过滤或更换油液
	流量不足	④缸筒拉伤，造成内泄漏严重	修理或更换缸筒
		⑤活塞配合间隙过大或密封件损坏造成内泄漏量大	调整配合间隙至合适，更换密封件
		⑥油温升高，黏度下降，泄漏增大	控制温升，过滤或更换油液
		⑦缸筒局部磨损或变形成腰鼓形，造成内泄漏大	镗磨修复缸筒，单配活塞
		⑧外泄漏过大，造成流量、压力不足	检查各结合部位，紧固各结合面

续表

故障现象	原因分析		排除方法
牵引力不足、速度下降	流量不足	⑨采用蓄能器增速时，蓄能器压力、容量不足	压力不足时给蓄能器冲压、容量不足时更换蓄能器
	空气进入	⑩系统中有空气，造成运动不平稳，速度下降	检查进气原因并排除
	负载过大	⑪液压缸外载荷过大	控制载荷在额定值的80%左右
缓冲装置失灵(冲击、振动)	缓冲作用过度	①缓冲节流阀的节流开口过小	将节流口调节到合适并紧固
		②缓冲柱塞头部与缓冲环冲击太小，有脏物、倾斜或偏心	拆开清洗，适当加大间隙，修理、更换不合格零件
	失去缓冲作用	③缓冲节流阀处于全开状态或不能调节	将节流口调节到合适并紧固，修复或更换机件
		④单向阀处于全开位置或密封不严	检查，研配修复或更换阀芯、弹簧
		⑤缓冲柱塞头或衬套内表面有伤痕	修复或更换机件
		⑥缓冲柱塞锥面的长与角度不对	修正
		⑦镶在缸盖上的缓冲环脱落	更换缓冲环
		⑧活塞上密封件损坏	更换密封件
		⑨液压缸惯性太大	应设计或选用合适的缓冲机构
	缓冲行程段出现爬行	⑩加工质量不良	对每个零件进行检查，不合格零件不许使用
		⑪装配不良	重新装配，确保质量
泄漏	加工质量	①活塞杆表面粗糙	按要求修复或更换
		②沟槽尺寸不符合要求	按要求修复或更换
	装配不良	③液压缸自身装配或液压缸与工作台之间的装配不良，使活塞杆伸出困难，加速密封件磨损	拆开检查，重新装配
		④密封件安装差错(划伤、装反、唇口破损、尺寸不对、切断或漏装)	检查、更换或重新安装密封件
		⑤密封件压盖未装好(尺寸偏差、紧固螺钉过长不能压紧或受力不均)	重新安装，使受力均匀
	密封件质量差	⑥密封圈或防尘圈老化、变形、损坏、塑料性能差、尺寸误差大	更换密封件
	使用过程造成	⑦密封件咬边、拉伤、胶料性能差、尺寸误差大	更换密封件
		⑧运动件之间有纵向拉伤或沟痕(有砂粒、切屑，配合过紧)	检查、清洗，修理或更换零件
	黏度低	⑨用错液压油或液压油中掺有乳化液	更换合适的液压油
	油温高	⑩液压缸进、出油口阻力大	检查进、出油是否通畅
		⑪环境温度高	采取隔热措施
		⑫冷却器有故障	检查并排除
	高频振动	⑬紧固螺钉、接头松动、位置变动	定期紧固机件
缸体破损	使用不当	①压力、作用力过大	严禁超负荷使用
	制造质量	②缸体加工不良或存在缺陷	特别注意检查，发现问题及时更换

4.4.3 液压控制阀故障分析与排除

液压系统的液压故障主要是由液压控制阀的故障所引起的。及时地对液压控制阀的故障诊断处理，能极大地提高液压系统的工作稳定性、可靠性、控制精度与寿命。液压控制阀分为方向控制阀（包括换向阀、单向阀）、压力控制阀（包括溢流阀、减压阀、顺序阀、压力继电器）、流量控制阀（包括节流阀、调速阀、分/集流阀等）三大类以及电-液伺服阀。下面进行具体分析。

1. 方向控制阀故障分析与排除

（1）单向阀故障分析与排除　单向阀按不同的分类方式分有普通单向阀和液控单向阀，锥阀和球阀，直通型单向阀和直角型单向阀等。

① 普通单向阀

a. 噪声。流量超过额定值及与其他阀产生共振等都会造成单向阀尖叫。可通过调整阀或系统参数加以解决。

b. 泄漏。当油液反向进入单向阀时有渗漏。原因为阀座密封不严、拉毛、碎裂、阀芯滑动表面磨损等，油中有杂质也会将密封面损坏，阀座与阀芯同轴度差、密封面磨损或锈成麻点等造成密封面接触不良，使阀芯与阀座有泄漏，容易出现反向油流压力较低的情况。应拆下并通过研配、更换等来消除。

结合处有泄漏，主要是由于螺纹连接不紧、密封不严，检查并拧紧，必要时更换密封件或螺栓。

c. 启闭不灵，不起单向作用。阀体或阀芯变形、几何精度与配合精度差、配合处有毛刺或污物等将阀芯卡住，弹簧弯曲、折断或漏装，泄漏过大等。解决方法是：拆检、清洗、检修阀体和阀芯，更换或补装弹簧。另外，把背压阀当成单向阀使用时也会不起单向阀作用，此时应更换弹簧或阀。

启闭不灵活可能出现在开启压力很小的单向阀，或者开启压力很小的单向阀在水平方向安装使用的场合。注意，无论是直通型还是直角型单向阀，都不允许将阀芯锥面沿向上的方向安装。

普通单向阀常见故障现象、产生原因及排除措施见表 4-10。

表 4-10　普通单向阀常见故障现象、产生原因及排除措施

故障现象	原因分析	排除方法
发出异常响声	①流量超过允许值	更换大流量阀
	②与其他阀共振	可略微改变阀的稳定压力或调节弹簧软硬
	③零件磨损	更换零件
严重泄漏	①阀芯、阀座锥面密封不好	重新配研
	②滑阀、阀座拉毛	重新配研
	③阀座碎裂	更换并研配阀座
不起单向阀作用	①阀体孔变形使阀芯卡住	修研阀体孔
	②滑阀配合处有毛刺使滑阀不能工作	修理去毛刺
	③滑阀胀大变形使阀芯卡住	修研滑阀外径
结合处泄漏	螺钉或管螺纹没拧紧	拧紧螺钉或管螺纹

② 液控单向阀

a. 噪声。原因同普通单向阀。

b. 油液不能逆流。原因是单向阀打不开。控制压力过低、阀芯卡死（加工或安装精度差、油液脏、弹簧太硬或弯曲等）、液控油管不通、液控腔漏油、泄油孔堵塞等均会造成单向阀打不开。

c. 逆流方向有泄漏。原因是逆流方向单向阀不密封。单向阀在打开的位置上卡死（阀芯与阀体口配合过紧，弹簧弯曲、变形、太软），单向阀密封面密封不均（阀芯与阀座同轴度差、磨损，油液脏），控制阀阀芯在顶处的位置上被卡死等。

（2）换向阀故障分析与排除　换向阀是利用阀芯与阀体相对位置的变化来控制液流方向的。对换向阀的主要要求是：换向平稳、冲击小（或无冲击）、压力损失小（减小温升与功率损失）、动作灵敏、响应快、内漏小和动作可靠等。换向阀可分为滑阀式换向阀（简称换向阀）和转阀式换向阀（简称转阀）；按操纵方法可分为手动、机动（行程）、电磁动、液动、电-液动、机-液动（液压操纵箱）换向阀等。

换向阀故障按阀的类型及发生部位分为电气控制部分故障、阀体与阀芯结构部分故障、液压控制部分故障三个方面。下面分别进行分析。

① 电气控制部分故障　电气控制部分故障称为电气故障，通常发生于电磁、电-液换向阀的电气结构即电磁部分。

电磁换向阀按使用电源分为直流式（110V 和 24V）和交流式（220V 和 380V）两种。交流式电磁换向阀的优点是简单、方便、启动力大、动作快、换向时间短（每次 0.01～0.07s），缺点是启动电流大、铁芯不吸合时易烧坏线圈、换向阻力大、换向频率（30 次/min）不能太高。直流式电磁换向阀无论是否吸合，电流基本不变，故不易烧坏线圈，可靠性好，换向时间长（每次 0.1～0.2s），换向冲击小，换向频率高（允许 120 次/s，高达 240 次/s），但需要有直流电源，因此成本高。如果交流式电磁换向阀经常烧坏或换向冲击过大，改用直流式电磁换向阀可消除故障。

电磁换向阀又分为湿式和干式。干式电磁换向阀不允许油液进入电磁换向阀内部，故在推杆上装有密封圈，这样既增大了阻力又易泄漏，但目前常用的仍是干式的。湿式电磁换向阀的衔铁浸入油中，推杆间不需设密封装置，减小了运动阻力，又无泄漏。当换向要求高时，应改用湿式直流电磁换向阀，这对于减少换向阀故障很重要。

电气故障分为线路故障和电磁铁故障，分析如下。

a. 电气线路故障：电气线路被拉断，电磁铁不通电，无控制信号；电极焊接不良，接头松脱；电压太低或不稳定，其变化量应在额定值的 15%～10%范围内。

b. 电磁铁线圈发热直至烧坏：线圈绝缘不良产生漏电，应更换线圈；电磁铁铁芯不合格，吸不住，应更换铁芯；推杆过长，电磁铁铁芯不能吸到位，使电流过大、线圈过热，应修整推杆到适当的位置；电磁铁在高频下工作，铁芯干摩擦引起发热膨胀使铁芯卡死，应检修或更换铁芯；电源电压过高。

② 阀体与阀芯结构部分故障　阀体与阀芯结构部分故障称为机械故障，通常发生于各类换向阀的主体部分即阀体与阀芯之间。

例如，换向阀换向不到位、动作不灵。判断是否发生此类故障，可将阀卸下，通过手动使其换位，向油口注入些油，通过观察各油管的连通情况来判断。若确诊为此故障则拆开阀体进一步检查，可能的原因分析如下。

a. 阀芯与阀体孔配合间隙过小。检查配合间隙，当阀芯直径小于 20mm 时，间隙应在 8～15μm，当阀芯直径大于 20mm 时，间隙应在 15～25μm，否则应配研。

b. 阀芯与阀体孔几何精度差，移动时有卡死现象。应修复其精度。

c. 弹簧太硬或太软、弯曲或变形。太硬使阀芯行程不足，太软使阀芯不能复位。应更换适当的弹簧。

d. 连接螺钉紧固不良，使阀体孔变形。应重新紧固螺钉，并使之受力均匀，同时检查底垫厚度是否均匀，精度是否符合要求。

e. 油温太高，使零件变形而产生卡死现象。应采取措施控制油温。

f. 油液黏度大，使阀芯运动不灵活。应采取措施控制油液黏度或更换油液。

g. 油液过脏，使阀芯被卡住。应过滤或更换油液，清洗阀。

③ 液压控制部分故障　液压控制部分故障称为液压故障，通常发生于液动阀、电-液动阀的液压控制部分。对于液动、电-液动换向阀动作不灵活，有如下原因。

a. 阻尼器质量差或调节不当。

ⅰ. 阻尼器单向阀封闭性差。应配研阀座孔与阀芯。

ⅱ. 阻尼器（采用针形节流阀时）调节性能差或加工精度差，调节不出最小流量。改用精度高的节流阀（三角槽式）。

ⅲ. 节流阀控制流量过大，阀芯移动速度过快产生冲击。调小节流口，减慢阀芯移动速度。

b. 控制管路无油。

ⅰ. 控制管路电磁阀不换向。检查原因，针对原因采取措施。

ⅱ. 控制管路被堵塞。检查清洗，使管路畅通。

c. 控制管路压力、流量不足。

ⅰ. 调节阀漏油。检查，采取措施防止泄漏。

ⅱ. 滑阀一端回油腔节流周调节过小或堵死。清洗节流阀并调整。换向阀常见故障现象、原因与排除方法见表 4-11。

表 4-11　换向阀常见故障现象、原因与排除方法

故障现象	原因		排除方法
阀芯不动或不到位	电磁换向阀的电磁铁故障	①电磁铁线圈损坏	检查原因，进行修理或更换
		②电磁铁吸力不足或漏磁	检查漏磁原因及电源电压，修理或更换
		③电气线路故障	检查原因，进行修理
		④电磁铁未加上控制信号	检查后加上控制信号
		⑤推杆过长或因磨损而过短，电磁铁铁芯不能吸到位	修整推杆到适当的位置
	液动换向阀液控系统故障	①控制油路无油 a. 控制油路换向阀未换向 b. 控制油路被堵塞	 a. 检查原因并排除 b. 检查、清洗，使控制油路畅通
		②控制油路压力不足 a. 阀盖处有漏油 b. 排油腔一端节流阀开口调节得过小或堵塞	 a. 紧端盖螺钉 b. 清洗节流阀并调整至合适开口大小

续表

<table>
<tr><th>故障现象</th><th colspan="2">原　　因</th><th>排除方法</th></tr>
<tr><td rowspan="7">阀芯不动或不到位</td><td rowspan="3">主阀芯卡死</td><td>①阀芯与阀体几何精度和装配精度差
a. 阀芯与阀体几何形状超差
b. 阀芯与阀体装配不同心产生轴向液压卡紧现象
c. 阀芯与阀体配合间隙过小
d. 阀芯与阀体表面有毛刺、拉伤</td><td>检查、修理、研配阀体与阀芯，重新装配，使达到装配精度要求</td></tr>
<tr><td>②安装不良，阀体变形
a. 安装螺钉预紧力不均
b. 阀体上连接的管路别劲</td><td>a. 重新紧固螺钉，使受力均匀
b. 重新安装</td></tr>
<tr><td>③复位弹簧不符合要求
a. 弹簧力过硬、过软、漏装
b. 弹簧弯曲变形、断裂，不能复位</td><td>更换合适的弹簧</td></tr>
<tr><td rowspan="4">油液变化</td><td>①油液过脏</td><td>过滤或更换油液</td></tr>
<tr><td>②油温升高使零件产生变形</td><td>检查油温升高的原因并排除</td></tr>
<tr><td>③油温过高，油液中产生胶质粘住阀芯</td><td>清洗阀，消除高温</td></tr>
<tr><td>④油液黏度太高，使阀芯移动困难</td><td>更换适宜的油液</td></tr>
<tr><td rowspan="3">换向后流量不足</td><td rowspan="3">开口量不足</td><td>①电磁阀经长期使用，磨损撞击，使推杆缩短，使换向行程不足</td><td>更换推杆或电磁铁</td></tr>
<tr><td>②阀芯与阀体精度差、间隙太小，有卡滞现象，配合不到位</td><td>研配阀体与阀芯达到要求</td></tr>
<tr><td>③弹簧太硬，推力不足，使阀芯行程达不到终端</td><td>更换适宜的弹簧</td></tr>
</table>

2. 压力控制阀故障分析与排除

常用液压控制阀有溢流阀、减压阀、顺序阀、压力继电器。这类阀产生故障的原因有很多相近之处，掌握了一种阀的故障分析方法会对其他阀的故障分析有所帮助。下面主要分析溢流阀，其他阀作简要分析。

（1）溢流阀故障分析与排除　溢流阀的作用是在系统中实现定压溢流，按结构不同可分为直动式和先导式两种。直动式用于低压系统调压或用作远程调压，故又称为调压阀。一般中高压系统均用先导式溢流阀，多级调压系统也可用。溢流阀还可以作安全阀、背压阀使用，它是压力控制阀中重要的阀类，应用于所有的液压系统。先导式溢流阀的故障按发生故障的部位不同，可分为主阀故障或先导阀故障。下面对溢流阀常见故障进行分析。

溢流阀的常见故障现象是压力失调、压力波动大、噪声与振动、泄漏等。

① 压力失调　压力失调主要是指压力调整无效，即系统无压力或压力完全调不上去、压力调不高、突然上升过高、压力上升不止等。

调节系统压力的正确方法是：首先将溢流阀全打开（即弹簧无压缩），启动液压泵，慢慢旋紧调压螺母（弹簧压缩量渐渐增加），压力即逐渐上升，调整到预定值后，拧紧锁紧螺母。调整无效的原因及其解决办法如下。

原因1：先导式溢流阀主阀阀芯上设有阻尼孔，通过该孔的流量就是先导阀的流量。当先导阀的流量变得很小时，调定的压力就会不稳定，压力响应变慢，其结果是压力也调不高。假如液压油中的大颗粒杂质附着在阻尼孔上，使阻尼孔通流面积减小，则先导阀的流量变得很小；压力响应也变慢。要是阻尼孔被完全堵住，先导阀的流量几乎等于零，压力就完全调不上去。

解决办法：拆开清洗溢流阀，必要时过滤或更换液压油。

原因 2：先导阀阀芯与阀座间进入了大颗粒杂质，致使先导阀阀口开度大于需要值而无法关闭，从而压力完全上不去。

解决办法：拆开溢流阀，清洗先导阀阀芯及阀座。

原因 3：溢流阀有远控油路，远控用换向阀不换向，始终保持与油箱连通状态，则压力完全上不去。

解决办法：检查远控换向阀不换向故障的原因，排除故障。不用液控口时，应加装堵塞，防止泄漏。

原因 4：先导阀阀口被杂质堵住，因此丧失溢流阀功能，压力会上升不止，直到元件、管路破坏为止。

解决办法：拆洗溢流阀，特别是清洗先导阀阀座小孔。

原因 5：溢流阀被安装在管路上时使阀体变形，使阀芯卡死在关闭的位置上不能工作，压力会上升不止。

解决办法：重新安装。

原因 6：溢流阀长期在被污染的液压油中工作，滑动表面磨损，间隙增大，流过主阀阻尼孔的流量从该间隙流入回油腔，使先导阀的流量减到极小，压力响应变得缓慢，再加上油中水分、油液变质造成的腐蚀及进一步磨损，使溢流阀失去控制高压的能力，压力就升不上去。

解决办法：拆开检查溢流阀的滑动部分，看是否有有害磨损，检查油液的污染程度，必要时更换溢流阀或液压油。

原因 7：弹簧太软、损坏或漏装，此时滑阀失去弹簧力的作用，使溢流阀无法调整而压力调不上去。阀芯漏装，使阀失去控制，压力调整也无效。

解决办法：拆检，更换或重新装入弹簧或阀芯。

原因 8：滑阀配合过紧或在关闭状态被卡死，造成压力上升不止。

解决办法：检查、清洗并研修，使阀芯移动灵活，如油液过脏，则更换新油。

原因 9：进油口和出油口接反，造成压力调节失效。板式连接的阀常在连接面上标有“O”（出口）及“P”（进口）的字样，不易装反；而管式连接的阀就容易接反。

解决办法：进、出油口无标示的阀，应根据液流方向加以纠正。

原因 10：由溢流阀以外的原因引起的压力失调。例如，如果液压泵的容积效率极度下降，随着压力的升高，液压泵的流量从内部漏回吸油侧，造成液压泵输出流量为零，压力再也升不上去。像这样溢流阀正常，由于其他原因使压力升不上去的场合，溢流阀是不溢流的。因此可以根据溢流阀的流速声及油口管壁的温度等来判断溢流阀工作正常与否。再如，液压泵的压力、流量波动大，使溢流阀无法起到平衡作用。

解决办法：寻找溢流阀以外的原因，排除故障。

② 压力波动　压力波动即调整压力不稳定，系统压力出现反复不规则的变化，这是溢流阀很容易出现的故障。这有阀本身的问题，有受液压泵及液压系统影响的问题，也有液压油的问题。例如，液压泵流量波动大、流量不均匀和系统中进入了空气等都会造成溢流阀压力波动；液压油污染是引起溢流阀及其他液压元件的故障的主要原因。因为，为了使阀芯运动灵活并减小内部泄漏，这些阀的滑动部位的间隙、表面粗糙度、形状等都经过十分精密的加工。如果使用被杂质污染的液压油，势必造成阀芯运动受到障碍，引起不规则的压力波

动。特别是在先导阀中，先导阀的升程仅 10μm 左右，当阀口被微小的杂质堵塞，即会妨碍正常的压力控制，引起不规则的压力变化。因此，使用洁净的液压油、严格控制液压油的污染以减少溢流阀故障是非常重要的。溢流阀本身引起的压力波动的原因主要有以下几个。

a. 控制弹簧刚度不够、弯曲变形或破损，使滑阀难以复位，不能维持稳定的压力。解决办法是更换合适的弹簧。

b. 油液污染严重，阻尼孔堵塞，滑阀移动困难。为此应经常检查油液污染度，必要时疏通阻尼孔或更换油液。

c. 锥阀或钢球与阀座配合不良。其原因可能是被污物卡住或磨损。解决办法是清除污物或修磨阀座。如果磨损严重则需更换锥阀或钢球。

d. 滑阀表面拉伤、变形，滑阀被污物卡住，滑阀与孔配合过紧等，致使滑阀动作不灵活。可先进行清洗并修磨损伤处，不能修磨时，更换阀芯。

e. 阻尼孔孔径太大，阻尼作用差。可将原阻尼孔封闭，重新加工阻尼孔（一般孔径应为 1mm 左右）。

f. 调压螺钉松动，使压力波动。调压后应立即将锁紧螺母锁紧。

③ 噪声与振动　液压系统中容易产生噪声的元件是泵和阀，阀中又以溢流阀和电磁换向阀为主。溢流阀产生噪声与振动是一个突出问题，因素有很多，有流体噪声和机械噪声两种。

a. 流体噪声　流体噪声主要是由流体压力流量不均、气穴及液压冲击等产生的噪声。

ⅰ. 气穴产生的噪声。由于气穴现象产生的气泡，在高压区时体积减小急剧溃灭，使局部形成真空，周围质点以高速来填补这一空间，质点相互碰撞而产生局部高温和高压，在低压区气泡体积急剧增大，引起局部液压冲击，造成强烈的噪声和油管的振动和气蚀。溢流阀先导阀阀口和主阀阀口油液流速和压力变化较大，很容易发生气穴现象，由此产生噪声和振动。也会因为涡流及剪切流体而产生噪声和振动。

解决办法有：对溢流阀回油管口进行防漏密封，防止空气进入或者回油保持一定的背压，如果回油管口内有空气，应及时排除；改变阀体内回油腔的结构形状，使能量损耗掉，使流速降低，使压力回升到大气压以上；溢流阀主阀弹簧不能太硬，压紧力要适中，使开始溢流时阀口开大一些，以降低溢流速度，减小溢流的流速声。

ⅱ. 流体压力与流量不均引起的噪声。溢流阀的尖叫声主要是因主阀和先导阀所处回路压力波动大而引起的高频振动所产生的。原因之一是阀芯和阀座孔的加工质量差、阀装配质量差、有污物等导致配合间隙过大或不均，这样在阀工作时由于径向受力不平衡导致性能不稳定。先导阀是一个易振部分，在高压下溢流时，先导阀轴向开口很小，只有 3～6μm，过流面积很小，而流速高达 200m/s，易引起压力分布不均、阀芯受径向力不平衡而产生振动。阀芯与阀座接触不均是引起压力分布不均的内在因素。原因之一是阀芯与阀座加工几何误差大、表面质量差，在阀口打开时，开口大小不均，调压弹簧被迫受力不平衡，使先导阀振荡加剧，啸叫声刺耳。原因之二是调压弹簧节距不均，弹簧的轴线与其端面不垂直，阀芯密封面的中心线和与其相接触的弹簧端面不垂直，调节杆轴线和与其相接触的弹簧端面不垂直，都会影响调压弹簧工作轴线与其端面的垂直度，装配后实际误差更大，先导阀阀芯歪斜，阀芯与阀座接触不均。原因之三是由于调压弹簧、调节杆、阀芯密封面轴线装配时不重合而装偏，使调压弹簧轴线与液压力作用线不重合而偏移以及调压弹簧弯曲、变形，倾斜力矩会使阀芯倾斜，使阀芯与阀座接触不均。另外，阀口上沾有污物，也会引起阀的振动。所以，一般认为先导阀是产生噪声的振源。由于先导阀构造条件，即弹性元件（弹簧）和运动质量（阀芯）的存在，以及阀的前腔起共振腔的作用，所以先导阀经常处于不稳定的高频振动状态，发出颤振音，易引起整个阀的共振而发出噪声，一般还多伴剧烈的压力跳动。高频噪声的发生率与回油道的配置、压力、流量、油温（黏度）有关。一般情况下，管道口径小、流量小、压力高、黏度低时，自激振动发生率高，易发生高频噪声。

解决办法有：提高零件的设计、加工精度，例如，阀体与阀芯的配合圆柱面的圆度在0.002mm左右，配合间隙在0.01mm左右，阀口密封面的圆度在0.025mm以内，表面粗糙度值在0.8μm以内，并清除污物，特别是封油面上的污物，尖叫声可降低10%以上；加大回油管径，选用适当黏度的油液，主阀弹簧不要太硬，使溢流阀的溢流量不至于过少而降低高频噪声的发生率。

ⅲ. 液压冲击噪声。液压冲击噪声是指溢流阀在卸荷时，液压回路的油液在很短的时间里流速急剧变化（升高）引起压力突变（下降），造成压力波的冲击，产生压力冲击的噪声。越是高压大流量时噪声越大。压力波随油传到系统中，如果同任何一个元件发生共振就可能加大振动和噪声。因而在发生液压冲击时多伴有系统的振动。

解决办法有：在溢流阀遥控口上设置节流阀，使溢流阀打开或关闭时增加卸荷时间，以减小液压冲击；在卸荷油路中采用二级卸荷方式，如先用高压，再降至中压溢流，然后由中压卸荷，可减小液压冲击。

另外，溢流阀噪声与压力、流量及背压的大小有关。调定压力越高，流量越大，其噪声越大。阀的流量超过允许最大值，会造成尖叫声。溢流阀的背压过低易产生气穴，噪声增大，背压过高也会增大噪声。

b. 机械噪声　机械噪声主要是由装配、维护和零件加工误差等原因引起的零件撞击、振动、摩擦所产生的噪声。其主要原因如下。

ⅰ. 阀芯与阀体配合过松或过紧。过紧，阀芯移动困难，引起振动和噪声；过松，造成间隙过大，泄漏严重，引起振动和噪声。所以，在装配时必须严格控制配合间隙。

ⅱ. 弹簧刚度不够，产生弯曲变形，液动力引起弹簧自振：当弹簧振频与系统振频相同时，会引起共振。排除方法是更换弹簧。

ⅲ. 调压螺母松动。调压后一定要拧紧锁紧螺母。

ⅳ. 溢流阀与系统其他元件共振时，会使振动与噪声增大。应检查其他元件的安装固定是否有松动。

ⅴ. 机械性高频振动声（称为自激振动声），一般为主阀与先导阀因高频振动而发出的。

④ 泄漏严重

a. 阀芯与阀体孔配合间隙过大。重制阀芯和配研。

b. 密封件损坏。更换密封件。

c. 阀芯与阀座孔接触不良或磨损严重。修磨阀芯，研磨阀座孔，使其配合紧密。

d. 阀盖与阀体孔配合间隙过大。重配阀盖，控制配合间隙。

e. 接合面处油纸垫被冲破。更换耐油纸垫，应注意不可盖住通油孔。

f. 各连接处螺钉未拧紧。紧固各连接处螺钉。

（2）减压阀故障分析与排除　减压阀的常见故障现象是调压失灵、压力波动大、振动及噪声等。其原因与溢流阀基本相同，以下对其特殊点进行分析。

① 调压失灵

a. 先导阀主阀阀芯阻尼孔堵塞，出油口油液不能流入主阀阀芯上腔和先导阀的前腔，则出油口压力传递不到先导阀上，使先导阀失去对主阀阀口压力的调节作用；又因阻尼孔堵塞以后，主阀阀芯上腔失去出油口压力的作用，使主阀变成一个弹簧力很小的直动式滑阀，故在出油口压力很低时就将减压阀口关闭，使出油口建立不起来压力；所以调节手轮，出油口压力不上升。另外，主阀减压阀口关闭时主阀阀芯被卡住不能动、先导阀阀芯未安装在阀座孔内、外控口未堵住等，也是使出油口压力不能上升的原因。

b. 调压弹簧选用错误、永久变形或压缩行程不够，先导阀磨损严重失去密封性等，使出油口压力达不到额定值。

c. 先导阀阀座阻尼孔堵塞，出油口油液压力不能作用在先导阀上，使先导阀失去对主阀阀口压力的调节作用；又因先导阀阀座阻尼孔堵塞后，无先导流量经过主阀阀芯阻尼孔，使主阀上、下腔压力相等，主阀阀芯在主阀弹簧的作用下处于最下部的位置，此时减压阀阀口通流面积最大，所以出油口压力随进油口压力的变化而变化，则出油口压力和进油口压力同时上升或下降。

d. 泄油口堵住，相当于先导阀阀座阻尼孔堵塞，这时，出油口油液压力虽然能作用在先导阀上，但同样无先导流量经过主阀阀芯阻尼孔，减压阀阀口通流面积也最大，故出油口压力随进油口压力的变化而变化。

e. 当减压阀主阀口处于全开位置时，主阀阀芯被卡住不能移动，这时出油口压力随进油口压力的变化而变化。调节手轮，出油口压力也不下降。

f. 减压阀与单向阀并联使用时，单向阀泄漏严重，进油口油液压力就会通过泄漏处传递给出油口，使出油口压力随进油口压力的变化而变化。

g. 先导阀中，调压弹簧座密封圈与阀的内孔配合过紧或被卡住，调压弹簧预压力不能调节，从而使出口压力达不到最低值。

h. 在用来向电-液换向阀或外控顺序阀等提供控制油液的减压回路中，当回路处在流量为零、但压力还需要保持在调定压力的工况时，减压阀出口的压力往往会升高，这是由于主阀泄漏量过大所引起的。

原因是：在这种工况下，因减压阀出口流量为零，而流经减压阀阀口和主阀阻尼孔的只有先导阀流量，但流量很小，所以主阀减压阀口基本上处于全关状态。如果主阀阀芯配合过松或磨损过大，则主阀泄漏量增大。这部分泄漏流量也必须从主阀阻尼孔流过，这样流经主阀阻尼孔的流量就由先导阀流量和泄漏流量两部分组成。因阻尼孔通流面积和主阀上腔油液压力（由已调好的先导阀调压弹簧预压缩量确定）都未变，但流经阻尼孔的流量增大了，则必然引起主阀下腔压力升高。因此，出口压力会因主阀阀芯磨损过大、配合过松而升高。

i. 液压卡紧。由于减压阀的弹簧力很小，主阀阀芯在高压情况下容易发生径向卡紧现象而使阀的各种性能下降，也将造成阀的零件过度磨损，缩短阀的使用寿命，甚至使阀不能工作。

② 压力波动大、振动及噪声　由于先导式减压阀也是一个双级阀，其先导阀部分和溢流阀通用，因而所引起的压力波动、振动及噪声的原因与溢流阀基本相同。

减压阀在超流量使用时，有时也会出现主阀振动现象。这是由于过大的流量使液动力增大所致。当流量过大时，软的主阀弹簧平衡不了由于过大的流量产生的液动力增加量，主阀阀芯在过大的液动力作用下使减压阀阀口关闭，出油口压力和流量随即减为零，液动力也随即减为零；液动力一减为零，于是主阀阀芯在主阀弹簧的作用下又使减压阀阀口打开，出油口压力和流量又增大；出油口压力和流量又一次增大，液动力又增大，使减压阀阀口又关闭，出油口压力和流量又减为零。这样反复就形成了主阀阀芯振荡，使出油口压力不断变化，并产生噪声。因此减压阀在使用时不宜超过推荐的公称流量。

(3) 顺序阀故障分析与排除　顺序阀用来控制执行元件的先后动作顺序，以实现液压系统的自动控制。常用的顺序阀分为直动式和先导式、液控式和外控式、内泄式和外泄式。顺序阀的常见故障现象是出油口关闭打不开不出油、出油口始终出油不能关闭、调定压力不符合要求、振动噪声与泄漏等。由于顺序阀与溢流阀的结构及原理均相似，故其故障原因与溢流阀基本相同。以下对其特殊点进行分析。

① 当阀芯内阻尼孔堵塞时，使控制柱塞的泄漏油液无法经弹簧腔回油箱，时间一长，使阀处于全开的位置不能关闭，变成一个常通阀，因此出现进油腔与出油腔压力同时上升或下降的故障的现象。当阀芯在全开的位置不动时，即出现此故障。

② 将泄漏油口安装成内部回油形式，使调压弹簧腔的油液压力等于出口油液压力。此时，因阀芯上端面积大于控制柱塞的面积，阀芯在液动力的作用下使阀口关闭，顺序阀变成一个常闭阀，出现出油腔没有流量的故障现象。当阀下盖的阻尼小孔堵塞时，控制油液不能进入控制活塞腔，阀芯在调压弹簧力的作用下使阀口关闭，同样出现此故障现象。

(4) 压力继电器故障分析与排除　压力继电器是液压压力信号转变为电信号的小型液-电转换元件。当油液压力达到调定压力值时，即发出电信号，以控制电磁铁、电磁离合器、继电器开关、电动机等电气元件动作，从而使油路卸压、换向，执行元件实现顺序动作，或关闭电动机使系统停止工作，起到自动程序控制和安全保护作用。

安装时，必须处于垂直位置，通流螺钉头部向上，不允许水平或倒装。调整时逆时针方向转动为升压，顺时针方向转动为降压，调整后应锁定，以免因振动而引起变化。微动开关的原始位置可通过杠杆把常开变成常闭，接线时要特别注意。

压力继电器的常见故障是灵敏度降低和微动开关损坏等。

① 灵敏度降低

a. 阀芯、推杆的径向卡紧。当阀芯、推杆径向卡紧时，摩擦力增大，这个阻尼与阀芯和推杆的运动方向相反，它在一个方向上帮助调压弹簧力，使油液压力升高；它在另一个方向上帮助油液压力克服调压弹簧力，使油液压力降低。因而使压力继电器的灵敏度降低。

b. 微动开关行程过大。在使用中，由于微动开关支架变形或零位可调部分松动，也会使原来调整好的或在装配后保证的开关最小空行程变大，从而使灵敏度降低。

c. 泄油腔背压过高。压力继电器的泄油腔如不直接通油箱，则由于泄油腔背压过高，也会使灵敏度降低。调压弹簧腔与泄油腔相通，调节螺纹处又无密封装置，泄油压力过高时，在调节螺纹处会有油液外泄漏现象。所以泄油腔必须直接接通油箱。

② 微动开关损坏　某些类型的压力继电器中，微动开关部分和泄油腔是用橡胶薄膜隔开的，当泄油腔与进油腔装错，使压力油冲破橡胶薄膜进入微动开关部分，从而使微动开关损坏。

3. 流量控制阀故障分析与排除

流量控制阀简称流量阀，它通过改变通流面积的大小来控制流量，从而执行元件的运动。所以流量阀的工作质量直接影响执行元件的速度。常用的流量阀有节流阀、调速阀（压力补偿型-减压节流式）、旁通型调速阀（压力补偿型-溢流节流式）、温度补偿调速阀、分流阀、分集流阀等。

(1) 节流阀故障分析与排除　节流阀的常见故障主要有调节失灵、控制速度不稳定等。

① 调节失灵　节流阀调节失灵是指调节手轮后出油流量不发生变化，原因分析如下。

当阀芯在全关或全开的位置被径向卡住时，调节手轮，出油腔无流量或流量无变化，节流孔被堵塞，也会造成同样的现象；节流阀阀芯和阀体的间隙过大，造成内部泄漏，往往导致流量调节范围小；当单向节流阀进、出油口接反时，此时只起单向阀作用，调节手轮，流经单向阀的流量也不会发生变化。

解决办法是针对具体原因，进行清洗、排除污物、去掉毛刺；疏通、清洗节流孔，更换液压油；找出泄漏部位、修理或更换零件；纠正装配进、出油口等。

② 控制速度不稳定　节流阀节流口调整好并锁紧后，有时会出现流量不稳定现象，特别是在最小稳定流量时更容易发生。流量不稳定造成执行元件速度不稳定。其原因有锁紧装置松动、节流口部分堵塞、油温变化、负载变化等，分析如下。

a. 节流口的边上黏附堆积污物，使通流面积逐渐减小，引起流量减小，使执行元件运动速度减慢。当压力油将污物冲掉后，节流口又恢复到原通流面积，流量、速度也就恢复到正常状态。如此反复，从而造成速度逐渐减慢又突然增快及跳动的速度不稳定现象。解决办法：清洗元件、换油、增加过滤器。

b. 节流阀性能较差，当节流口调整好并锁紧以后，由于机械振动及其他原因使锁紧机构松动，调节状态变化引起流量变化、速度变化。对此应采用可靠的节流口锁紧装置。

c. 当流经节流阀的油液温度发生变化时，油液黏度会发生变化，从而引起流量变化、速度不稳定。解决办法：待系统运行一段时间并稳定后，重新调整节流阀，系统要求高时，采用温度补偿型调速阀。

d. 当负载发生变化时，系统压力发生变化、节流阀前后压差发生变化，从而引起流经节流阀的流量变化，造成执行元件速度变化。解决办法：当系统要求速度稳定性好时，应使用调速阀。

e. 节流阀内外泄漏增大，造成输出流量不稳定、速度不均匀。解决办法：检查配合间隙，修理或更换零件及各连接处密封件。

(2) 调速阀故障分析与排除　调速阀的常见故障主要有调节失灵、流量不稳定、内泄漏增大等。

① 调节失灵　调节失灵主要是指调整节流控制部分，出油腔流量不发生变化。原因分析如下。

减压阀阀芯或节流阀阀芯径向被卡住而不起作用。在关闭位置卡住，则没有流量；在全开位置卡住，则调节控制部分时流量也不发生变化。节流控制调节螺杆出现故障，使螺杆不能轴向移动，则流量也不发生变化。

解决办法是针对具体原因进行清洗、排除污物、去掉毛刺，修理或更换零件等。

② 流量不稳定　减压节流型调速阀调好并锁紧后，有时会出现流量不稳定现象，特别是在最小流量时更容易发生。流量不稳定造成执行元件速度不稳定。分析原因有锁紧装置松动、节流口部分堵塞、油温升高、进出油腔最小压差过低、进出油口接反等。

油液反向通过调速阀时，减压阀对节流阀不起压力补偿作用，使调速阀变成节流阀。当进、出油腔压力发生变化时流经的流量就会变化，因此在使用时要注意，不能接反。

③ 内泄漏量增大　减压节流式调速阀节流口关闭时是靠间隙密封的，因此不可避免地有一定的泄漏量，因而不能作截止阀使用，当密封面磨损过大后，会引起内泄漏增大，使流

量不稳定，特别是影响最小稳定流量。

4.4.4 液力变矩器故障分析与排除

液力变矩器在使用中常见故障现象、原因分析及排除方法见表 4-12。

表 4-12 液力变矩器常见故障现象、原因分析及故障排除方法

故障现象	原因分析	排除方法
供油压力低	①油箱油位低 ②油箱泄漏或放油塞松动 ③流到变速箱的油液过多 ④进油路、过滤器堵塞 ⑤供油泵不合格或磨损严重 ⑥油起泡沫 ⑦溢流阀损坏或卡在开启位置 ⑧密封环磨损、破裂或夹杂质 ⑨工作油不合格	①加油到规定液位 ②排除泄漏，拧紧放油塞 ③查找原因并排除 ④疏通、清洗油路及过滤器 ⑤检查、修理或更换 ⑥检查油质，更换新油 ⑦修理或更换 ⑧清洗检修或更换新的密封件 ⑨按规定更换
油温过高	①油位不适当 ②油压高、压力阀卡在关闭位置 ③冷却系统水位低 ④变矩器油位压力低 ⑤冷却器、过滤器或管路堵塞 ⑥在低速作业时间过长或过速、过载 ⑦导轮卡死 ⑧单向离合器故障	①加油或放油到规定油位 ②修理或更换压力阀 ③加水并检查泄漏原因 ④参见故障现象“供油压力低” ⑤清洗或更换 ⑥调整作业周期，改善作业工况 ⑦拆检修理或更换 ⑧拆检、排除
噪声	①轴承损坏 ②液压泵磨损 ③与发动机的连接有故障 ④变矩器连接部分不紧	①更换轴承 ②进行更换 ③拆检、调整对中 ④检查，排除
功率损失大	①导轮的单向离合器故障 ②变矩器供油压力低 ③变矩器叶轮间有磕碰 ④轴承磨损	①修理排除 ②参见故障“供油压力低” ③拆检修理 ④更换轴承

4.5 工程机械液压系统常见故障分析与排除

本节主要介绍液压系统常见的具体故障现象的原因分析及排除方法。

1. 液压系统压力、执行元件速度不正常

原因分析及排除方法如下。

（1）检查液压泵输油状况。如液压泵无油输出，则可能是转向不对，零件磨损或损坏，油箱液面过低，吸油阻力大或漏气致使液压泵排不出油液。如果液压泵输出油液流量随压力升高而显著减小，且压力达不到所需数值，则是由于液压泵磨损使间隙增大所致。排除方法是测定泵的容积效率，确定泵是否能继续工作，对磨损严重者进行修配或更换。如果是新泵无油输出，则可能是泵体有铸造缩孔或砂眼，使吸、压油腔互通，或输入功率不足，使泵的输油压力达不到工作压力；也可能是因为泵轴扭断而不出油。

（2）如液压泵输油正常，则应检查各回油管，看哪个部件溢流。首先应检查溢流阀回油管，如有溢流，则可能是调定压力低；这时应试调压力，若压力毫无变化，则可能是溢流阀

主阀阀芯或先导阀阀芯因脏物或锈蚀而卡死在开口位置，或弹簧折断失去作用，或阻尼孔堵塞等原因，使泵输出油在低压下经溢流阀回油箱。排除方法是拆开溢流阀加以清洗，检查或更换弹簧，恢复其工作性能。如果溢流阀工作正常，则可能是压力油路中某些阀由于污染物或其他原因卡住而处于回油位置，致使压力油路与回油路短接，系统建立不起压力。

（3）如果上述检查均属正常，则可能是严重泄漏使系统压力建立不起来。主要检查管路接头是否松脱、液压缸与液压马达的密封是否损坏、压力油路中某些阀是否有内泄漏，从而致使系统泄漏严重。排除方法是拧紧管接头，更换损坏的密封装置，清洗、检查有关阀。

（4）如果整个液压系统能建立正常的压力，而某些管路或液压缸、液压马达中没有压力，则可能是由于管道、小孔或节流阀、换向阀等堵塞，或是个别液压缸、液压马达泄漏严重。此时应进行局部检查。

2. 振动和噪声

液压系统的振动和噪声主要来源于气穴现象、困油现象、调节阀、机械噪声。这类故障的主要原因是油液中混有较多的空气；液压泵输油量脉动较大，液压元件参数选择不当而发生共振及液压元件磨损；工作不良引起振动噪声，管道细长、固定不牢及机械振动等引起系统振动和噪声。具体原因分析及排除方法如下。

（1）吸油管路中有空气存在时产生严重的噪声。混入空气可能是吸油管道过细，阻力大；油面过低，滤网部分外露；液压泵转速太高；油箱透气不好；油液黏度过大或滤网堵塞等原因。也可能是吸油管密封不好，油液乳化而有大量气泡。上述原因使得在吸油的同时吸入大量的空气。针对不同的具体原因采取相应的措施予以消除。

（2）经过检查上述各项均无问题，则振动和噪声可能是液压泵或液压马达的质量不好所致。一般认为液压系统中主要的噪声源是液压泵。液压泵的流量脉动、困油现象未能完全消除、配油盘困油区设计得不合理、叶片或柱塞移动不良及卡死都将引起振动和噪声。排除方法是清洗液压泵、液压马达，检查其制造质量，对不符合要求的零件或总成加以修理或更换。

（3）引起振动还可能由于下述原因：液压泵与原动机的传动中心线不同心或联轴器松动引起泵振动；管道细长、弯头多又未固定，且管中油液速度高引起管道振动（如某一段管子有显著振动，则故障原因可能就是管道选择和安装不当）；溢流阀阀座磨损、阀芯与阀孔配合间隙不当、弹簧疲劳有损坏、阀芯移动不良等引起振动和噪声；溢流阀或其他阀的自然频率与泵的流量脉动频率相近而发生共振；换向阀动作太快换向时产生冲击和振动。

（4）将液压泵和电动机安装在油箱上面，将引起振动和噪声。当结构上不能避开这种情况时，必须在液压泵、电动机的安装板和油箱之间装一个厚的橡胶弹性衬垫，以降低振动和噪声。

3. 执行元件“爬行”

爬行是液压系统中经常出现的不正常运动状态，轻微时产生目光不易觉察的振动，严重时将出现大距离的跳动。爬行现象一般发生在低速运动时。产生爬行的主要原因有液压缸阻力过大、液压缸侵入空气、泵和阀类磨损、工作不良及油液污染等。原因分析及排除方法如下。

（1）液压缸阻力过大、阻力变化大的原因是液压缸装配质量差、运动密封件装配过紧、活塞杆局部或全长变形、缸筒锈蚀拉毛等。采取措施是逐项检查液压缸的精度及损伤情况并修复，使液压缸安装精度符合技术要求。

（2）液压缸侵入空气使驱动刚性差而产生爬行是缸内空气的可压缩性对阻力变化的必然反应。液压缸内侵入空气的原因主要是液压缸制动或换向时因惯性作用形成真空度，系统中的空气进入液压缸，工作之前液压缸内的空气未排尽。采取措施是检查并消除空气进入系统的可能渠道，在工作前排出缸内空气，在液压系统易产生真空度的油路上设置补油单向阀，预防空气混入整个系统。

（3）液压零件磨损、间隙过大，引起流量脉动和压力脉动大，致使执行元件爬行；溢流阀调定压力不稳定、工作失灵也将引起执行元件爬行。这种情况下就应检查、修复液压泵和控制风保证配合间隙。

4. 油温过高

产生这类故障的主要原因往往是液压系统设计不当或使用时调整不当及周围环境温度较高。另外调速方法、系统压力、液压泵与液压马达的效率、各个阀的额定流量、管道的大小、油箱的容量及卸荷方式等都直接影响油液的温升。这些问题在液压系统设计时就应妥善处理。除了设计不当外，液压系统出现油温过高的常见原因有以下几点。

（1）泄漏严重。系统各连接处泄漏、密封装置损坏泄漏、运动零件磨损后增加泄漏，造成容积损失而发热。应采取相应的措施防止内、外泄漏。

（2）系统卸荷回路动作不良，使系统在不需要压力油时油液仍在溢流阀所调定的压力下溢回油箱，或在卸荷压力较高的情况下流回油箱。发生这种情况要检查卸荷回路的工作是否正常（如卸荷油路是否被脏物堵塞，电气系统能否使起卸荷作用的电磁阀动作），并采取相应措施消除。

（3）散热不良。油箱散热面积不足、油箱油量太少致使油液循环太快或冷却器作用差（如冷却水系统失灵或风扇失灵），周围环境温度较高等都是导致散热不良的原因。采取措施为改善散热条件，必要时采取强制冷却措施。

（4）误用黏度过大的油液，使液压损失过大，引起油温升高。

4.6 典型工程机械液压系统故障诊断与排除实例

4.6.1 CPC05型液压叉车故障诊断与排除实例

该叉车的工作装置（货叉升降、门架倾斜）与转向系统均采用液压系统控制。工作装置的故障诊断如下。

图4-6所示为工作装置的液压系统图。

（1）故障现象1：升降无力或不能起升

原因分析与排除：

① 齿轮泵3因使用太久而内部磨损，致使供油压力与流量不足。可更换齿轮泵磨损零件或修复齿轮泵，必要时更换齿轮泵。

② 升降液压缸9有故障。

a. 活塞上密封圈损坏，致内泄漏过大。应更换密封圈。

b. 活塞杆拉毛、与缸盖衬套别劲，或缸盖没有装正。可分别进行处理。

③ 多路阀故障。

a. 多路阀中安全（溢流）阀 6 的阀芯卡死在打开的位置，或设定压力太低，齿轮泵来油经此阀部分流回油箱，致使系统压力上不去。当全部油液流回油箱时，就无提升动作。排除此安全阀故障。

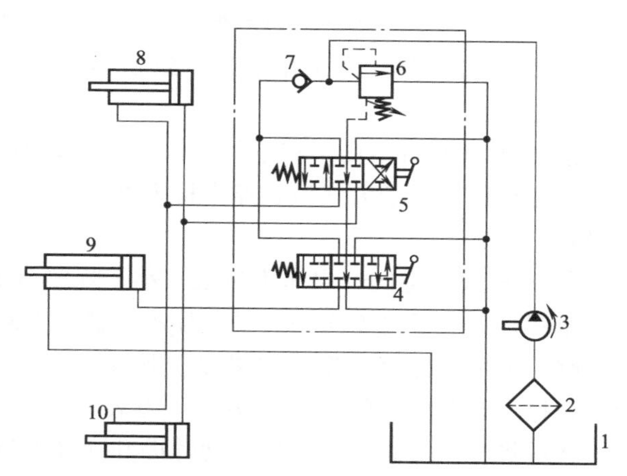

图 4-6　工作装置液压系统

1—油箱；2—过滤器；3—齿轮泵；
4,5—换向阀；6—溢流阀；7—单向阀；
8,10—门架倾斜液压缸；9—升降液压缸

b. 多路阀中单向阀 7 的阀芯卡死在小开度的位置或关闭的位置，致使液压泵来油受阻，油液只有少量或完全不能进入后续系统。可拆开清洗、清除毛刺。

c. 多路阀中换向阀 4 和 5 的阀芯与阀体孔磨损严重，致使内泄漏增大，使进入液压缸 9 的油液流量不够。可修复阀芯（如电镀）或更换阀芯，重新配研阀体孔，并保证装配间隙。

d. 多路阀阀体有四块阀体组合，阀体之间密封破坏或漏装，造成漏油，使进入液压缸的油液不够。更换或补装密封件后此故障便可排除。

④ 液压油管及接头处漏油。更换密封圈，拧紧管接头。

⑤ 油温过高，油液黏度下降，使齿轮泵和系统泄漏增大。可停车降温，并检查油温过高的原因予以排除。

⑥ 超载。使用时不能超过规定的起升重量。

(2) 故障现象 2：升降缸不能锁住，有下滑现象

① 转向器拔销折断或变形。需更换。

② 联轴器损坏。更换联轴器。

(3) 故障现象 3：转向器转子复位失灵

原因分析与排除：

① 转向轴与阀芯不同心，或转向轴顶死阀芯，或其他原因造成转向轴转向阻力大。可针对故障产生的部位及时检查修复。

② 定位弹簧片折断。予以更换。

(4) 故障现象 4：无人力转向

原因分析与排除：主要是由于摆线液压马达的转子和定子间隙过大，不能向转向液压缸输送具有足够压力的油液所致。此时应拆修液压马达。

4.6.2　巨力 ZL50 装载机液压系统故障诊断与排除实例

巨力 ZL50 型装载机工作装置的液压系统原理如图 4-7 所示。

(1) 故障现象 1：铲斗的提升速度缓慢且无力

故障诊断与排除：总的原因是高压油路压力不足，具体情况有下列几种。

① 油箱油位过低，使泵吸空、吸油不足或回油滤清器堵塞，使液压泵供油不足，造成压力低，液压推力减小。应将油箱加足液压油；清洗滤清器，保持其清洁。

② 该机采用双联齿轮泵，若液压泵本身有泄漏，会使泵的容积效率达不到要求

(92%)。应对其进行调整、研磨修复或更换密封圈。

③ 将吸油口误认为是排油口，致使齿轮泵转向错误，因此造成压力不足。应改正其转向。

④ 进油管密封不良，有空气进入油管内，造成压力不足。应检查、拧紧管接头；防止系统中各点压力低于大气压，经常检查进油管路滤清器是否堵塞，以免吸油口压力过低、空气侵入，造成压力降低。

⑤ 先导式安全阀开启压力过低（小于规定值15.7MPa）。此时不能盲目地调紧总安全阀的调压螺杆，应拆检安全阀，看先导阀弹簧是否断裂、导阀密封是否良好、主阀芯是否卡死及主阀芯阻尼孔是否堵塞。如果以上均无问题，则应调整安全阀的开启压力。其调整方法为：先拧下分配阀上的螺塞，接上压力表，再启动柴油机并将其转速控制在1800r/min左右，然后将转斗滑阀置于中位；动臂提升到极限位置，使系统憋压，这时调整调压螺钉，直至压力表读数为15.7MPa即可。

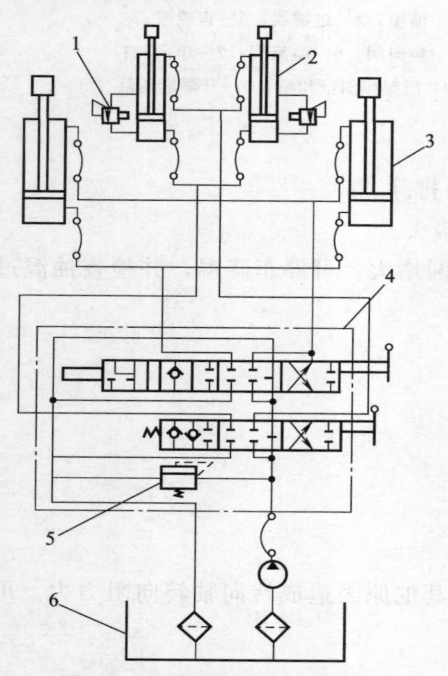

图 4-7　工作装置液压系统原理

1—转斗缸过载阀；2—转斗缸；3—动臂缸；4—分配阀；5—油箱；6—总安全阀

⑥ 若分配阀的O形密封圈老化、变形或磨损，阀杆外露部分锈蚀，使密封面破坏，则都会造成分配阀外泄漏。此时应更换O形圈；如果阀杆端头锈蚀较严重，可将锈蚀部分磨掉，然后进行铜焊，使之恢复到原有直径并打磨光滑即可。若分配阀的阀芯和阀套磨损严重，则会造成内泄漏大。此时应更换分配阀；若条件允许，也可在阀芯表面镀铬，然后与阀套配对研磨，使其配合间隙达到0.006~0.012mm且无卡滞现象为宜。

⑦ 动臂缸活塞密封环损坏造成内泄漏。检查时可将动臂缸活塞缩到底，然后拆下无杆腔油管，使动臂缸有杆腔继续充油，如果无杆腔油口有大量的工作油泄出（正常泄漏量应≤30mL/min），说明活塞密封已损坏，应立即更换。

(2) 故障现象2：转斗提升时有抖动。

故障诊断与排除：

① 油量不足，使工作压力不稳定。应加足液压油。

② 吸油管接口密封不严，空气进入系统中使工作压力不稳定。应检查密封性。

③ 油液中混入了空气，由于油液中有很多微小气泡，使混有空气的油液成为可压缩物体。应消除低压油路中密封不严处，再将混有空气的油液排除掉。

④ 液压缸活塞杆的锁紧螺母松动，致使活塞杆在液压缸中窜动。应将液压缸拆开，将锁紧螺母拧紧。

⑤ 总安全阀开启压力不稳，使高压油压力发生变化，引起抖动。应检查阀的调压弹簧，调整开启压力。

⑥ 两转斗缸和两动臂缸由于泄漏量不等，造成流量波动，引起抖动。应按故障1的⑦项方法检查，如果无问题，可进行下述处理：如果活塞杆大面积拉毛，应将其拆下，在外圆

磨床上进行磨削，再镀上 0.05mm 的硬铅；如果杆径有所减小（约 1mm），则可适当增加导向套的厚度来解决。

（3）故障现象 3：动臂工作正常，但铲斗翻转缓慢无力。

故障诊断与排除：

主要原因是转斗缸两过载阀的调定压力不正常。转斗缸无杆腔和有杆腔两过载阀的调定压力应分别为 17.5MPa 和 10MPa。压力的检测过程为：在测压处接压力表，将转斗操纵阀置于中位，使动臂提升或下放，当连杆过死点时，转斗缸的有杆腔或无杆腔应建立压力。转斗缸活塞杆动作时压力表所示压力即为过载阀的调定压力。如果压力低于出厂时的调定压力，其原因可能如下。

① 转斗缸有内泄漏。排除方法同动臂缸。

② 转斗缸过载阀主阀芯有杂质颗粒，将主阀芯卡死，使过载阀处于常开状态。应清除杂质，同时应检查弹簧是否折断、失效，密封圈是否老化，阀杆与阀体的配合间隙是否合适（正常配合间隙为 0.006～0.012mm）。

（4）故障现象 4：操作系统有故障

故障诊断与排除：

该机工作装置液压系统的控制元件是 DF-32 型分配阀，是由两联换向阀和安全阀组成：铲斗换向阀为三位阀，动臂换向阀为四位阀。铲斗换向阀能自动复位，动臂阀是机械定位、手动复位。在实际操作中常出现的故障及其排除方法如表 4-13 所示。

表 4-13　操作系统常出现故障及其排除方法

故障现象	故障诊断	故障排除
操作沉重	滑阀发卡或损坏 操作连杆机构工作异常	清洗、修复或更换阀零件 检查、调整或更换损坏的零件
铲斗滑阀不复中位	阀的弹簧有问题，滑阀发卡 操纵杆机构工作异常	清洗、更换坏的弹簧 清洗、修复或更换阀零件 调整、更换坏的零件
操作时执行元件无动作	阀芯卡紧或损坏 过滤器破损，污物进入而卡住 配管、软管破裂，控制压力低	清洗、修复或更换控制阀 清洗、修复或更换损坏的零件 更换破裂管道，调整控制压力

4.6.3　挖掘机液压系统故障诊断与排除实例

1. 挖掘机液压传动系统分析

挖掘机是用来进行土石方开挖的一种工程机械。挖掘机的作业过程是铲斗的切削刃切土并把土装入斗内，装满土后提升铲斗并回转到卸土地点卸土，然后再使转台回转、铲斗下降到挖掘面进行下一次挖掘。

挖掘机按作业特点分为周期作业式和连续作业式两种，前者为单斗挖掘机，后者为多斗挖掘机。单斗挖掘机不仅可进行土石方开挖的工作，而且通过工作装置的更换还可以进行浇注、起重、装载、抓取、安装、打桩、拔桩、夯土、钻孔等作业。单斗挖掘机的种类很多，按行走机构的不同分为履带式、轮胎式、汽车式和步行式等；按传动形式不同分为机械传动式、液压传动式两种。由于工程中多采用履带式液压传动单斗挖掘机，因此本节着重介绍此种单斗挖掘机的液压传动系统。

挖掘机的类型代号用字母 W 表示，Y 表示液压传动式，L 表示轮胎式，无 L 表示履带式，主参数为整机的质量。例如 WLY 代表轮胎式液压挖掘机，WY100 代表机重为 10t 的履带式液压挖掘机。另外，不同的生产厂挖掘机的类型代号也有所不同。单斗液压挖掘机的结构主要由工作装置（包括动臂、斗杆、铲斗）、回转机构和行走机构组成。目前履带式单斗液压挖掘机几乎都是整机全液压传动的，工作装置由三个液压缸分别驱动动臂、斗杆和铲斗的运动；回转机构由液压马达通过减速装置使小齿轮与大齿轮啮合传动；行走机构由两个液压马达驱动，汽车式和轮胎式还设置有液压支腿。单斗挖掘机工作过程是：挖掘、回转、卸料和返回。以反铲工作装置为例（见图 4-8），其工作循环如下。

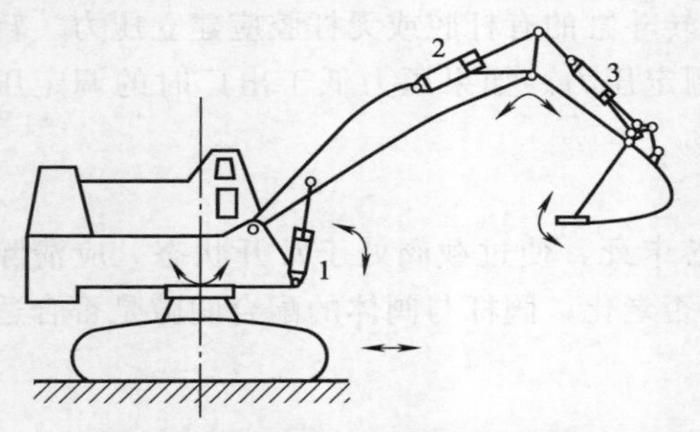

图 4-8　履带式单斗液压挖掘机简图

1—动臂缸；2—斗杆缸；3—铲斗缸

挖掘工况：通常以斗杆和铲斗液压缸的伸缩来驱动斗杆与铲斗的转动进行挖掘。有时还要以动臂液压缸的伸缩驱动动臂转动来配合，以保证铲斗按预定的轨迹运动。

满斗回转工况：挖掘结束，动臂液压缸伸出时动臂提升，同时回转液压马达（图中未画出）旋转，驱动转台回转到适应卸土的位置，停止回转。

卸载工况：通过动臂液压缸、斗杆液压缸的配合动作，使铲斗对准卸土位置，缩回铲斗液压缸使铲斗翻转卸土。

返回工况：卸土完成，转台反转，配合动臂、斗杆的复合动作把空斗返回到新的挖掘位置，开始第二个工作循环。

有时为了调整及转移挖掘地点，还要作整机行走。由此可知，单斗挖掘机的执行元件较多，复合动作频繁。

从以上分析可知，履带式单斗液压挖掘机为保证正常工作，应有动臂、斗杆、铲斗 3 个液压缸，1 个回转液压马达和两个驱动履带行走的液压马达。图 4-9 所示为一种单斗挖掘机液压传动示意图。柴油机驱动两个液压泵，把压力油输送到两个分配阀中，操作分配阀再将压力油送往有关液压执行元件，这样就可驱动相应的机构工作，以完成所需要的动作。

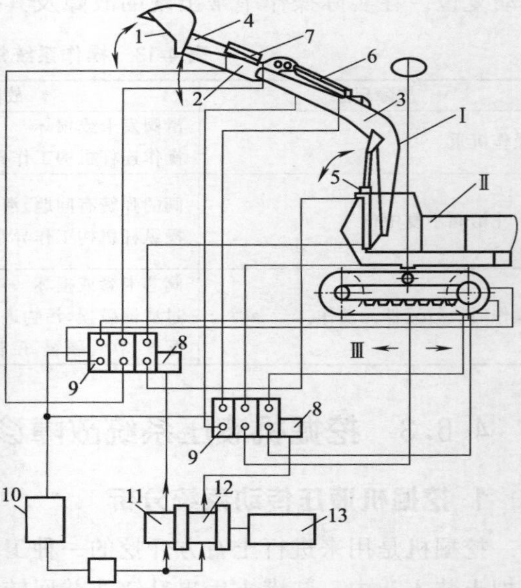

图 4-9　单斗挖掘机液压传动示意图

1—铲斗；2—斗杆；3—动臂；4—连杆；5～7—液压缸；8—安全阀；9—分配阀；10—油箱；11，12—液压泵；13—发动机；Ⅰ—挖掘装置；Ⅱ—回转装置；Ⅲ—行走装置

2. 挖掘机的一般常见故障诊断与排除

挖掘机的一般常见故障诊断与排除方法见表 4-14。

3. 挖掘机故障诊断与排除实例

(1) 小松 PC200-5 型挖掘机斗杆油缸活塞杆不能缩回故障的诊断与维修

故障现象：某单位一台 PC200-5 型挖掘机在操纵斗杆阀时，出现斗杆缸活塞杆伸出后不能缩回的故障现象，但若联合操纵动臂 PPC 阀，加之挖掘机本身的重力，斗杆缸活塞杆

表 4-14 挖掘机的一般常见故障诊断与排除方法

故障现象	原因分析	排除措施
工作装置、行走、回转机构不能工作	① 液压泵故障	更换液压泵
	②工作油液不足	补充加油
	③吸油管破裂	检查修理或更换
	④溢流阀不良	检查阀、阀座和弹簧，更换零件或总成
工作装置、行走、回转无力	①液压泵性能低劣	因磨损而性能降低时可更换液压泵
	②溢流阀调定压力低	检查调整压力
	③工作油量不足	补充加油
	④空气进入	拧紧密封圈漏气部位
动臂的动作有冲击，上升不平稳	①过滤器堵塞，引起气蚀	清理过滤器，检查油箱液面，不足时加油
	②液压泵吸入空气	检查吸油系统，修理泄漏部位，排除泵中空气
挖掘机弱(液压缸推力不足)	①液压缸内部泄漏	检查内泄漏情况，如泄漏量过大需更换总成
	②调定压力低	调整溢流阀压或更换溢流阀总成
动臂的自然沉降量大	①液压缸内部泄漏	更换密封圈或液压缸总成
	②控制阀的泄漏大	更换控制阀总成
液压缸杆部漏油	液压缸活塞杆密封不良	更换密封件，如杆部弯曲受伤时更换液压缸
工作台不能回转	①溢流阀或过载阀调定压力过低	检查，如有弹簧弯曲变形或无力时更换弹簧，并按要求调整压力
	②平衡阀工作不良	检查清洗，弹簧不良时更换弹簧或平衡阀
	③回转液压马达工作不良	检查液压马达输出轴是否断裂、控制阀有无卡滞。是则更换液压马达轴、控制阀的损坏件
液压缸的速度慢	供油量不足	检查液压泵磨损程度，修复或更换液压泵
回转速度低	①调定压力太低	检查调整溢流阀的调定压力
	②溢流阀不良	检查清洗，查看弹簧有无折断、无力，更换不良的弹簧
	③控制阀不良	
	④液压泵供油量不足	检查液压泵磨损程度，修复或更换液压泵
回转时启动、停车有冲击	调定压力过高	检查调整溢流阀，根据要求调定压力
回转时不能停止	缓冲阀(平衡阀)的弹簧折断或有灰尘、卡死	检查缓冲阀，进行清洗，更换弹簧
不能行走或一侧不能行走	①溢流阀调定压力低	检查调整压力，检查清洗，更换失效的弹簧，必要时更换阀
	②中心回转接头不良	更换回转接头总成
	③液压马达不良	检查液压马达输出轴是否断裂、控制阀有无卡滞。是则更换液压马达轴、控制阀的损坏件
行走的速度慢	供油量不足	检查液压泵磨损程度，修复或更换液压泵
振动操作手柄执行元件不动作	①滑阀粘连或损坏	根据不同情况修理或更换阀
	②过滤器损坏	检查清洗或更换
	③配油挠性管破裂	检查、拧紧或更换配油挠性管
	④控制压力低	检查控制压力，进行调整
操作手柄沉重或扳不动	①滑阀卡滞或损坏	检查调整或更换
	②操作手柄连杆机构不良	检查清洗或更换不良的弹簧
操作手柄不能回到中位	①控制阀的弹簧不良	检查清洗或更换不良的弹簧
	②控制阀的滑阀卡滞	更换控制阀总成
	③操作手柄连杆机构不良	检查调整或更换
挠性软管损坏	①调定压力过高	进行压力调整
	②软管扭转安装	重新正确安装
	③管夹松动(低压软管)	拧紧管夹
工作油温上升	①工作油温不足	补充加油
	②溢流阀溢流过度	检查调整压力、弹簧、阀及阀座
	③冷却器散热片积垢	清洗或更换零件
	④冷却风扇转速低	按规定要求调整皮带

可以被动压回。该机的其余各机构动作和性能均未见异常。

故障诊断与排除：根据斗杆缸的液压系统原理（见图 4-10），该斗杆缸活塞杆只伸不缩的故障原因有以下几个方面。

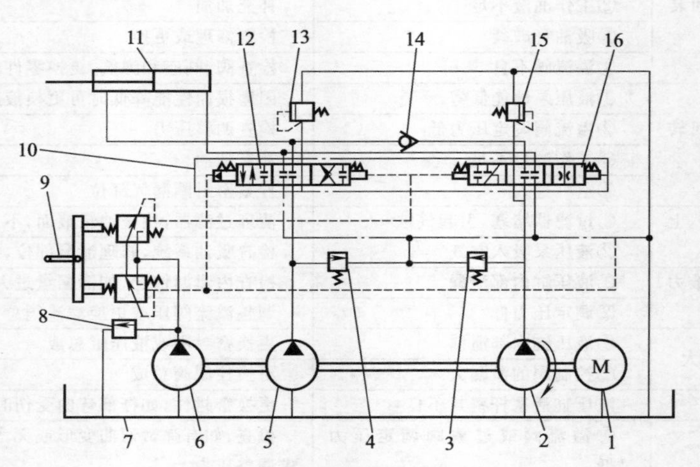

图 4-10 斗杆缸液压系统原理

1—发动机；2，5—柱塞泵；3，4，8，13，15—溢流阀；6—变量泵；7—油箱；9—PPC 阀；10—主控阀；11—斗杆缸；12，16—滑阀；14—单向阀

① 缸筒及活塞杆损坏，或因活塞密封环磨损超限造成内泄严重。拆下斗杆缸（见图 4-11）解体后发现，活塞环 5 完好，说明内泄并不严重。而后，又检查了活塞杆 1 及缸筒 2，发现活塞底部缓冲柱塞 10 已松脱，并在活塞杆的运动作用力下撞伤液压缸底部。从解剖后的斗杆缸知，底部缓冲柱塞松脱是由于锁紧螺母 6 未能压住螺纹胶粒 8，使胶粒在液压油中受浸泡、冲蚀，在油压、油温的长时间作用下日久失效，并从活塞杆小孔中脱出，导致其上的 12 粒钢球 7 部分脱落，缓冲柱塞也因无锁紧而脱出，最终造成缸筒损坏和液压回路出故障，从而出现斗杆缸活塞杆只伸不缩的现象。

② 液压回路堵塞。清洗了液压回路，除去了回路中的油垢、泥沙和铁屑等污物，从清洗后的液压油中还找到了已破损的钢球，连续冲洗液压回路 5～6 次后，当装好回路试机时，故障却仍未被排除。

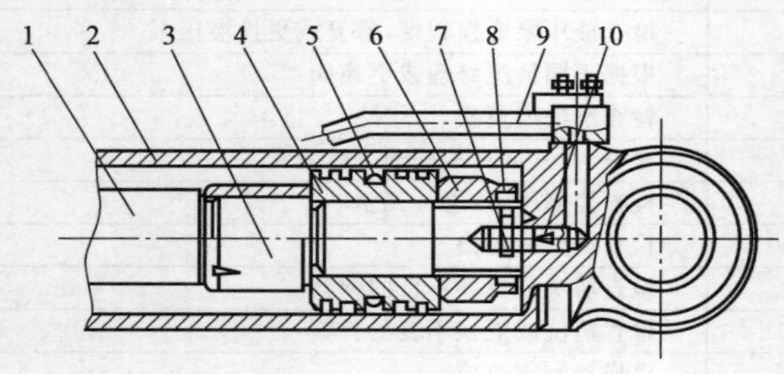

图 4-11 斗杆缸结构

1—活塞杆；2—缸筒；3—上部缓冲柱塞；4—活塞；5—活塞环；6—锁紧螺母；7—钢球；8—螺纹胶粒；9—底部油管；10—底部缓冲柱塞

③ 控制油路故障。为判断故障是否由控制油路引起的，将控制斗杆油路的控制油管与铲斗或动臂缸的控制油管对调，从对调后的状况就可判断故障是否在控制油路的回路上。经对调试验证实，故障与控制油路无关。

④ 主控阀故障。从图 4-10 知，主控阀 10 是受控制油路控制的，通过以上分析可以肯定，故障出现在主控阀内。解体主控阀后发现，主控阀内滑阀的阀芯中有一控制斗杆慢动作的滑阀 12 的阀芯被卡死，需用手锤木柄轻轻敲击或用手掌用力拍击才能抽出，而且此阀芯存在极轻微的拉伤，从主控阀内还清洗出一部分铁屑。于是，可用 0 号研

磨膏将卡死的阀芯和阀座孔加以对研，并对主控阀进行彻底的清洗。重新装配后，机器故障已彻底排除。

（2）小松 PC200-5 型挖掘机回转故障的诊断与维修

故障现象 1：一台小松 PC200-5 型挖掘机，在施工作业中，回转马达出现以下异常情况：左旋转正常，即回转操纵杆回到中位时马达能立即停下来；右旋转不正常，即回转操纵杆回到中位时马达需继续回转一个很大的角度后才能停下来。

故障诊断与排除：针对以上情况并结合回转系统的工作原理，经分析后认为，造成此故障的主要原因有如下几个方面（该机回转系统液压原理见图 4-12）。

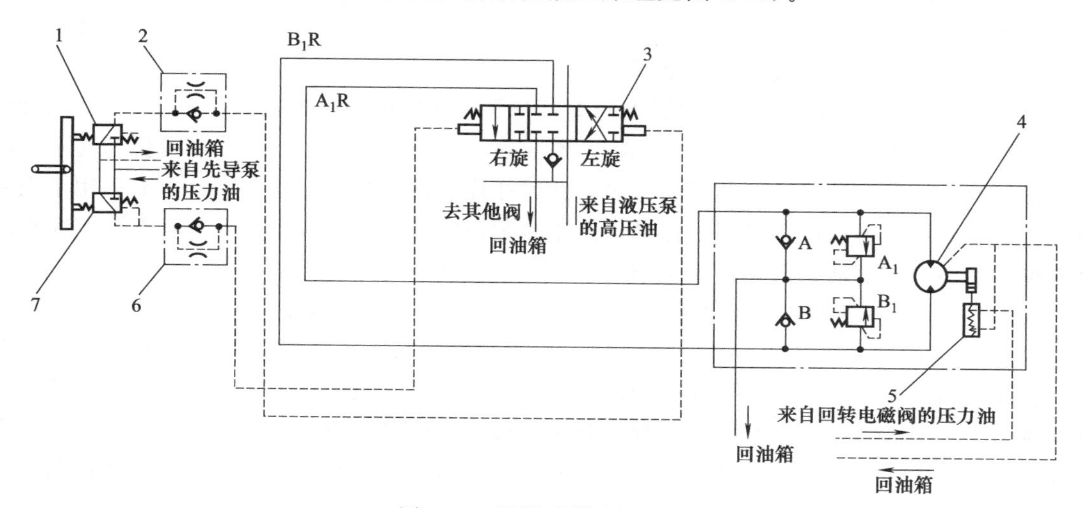

图 4-12　回转系统液压原理

1,7—回转操纵阀；2,6—退回阀；3—回转主控制阀；4—回转马达；5—回转马达制动器；A,B—单向阀；A_1，B_1—安全阀

① 主控制阀。

a. 由于回转主控制阀 3 磨损，一些杂质会挤压在阀芯和阀孔之间，使阀芯出现卡滞现象，因而不能及时回复到中位。

b. 回转主控制阀的左旋一侧的控制弹簧失效，造成阀芯不能及时回复中位（检查时，可左、右边弹簧对调）。

c. 回转主控制阀中控制右旋一侧的先导控制油没能及时、完全地流回油箱，因而形成了液压阻力，导致阀芯不能及时准确地回复中位。对此，可认为是由于回转操纵阀 7 不能准确到位，或退回阀 6 堵塞，因而造成回油不畅（检查时，可将左、右旋向的先导控制油路对调）。

② 回转液压马达。根据回转系统的液压原理，若回转马达工作正常，右旋时，压力油从 B_1R 油路进入回转马达 4，然后从 A_1R 油路回油箱。右旋结束时，回转主控制阀回到中位，此时 A_1R 油路和 B_1R 油路已封闭，因而形成了液压阻力，故回转马达即停。根据该机的故障现象，说明 A_1R 油路因有泄漏而形成了开路。形成此状态的原因有：安全阀 A_1 的阀芯被卡滞或调定压力太低，当右旋结束时，A_1R 油路的液压油经阀 A_1 卸荷流回油箱（检查时，可与阀 B_1 对调）；回转马达存在内泄（因该机左旋正常，说明该机的马达不存在内泄的情况）。

虽然对以上各种故障原因一一进行了查找、排除，但故障现象却依然存在，于是可以怀疑是单向阀 A 处于开启状态（正常情况下，阀 A 是不开启的）。将其拆下检查，果然有一些金属小薄片卡在其中，因而形成了开路，清除后故障现象即消失。

实际工作中应注意以下两个方面。

① 遇到上述的故障现象时，在解决故障的同时，还要检查液压油回油过滤器是否存在金属屑或杂物；如有，则要查明其来源。其中有两处须注意：一是液压泵，液压泵的金属屑可以在液压泵下面的磁铁放油塞中找到，如有，则说明泵已磨损，必要时应拆卸修理；二是滚压缸筒，缸筒内壁和活塞杆头部常承受突然变化的冲击压力，故易出现问题。此机的故障就是由于铲斗缸筒内壁拉伤后，其上剥落的金属屑卡在阀 A 中造成的。总之，若液压系统出现了金属屑或杂物，须找出根源之所在。

② 一般情况下，由于回转主控制阀的阀芯与阀孔间的配合极其精密，加上又有油润滑，一般不易产生磨损情况，杂物难卡在其中，因而在未确定故障点前，不要随便拆卸阀芯。因为阀芯与阀孔中存有油膜，阀芯不易拔出，此时往往误认为被杂物卡住了，因而采用了强制的方法，这样容易损伤阀芯表面；再者，由于多数情况是在施工现场修理，重新装配时难以保证阀周围环境的清洁，因而易出现杂物卡在其中的现象。

故障现象 2：挖掘机在回转作业时，某一侧回转方向上制动失灵。

图 4-13 为回转系统液压原理。由图知，故障的表现特征说明制动器、供油油路工作正常，故障原因只能是单侧回转方向上的溢流阀或换向阀存有故障。但换向阀出现这种故障的可能性较小，原因是，换向阀引起这种故障时一般应为阀芯严重拉伤，导致液压制动时严重泄漏，引起制动失灵。这种故障一般应出现回转工作迟缓、回转无力的症状。实践证明，大多是由于溢流阀阀芯脏、阀芯被卡住或弹簧折断而造成的。

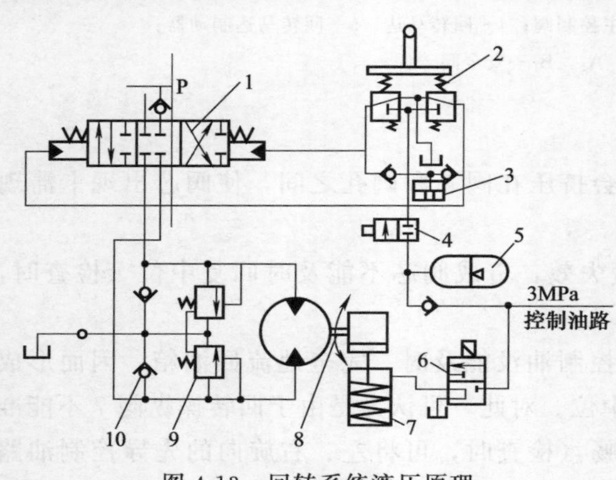

图 4-13　回转系统液压原理

1—回转转向阀；2—先导操纵阀；3—压力开关；4—安全阀；5—蓄能器；6—制动电磁阀；7—制动器；8—回转马达；9—溢流阀；10—单向阀

故障现象 3：回转速度缓慢、回转马达温度异常。

故障诊断与排除：泵油压力、流量不足；溢流阀设定压力偏低；马达泄漏严重；制动未解除。排查时，应首先试机，观察机器在铲掘状态或行驶状态（即不回转）时是否工作有力，若工作正常，说明泵完好；其次，检查压力开关 3（见图 4-13），将其短接，若回转速度正常，则表明是制动未解除，即压力开关有故障，否则是液压马达或溢流阀有故障，而两个溢流阀同时出现故障的可能性要小于马达泄漏的可能性。根据经验，这类故障大多是压力开关触点损坏所致，使制动不能解除，回转在制动状态下进行；即压力开关触点频繁工作，且通过电流大而造成的。

(3) 小松 PC220-5 型挖掘机行走跑偏故障的诊断与维修

故障现象：一台 PC220-5 挖掘机在前进和后退中向左侧方向跑偏，而右侧行走正常。

故障诊断与排除：可引起上述故障的部位有：泵及其控制系统、先导控制阀、行走控制阀、中心回转接头、行走马达和最终传动系统等几部分。根据现场施工条件，采用“排除法”进行排查。将中心回转接头4根出口液压胶管互换，试机时发现跑偏现象从左侧转移到右侧，因此排除了左侧行走马达及最终传动存在问题的可能；将控制阀和中心回转接头之间提供左右行走的4根液压管互换试机，发现跑偏方向也随之改变，因此排除了中心回转接头存在问题的可能；检查左侧行走控制阀，发现其阀杆移动平滑，并且测得先导输出压力为3.4MPa，说明先导压力和控制阀无问题。最后判定，故障存在于泵及其控制系统中。

由于机器右侧行走正常，因此可以断定两泵共用的先导泵和TVC阀工作正常。

对NC阀的输出压力进行检测。在NC阀出口处接一个量程为6MPa的压力表。利用挖掘机的工作装置将左侧履带撑起，在履带自由转动条件下测得NC阀输出压力为0.4MPa，操作杆在空挡（履带不转动）时为0.28MPa，而NC阀正常输出压力空挡时最大应为0.3MPa，履带自由转动时最小应为1.4MPa。可见，是NC阀输出压力不正常。NC阀由传感器喷嘴压差推动，当控制杆在空挡时压差最大，当控制杆满行程时压差最小，因此首先应检查此压差是否正确。操纵杆在空挡时测得压差为1.6MPa，属正常，而操纵杆在满行程时压差为0.62MPa，超过正常值（正常值为0.2MPa），说明故障存在于传感器喷嘴量孔或传感器卸载阀的限定压力上。更换传感器喷嘴的卸载阀后试机，故障消失，机器工作恢复正常。

故障原因分析：NC阀的输出压力由喷嘴压力传感器的压差和NC阀内弹簧力来控制，当操纵杆在空挡、机器不动时压差最大，NC阀的输出压力减至最小，从而使主泵的旋转斜盘倾角最小，主泵排量最小；相反，操纵杆在满行程时压差最小，主泵排量最大，即主泵排量随控制杆的行程增加而增加。当该挖掘机行走时，控制右侧行走的压力传感器的压差降至标准值（0.2MPa），而控制左侧行走的压差为0.6MPa（远大于标准值），因此使NC阀的输出压力$p_{左}<p_{右}$，两泵旋转斜盘倾角不同，造成控制左侧行走泵的排量小于控制右侧行走泵的排量，使机器在行走时左侧履带速度小于右侧，因而机器向左跑偏。

(4) 小松PC220-5型挖掘机铲斗缸和左行走马达工作无力故障的诊断与维修

故障现象：一台PC220-5型小松挖掘机，工作8500h后出现铲斗缸和左行走马达工作无力的故障，但回转动作和右行走均正常，其余动作略显迟缓。

故障诊断：

① 铲斗缸工作无力故障的可能原因如下。

a. 控制铲斗的先导油路有故障。

b. 控制阀阀芯卡死或严重磨损。

c. 铲斗回路的补油阀卡死。

d. 铲斗缸、活塞或油封严重损坏。

e. 主卸荷阀卡死。

f. 后泵或其控制系统有故障。

② 左行走马达工作无力故障的可能原因如下。

a. 控制左行走的先导油路有故障。

b. 控制阀阀芯卡死或严重磨损。

c. 行走马达有故障。

d. 中心回转接头窜油严重。

e. 主卸荷阀卡死。

f. 后泵或其控制系统有故障。

由该机的液压系统原理知，铲斗缸和左行走马达都是由后泵单独供油的，因而铲斗缸和左行走马达同时出现工作无力，其原因最有可能出在主卸荷阀或后泵及其控制系统上。于是将前泵、后泵的高压油管相互交换，再试机时发现，铲斗缸和左行走马达已工作正常，相反，回转马达和右行走马达却工作无力了。由此说明铲斗缸和左行走马达及其控制系统均属正常，故障应在为铲斗缸和左行走马达单独供油的后泵或其控制系统上。

③ 检查后泵的控制系统并分析如下。

a. 由于前泵工作正常，证明前泵、后泵公用的控制先导泵和 TVC 阀工作正常。

b. 在 NC 阀出口处装一个量程为 6MPa 的油压表，测得该处油压为 p_1（因 CO 阀出口压力没有测点）；将 CO 阀调节螺栓调紧 2～4 圈时，发现 p_1 值上升，再将调节螺栓调回原位时，p_1 下降到原来的数值。检测结果符合 CO 阀工作特性，说明 CO 阀工作正常。

c. 将 NC 阀调节螺栓调紧 2～4 圈时，发现 p_1 值上升，再将调节螺栓调回原值时，p_1 下降到原来的数值。检测结果符合 NC 阀工作特性，说明 NC 阀工作正常。

d. 拆检伺服机构后得知，回位弹簧无折断且弹性良好，连杆机构没有脱落，阀芯无卡滞和磨损现象，由此说明伺服机构工作正常。

由上述检查结果可知，后泵的控制系统工作正常，铲斗和左行走马达工作无力只能是后泵本身有故障引起的。

拆下液压泵总成，经解体检查发现，前泵各液压元件完好无损，后泵损坏较为严重，配流盘封油带处有几条较深的沟槽，柱塞缸端面有轻度拉伤，其余液压元件并无明显的磨损现象。显然，后泵不能正常工作是因为柱塞缸与配流盘的接触面严重磨损，造成液压油严重泄漏，致使油压建立不起来，从而导致铲斗缸和左行走马达工作无力。

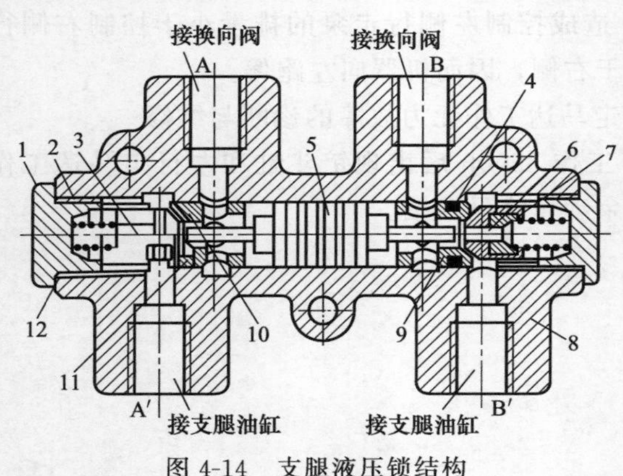

图 4-14　支腿液压锁结构

1—螺塞；2—弹簧；3,6—阀芯；4—密封面；5—控制活塞；7—销钉；8—阀体；9,10—阀套；11,12—O 形圈

故障排除：鉴于柱塞缸端面损伤不大而配流盘损坏严重的情况，可采用修磨柱塞缸和更新配流盘的维修方案。即先用平面磨床精磨柱塞缸的磨损端面，然后用氧化铬进行抛光，最后用手工对研柱塞缸和配流盘，保证其接触面积达 95%以上。

将修复后的柱塞缸和配流盘装好后试机，挖掘机工作恢复正常，至今已使用一年多，未出现任何问题。

（5）国产 W4-60C 型挖掘机支腿液压锁常见故障的诊断与排除

故障现象：W4-60C 挖掘机支腿在使用中经常出现两种故障，一是机器在行驶或停放时支腿自动沉降；二是机器在作业时，支腿缸活塞杆自动缩回，使支腿不起作用。

故障诊断与排除：除支腿缸油封损坏外，最主要的原因是支腿液压锁出现故障。支腿液压锁（见图 4-14）位于支腿缸的进出油口处，当换向阀位于中立位置时，支腿缸内的液压油被封闭，确保了机器作业时支腿支撑牢固；在行驶或停放时可防止支腿由于本身重量和颠簸而自动沉降，从而起到“锁”的作用。支腿液压锁实际上是由两个单向阀并列装在一起构成的，主要由阀体 8、控制活塞 5、阀套 9 和 10、阀芯 3 和 6 及弹簧 2 等组成。出现的主要故障是油液泄漏，从而导致支腿工作不良。支腿液压锁常见故障及排除方法如下。

① 接头或液压锁螺纹滑扣而漏油。液压锁和液压油管靠专用接头连接，由于拆装频繁，易导致接头和液压锁上的螺纹滑扣而漏油。螺纹损坏的另一个原因是，该锁仅仅靠和油管（钢制）连接而悬浮于支腿缸的一侧，并没有专门的固定装置，这样拆装时极易因固定效果差而拧坏油管或螺纹。

排除方法：可更换接头或采用密封带（生料带）缠绕接头以加强密封；如果锁内螺纹损坏，可采取加大螺纹的方法修复（但比较费事），也可采用将接头和锁焊接在一起的方法解决漏油问题。

② 阀芯与阀套接触面磨损造成封闭不严而泄油。使用中铝合金材质的阀芯和钢制的阀套（主要考虑有利于密封）因承受油压的反复作用，往往使较软的阀芯被磨损出现沟槽，导致相接触的密封面不平整而泄油。

排除方法：修磨阀芯与阀套的接触面，以保证其配合面全部密合。

③ 阀芯与阀套接触面被杂质垫起而泄油。若液压油的滤清效果差，较大的杂质颗粒或磨屑进入了阀芯与阀套的密封面，使该处被杂质垫起，导致密封失效而泄油。

排除方法：清洗支腿液压锁并加强油液的滤清工作。

④ 弹簧过软或折断而失灵。由于弹簧过软或折断，使阀芯不能紧密贴合于阀套上。从而导致泄油。

排除方法：更换弹簧。

⑤ O 形密封圈损坏导致漏油。该液压锁内共有 4 个 O 形圈：螺塞处的 O 形圈 12（型号为 22×2.4、共 2 个）用以防止油液外漏；阀套上的 O 形圈 11（型号为 16×2.4、共 2 个）则用以防止油液在 A 与 A'和 B 与 B'间互相串通。使用时，O 形圈 11 最易受到损坏而导致泄油，应引起重视。

排除方法：更换所有的 O 形圈。

⑥ 控制活塞杆弯曲变形导致泄油。控制活塞常处于较高压力下作往复移动顶推阀芯，这样有时会使其上两侧较细的杆部出现弯曲变形，致使顶推阀芯的效果变差，发生顶偏现象，还易破坏阀芯与阀套的配合面，使阀芯过早损坏。

排除方法：校正或更换弯曲的控制活塞杆。一般情况下，当活塞外圆对活塞杆轴线的全跳动超过 0.3mm 时就必须校正或更换。

⑦ 控制活塞与阀体配合间隙过大而泄油。由于控制活塞不断地作往复运动，使其与阀体中心孔间的配合间隙增大，最终导致过量泄油。

排除方法：一般情况下应更换总成。此活塞与阀体中心孔配合间隙应为 0.02～0.03mm，当间隙至 0.04mm 时就必须修复或更换。

4.6.4 汽车起重机液压系统故障诊断与排除实例

1. QY8 起重机液压系统故障分析与排除

（1）QY8 型汽车起重机液压系统特点　QY8 型汽车起重机是在黄河 JN-50 汽车底盘基础上改装的，最大起重量为 8t。起重机行走部分与载重汽车相同，为机械传动，其余全部采用液压传动。图 4-15 所示为该机液压系统图。

该起重机液压系统由一台 ZBD-40 型轴向柱塞泵（液压泵 1）供油。各执行元件的动作由两组多路换向阀Ⅰ、Ⅱ控制。该机为全回转式，分为平台上部（上车系统）和平台下部

（下车系统）两个部分。整个液压系统除了油箱 10、液压泵 1、过滤器 2、前支腿液压缸 9、后支腿液压缸 8 和稳定器液压缸 5 在平台上部，其他液压元件都布置在平台下部。上、下部的油路通过中心回转接头（图中未画出）连接。由第Ⅰ组多路阀中换向阀 22 完成供油方向的转换，或通过换向阀 23、24 向下车系统的前、后支腿液压缸和稳定器液压缸供油，或通过第Ⅱ组多路阀中换向阀 25，26，27，28 向上车系统的伸缩臂液压缸 14、变幅液压缸 15、回转液压马达 17、起升液压马达 18 及制动器液压缸 19 供油。

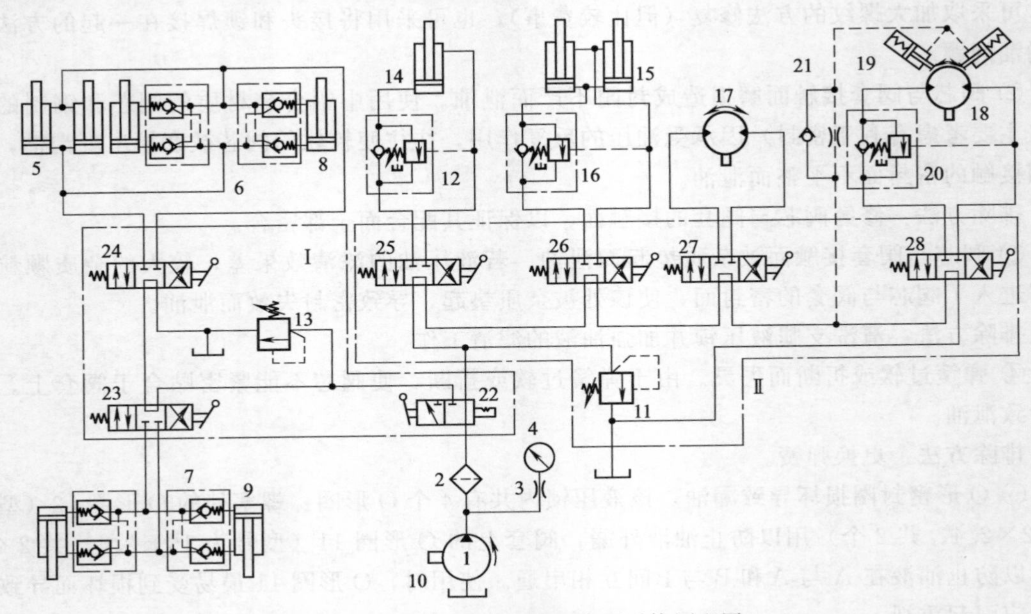

图 4-15　QY8 汽车起重机液压系统原理图

1—液压泵；2—过滤器；3—阻尼器；4—压力表；5—稳定器液压缸；6，7—液压锁；8—后支腿液压缸；9—前支腿液压缸；10—油箱；11，13—溢流阀；12，16，20—平衡阀；14—伸缩臂液压缸；15—变幅液压缸；17—回转液压马达；18—起升液压马达；19—制动器液压缸；21—单向节流阀；22～28—换向阀

① 支腿与稳定器回路特点　换向阀 23 和 24 之间组成串联回路，可同时操纵前、后支腿动作。前、后支腿的收放顺序由驾驶员控制。另外，由于车体是通过板簧悬挂在后桥上的，当支腿将车体撑起时，由于板簧恢复变形，即使将车体撑起很高时后轮胎也仍不能离地。为此，在车体上安装了稳定器。两个稳定器液压缸 5 并联，并且与后支腿液压缸同时由换向阀 24 控制。当放出后支腿时，稳定器液压缸活塞杆首先伸出（因其阻力小），推动挡块将车体与后桥刚性连接起来，使起重作业稳定性好；当收回后支腿时，由于车体自重的作用，支腿活塞杆首先缩回，然后稳定器活塞杆才缩回。

② 其他工作回路特点　系统中由第Ⅱ组多路阀控制的回路，其中四联换向滑阀组成串联油路。当各换向阀均处于中位时，液压泵输出的液压油经各换向阀回油箱，液压泵卸荷。当各换向阀分别或同时处于左、右位时，即可分别操控各执行元件同时或单独动作。由于采用串联系统，轻载作业时，起升和回转可进行复合动作，以提高生产率。在重载作业时，受供油压力的限制，进行复合动作比较困难。

在伸缩、变幅、起升回路中，为防止重力载荷作用下有超速下降的可能，分别设有平衡阀 12、16、20，以保持平稳下降。平衡阀既有液压锁的作用，也有可将吊臂、吊重可靠支撑住的作用。因此，在此类起升回路中平衡阀是不可缺少的液压元件。在使用平衡阀时，应注意将其串联在高压分支油路中。

在起升液压马达上装有制动器液压缸 19，以防止液压马达内泄漏造成吊重下降，作停止器使用。在制动器回路中，装有单向节流阀 21，其作用是使制动（制动器液压缸活塞杆伸出）迅速，解除制动（制动器液压缸活塞杆缩回）缓慢。这样，当吊重停在空中再起升时，可避免起升液压马达因重力载荷作用而产生瞬时反转现象。

系统压力由溢流阀控制，溢流阀 13 控制支腿回路的最大工作压力，调整压力为 16MPa，溢流阀 11 控制上车系统最大工作压力，调整压力为 25～26MPa。

过滤器 2 安装在液压泵出口处，这样可以保护除了液压泵以外的所有液压元件。为了防止过滤器堵塞时滤芯被击穿，在过滤器进口处安装压力表 4，当液压泵处于卸荷状态时，压力表读数不得超过 1MPa，否则必须设法清洗滤芯。

该系统采用定量系统，各执行元件的速度调节主要通过改变发动机转速来改变液压泵流量实现，也可以通过换向阀进行节流调速。两种调速方法恰当配合使用，可实现在 20cm/min的低速下稳定工作。

(2) QY8 起重机液压系统故障分析与排除

① 支腿回路故障

故障现象 1：车轮总落地，车体支不起来。

原因分析与排除：

a. 液压泵 1 故障，吸不上油。排除液压泵故障。

b. 溢流阀 13 故障，压力上不去。排除溢流阀 13 的故障，调整至规定压力。

c. 换向阀 22 未处于左位，无油液进入后支腿液压缸 8 与前支腿液压缸 9。在放下支腿时，换向阀 22 一定要处于左位。

d. 稳定器液压缸 5 未将后桥板簧锁住，主要是稳定器液压缸 5 内泄漏大。必须更换稳定器液压缸 5 的活塞密封。

故障现象 2：车体前后方向倾斜。

原因分析与排除：

a. 前支腿液压缸 9 或后支腿液压缸 8 的活塞破损，内泄漏大，在起吊作业受载时引起车体前后倾斜。可拆开前支腿液压缸 9 和后支腿液压缸 8 检查活塞密封情况，密封破损的予以更换。

b. 前支腿液压缸 9 或后支腿液压缸 8 中混有空气。可往复运动支腿液压缸数次或拆松管接头（不可全卸）排气。

故障现象 3：车体下落。

具体表现为车体在未起吊时能支起支腿，但在起吊作业中车体下落，特别是在起吊较重的重物或满载时尤为严重。

原因分析与排除：除了上述支腿液压缸内泄漏大外，主要是由于液压锁 6、7 有故障，不能锁住液压缸保压所致。排除液压锁故障。

② 吊臂伸缩回路故障

故障现象 1：臂梁不能伸出（上升）。

原因分析与排除：

a. 换向阀 22 处于左位。应使其处于右位。

b. 换向阀 25 未手动推到位。正确的位置应处于左位。

c. 溢流阀 11 故障，造成压力上不去。排除溢流阀 11 的故障。

故障现象 2：臂梁不能缩回（下降）。

原因分析与排除：

a. 同故障现象 1 中的 a 和 b。

b. 换向阀 25 未手动推到位。正确的位置应处于右位。

故障现象 3：臂梁停位点不准确及下滑。

具体表现为臂梁回缩时不平稳，出现停位点不准确，以及伸缩臂液压缸 14 停止（换向阀 25 中位）时，臂梁缓慢下滑或断续下滑。

原因分析与排除：

a. 当换向阀 25 急剧地向臂梁收缩方向（从左位换到右位）转换时，平衡阀 12 由于控制油的延迟作用而未及时打开，使伸缩臂液压缸 14 的上腔及这一段管路内的压力瞬时升高至 25～26MPa，此时平衡阀 12 的主阀阀芯突然打开，开度很大，产生臂梁瞬时快速较大行程的下降，这种现象成称为“缩臂点头”。

为了控制“缩臂点头”现象的发生，必须控制伸缩臂液压缸 14 的上腔至平衡阀 12 之间的瞬时压力峰值。可在二者之间增设一安全阀，其压力设置稍高于溢流阀 11，或装压力补偿器，可使“缩臂点头”现象得到缓和。

b. 缩臂回程过程中，有时需要中途停住，这可通过操纵换向阀 25 使其处于中位来实现。但是，往往换向阀 25 移到中位时伸缩臂液压缸 14 却不能立即停住，而是要下滑一段距离后方可停住，即停位点不准确。如果起吊时出现这种情况是很危险的。

产生这一现象的原因是由于臂梁缩回时的惯性会对液压缸的下腔产生一个压力冲击，换向阀换向太快也会产生压力冲击，二者之和造成平衡阀的内泄漏很大（此时换向阀 25 关闭），通过平衡阀内的泄漏油道流回油箱，所以液压缸要下滑一小段距离。排除办法是采取措施，减少泄漏。

③ 变幅回路的故障　变幅回路的组成及工作原理与吊臂伸缩回路完全相同，因而变幅回路可能产生的不能增幅、不能减幅及减幅时不平稳等故障的原因和排除方法可参照吊臂伸缩回路。

④ 回转回路的故障

故障现象 1：回转时车体倾斜。

原因分析与排除：

a. 个别支腿液压缸内混有空气。需进行排气。

b. 个别液压锁有故障，如单向阀不密封、单向阀阀芯卡死、控制活塞卡死和控制活塞密封失效。可逐一检查并排除。

故障现象 2：回转时速度变慢。

a. 液压泵 1 内泄漏大，输出流量不足。如果是液压泵使用时间长，内部零件（如配油盘、活塞等）磨损，可更换或修复液压泵；如果是由于发动机转速不够，造成液压泵转速低，而使输出流量小，可加大发动机油门。

b. 回转液压马达 17（为 ZMD40 型轴向柱塞液压马达）的泄漏大，可修复或更换液压马达。

c. 溢流阀 11 的故障溢流量大。应排除溢流阀有关故障。

d. 其他部位泄漏大。找出泄漏部位并采取加强密封等措施。

⑤ 起升回路的故障

故障现象 1：吊钩升不上去，吊不起重物。

a. 溢流阀 11 的调节压力过低。可调节溢流阀升高压力。

b. 溢流阀 11 有故障，导致系统压力升不上去。可排除溢流阀 11 的故障。

c. 提升液压马达 18 有故障。例如，内泄漏大，造成输出转矩下降。可采取修复液压马达有关零件，减小内泄漏等措施予以解决。

d. 制动器液压缸 19 不能松开闸瓦。查明原因予以解决。

故障现象 2：吊钩下不来，吊起的重物悬在空中。

a. 平衡阀 20 有故障。可参照吊臂伸缩回路故障有关内容予以排除。

b. 提升液压马达 18 有故障。如内泄漏大、内部零件损坏等。可拆修提升液压马达 18，更换或修复有关零件以恢复液压马达性能。

2. QY16 起重机液压系统故障分析与排除

QY16 型汽车起重机最大起升高度为 19m，起升重量为 16t。液压系统为多泵、定量、开式系统，该系统由支腿、回转、伸缩、变幅、起升液压回路组成。图 4-16 所示为该机液压系统原理图。在三联液压泵组中，泵Ⅰ主要向支腿和回转回路供油，泵Ⅱ主要向伸缩和变幅回路供油，泵Ⅲ主要向起升回路供油。

① 支腿回路　由泵Ⅰ提供液压油，通过换向阀 2～6 向水平支腿液压缸 42、垂直支腿液压缸 43 供桩换向阀 3～6 组成并联油路，又与换向阀 2 组成串联油路。

换向阀 2 处于中位时，泵Ⅰ来油供回转回路，回转回路不工作时，液压油经过滤器 12 直接回油箱 45。

换向阀 3～6 处于中位（不工作），仅操纵换向阀 2 使其处于左位或右位时，各支腿滚压缸也不能动作。

换向阀 2 处于右位，再操控换向阀 3～6 使其单独或同时处于左位或右位时，各水平支腿液压缸单独或垂直支腿液压缸同时伸出。

换向阀 2 处于左位，再操控换向阀 3～6 使其单独或同时处于左位或右位时，各水平支腿液压缸或垂直支腿液压缸单独或同时缩回。

② 回转回路　换向阀 2 处于中位，操控换向阀 13 使其处于左位或右位时，泵Ⅰ来油即可使回转液压马达 37 正反向回转。在进油同时配合脚踏液压缸 27 的动作，通过过载阀组 32 中液动制动阀 34 实现回转液压马达的制动液压缸 33（常闭式）及时松闸。

③ 伸缩回路　操控换向阀 14 使其处于左位或右位时，泵Ⅱ来油经换向阀 14、平衡阀 22，即可使伸缩液压缸 38 伸出或缩回。

泵Ⅱ来油压力由远控溢流阀 20、电磁阀组 19 进行控制。当油压超过调定值时，安装在进油路上的压力继电器（图中未画出）会使电磁阀组 19 通电，从而使远控溢流阀 20 的远控口接通油箱，使液压泵卸荷。

④ 变幅回路　操控换向阀 15 使其处于左位或右位，泵Ⅱ来油经换向阀 15、平衡阀 28，即可使变幅液压缸 39 伸出或缩回。

此回路换向阀 15 与伸缩回路的换向阀 14 为并联回路。还设置了应急泵 46，当泵Ⅱ不能洪油时，利用应急泵和快速接头 47 可以实现动臂应急下降。回路中还设置了过载阀 23。泵Ⅱ来油压力仍由远控溢流阀 20、电磁阀组 19 进行控制。

⑤ 起升回路　起升回路由泵Ⅲ、泵Ⅱ、换向阀 17（有两位属过渡位）、远控溢流阀 21、

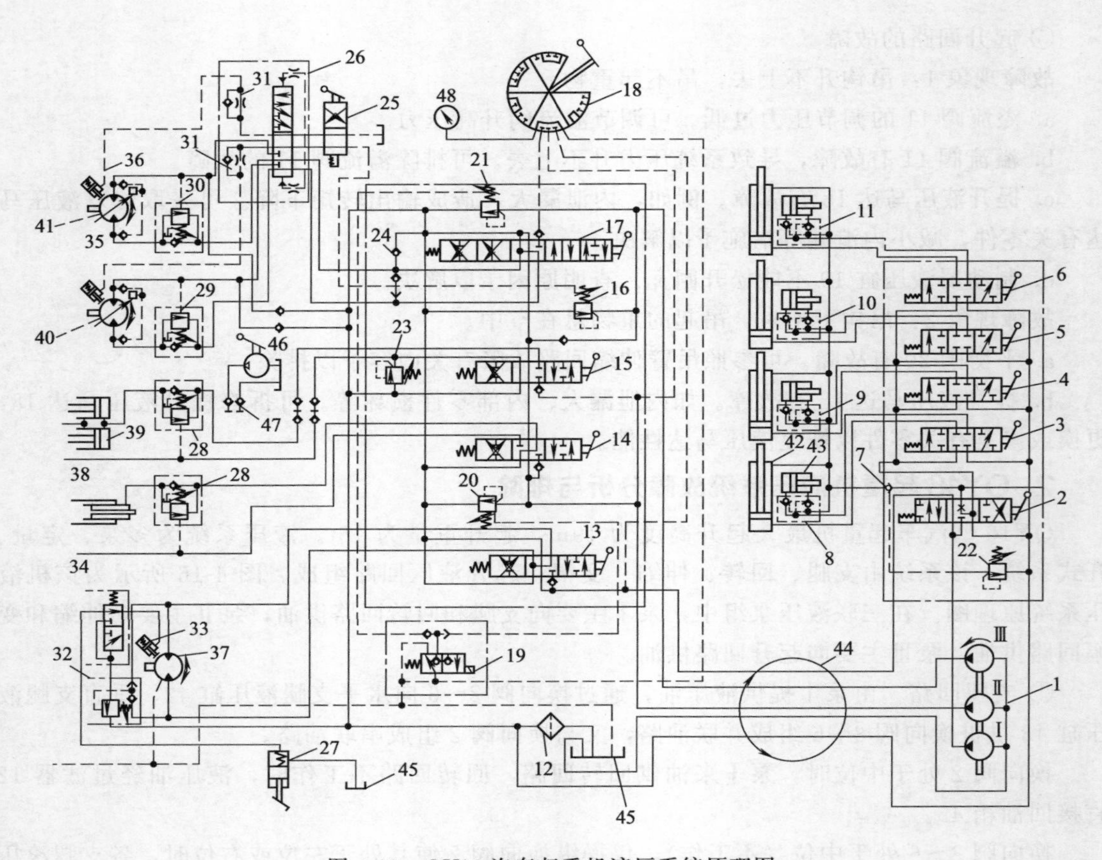

图 4-16　QY16 汽车起重机液压系统原理图

1—三联液压泵组（泵Ⅰ、泵Ⅱ、泵Ⅲ）；2～6，13～15，17—换向阀；7—单向阀；8～11—液压锁；12—过滤器；16—溢流阀；18—五位五通转阀；19—电磁阀组（含梭阀）；20，21—远控溢流阀；22，23—过载阀；24—补油阀；25—选择阀；26—二位十通液动阀；27—脚踏液压缸；28～30—平衡阀；31—单向节流阀；32—过载阀组；33，35，36—制动液压缸；34—液动制动阀；37—回转液压马达；38—伸缩液压缸；39—变幅液压缸；40，41—液压马达；42—水平支腿液压缸；43—垂直支腿液压缸；44—回转接头；45—油箱；46—应急泵；47—快速接头；48—压力表

补油阀 24、选择阀 25、二位十通液动阀 26、单向节流阀 31、平衡阀 29 与 30、制动液压缸 35 与 36 及液压马达 40 与 41 组成。换向阀 17 处于不同位工作，可使起升液压马达实现正、反转（起升、下降）。

主、副起升液压回路相同。操纵选择阀 25 使其处于不同位，可选择主、副起升机构的工况。单向节流阀 31 用于缓慢松闸、快速上闸。

系统压力由远控溢流阀 21 与电磁阀组 19 分别进行控制与卸荷。

利用溢流阀 16 远控口，向二位十通液动阀 26、单向节流阀 31 提供液控操作用油及向制动液压缸提供操作用油。

使五位五通转阀 18 在不同位，就能通过压力表 48 观察不同回路进油路的液压油的压力值。

泵Ⅱ、泵Ⅰ在变幅液压缸 39、伸缩液压缸 38 不工作时，通过换向阀 15 中位及单向阀 7 可合流供油。

QY16 起重机液压系统图参见图 4-16。液压系统常见故障分析与排除方法见表 4-15。

表 4-15 QY16 起重机液压系统常见故障分析与排除方法

故障现象	故障原因	排除方法
吊臂伸缩时压力过高或有振动	①平衡阀阻尼孔堵塞	清洗平衡阀
	②运动副摩擦力过大或有异物堵塞	检修并在滑动部位涂润滑油
变幅落臂时有振动	①液压缸内有空气	空载时多起落几次，进行排气补油
	②平衡阀阻尼堵塞	清洗平衡阀
制动时重物缓慢下落	制动器制动力不够	去除制动盘表面油液，排除制动缸内泄漏
空载油压过高	系统管路或过滤器堵塞	拧开接头排除异物，清洗或更换滤芯
吊重不能起升	油压过低	检查调整液压泵或溢流阀
不能回转	①油压过低	检查调整液压泵或溢流阀
	②松闸阀不动作	检查松闸阀、弹簧是否失效
吊钩不能自由下放	离合器或制动器分离不彻底	调整检修制动器或离合器

4.6.5 T180～220 型推土机液压转向系统故障诊断与排除实例

1. 故障现象

T180、T200、T220 和 TY220 等型号推土机在使用过程中，常出现转向困难、不能转向和冷车时能转向而当底盘温度升高后又不能转向等故障现象。此时，可根据使用时间和故障的发生过程进行液压系统的检查和修理。

2. 故障诊断与排除

(1) 左右两处突然同时出现上述故障现象。可拆检方向操纵阀总成进油口处的溢流阀。故障原因是：油液过脏，油中杂质磨伤或拉伤溢流阀芯和阀体的内腔表面，使阀芯卡死在开启接通回油口的位置上，对油压不起调节作用，系统压力达不到标准值。若溢流阀解体后，经检查零件损伤不严重，可用 180 粒度或 240 粒度的砂布对阀芯和与阀芯对应的孔进行修磨，清洗干净后安装即可使用，同时更换油液和清洗滤清器。

(2) 推土机在使用过程中不论是单边还是双边慢慢地出现上述故障现象。应作测压检查。即将测压表装在方向操纵阀总成进油管的测压点上，启动发动机后进油管的压力应为 25MPa。若此测压点压力达不到标准值，应检查液压泵和溢流阀；若压力正常，说明液压泵和溢流阀无故障，故障出在溢流阀之后。此时，可使发动机熄火，把测压表移装在方向操纵阀分离油路出口的测压点上，然后启动发动机、拉动转向操纵杆，此点压力也应为 1.25MPa。达不到此压力值，说明系统内部有渗漏，致使转向失灵。能够产生渗漏的部位有以下几处。

① 方向操纵阀到轴承之间的 S 形通油管。将中央传动箱后盖打开，启动发动机，拉动转向操纵杆，可以直接观察到渗漏处。S 形通油管的两端是用 O 形圈密封的，若 O 形圈损坏则会引起渗漏，应更换同型号的新件。

② 连接盘和内毂的连接螺栓松动造成渗漏。将方向盖打开，检查螺栓。如果螺栓松动，应将螺栓卸开，使连接盘和内毂的连接面分离，清理沉积物和检查有无损伤，然后重新安装

螺栓并拧紧。

③ 连接盘与轴承座之间的铜合金密封环处，以及方向离合器活塞与内毂之间的非金属密封环处。

为了证实是否是这两处渗漏，可将方向盖打开，启动发动机并拉动转向操纵杆进行观察。排除故障时，可将连接盘拆下，检查环槽和轴承座内壁与密封环相接触的部位，此部位必须光洁平整、无损伤，否则安装后密封环会急剧磨损而导致方向离合器分离不开。因在方向分离油路不进油时，连接盘与轴承座之间的环形油道无压力，密封环的侧面与环槽产生相对运动，如果环槽有损伤或不光滑，会磨伤和刮伤密封环并产生磨屑，加剧密封环侧面的磨损；当分离油路进油时，连接盘与轴承座之间的环形油道建立起压力，密封环和连接盘一起转动，密封环的外径表面与轴承座产生相对运动时，这些磨屑必然会浸入到相对运动面间，造成损伤，同时也产生磨屑，这两处产生的磨屑有一部分随油液进入工作腔后，会使方向离合器活塞密封环损伤，导致油液渗漏。因此，在修复环槽和轴承座时，要使精度达到标准；安装前要去除毛刺并清洗干净；密封环装入环槽后应灵活、无阻滞现象；往轴承座内推入连接盘时要缓慢，防止切伤密封环。

3. 几点维修经验

(1) 连接盘的拆卸和安装。连接盘与轴是花键连接，在制造厂安装时是用 300kN 的压力压装到位的，所以拆卸比较困难。为此，可按图 4-17 制作一专用拉具。拉具上的小圆面是和轴端接触的，制作时可单独加工，然后与大圆面对中焊接在一起即可。孔距 109mm 的两孔为拉连接盘用，孔距 142mm 的两孔为拉驱动盘用。拆卸前，要在连接盘和轴花键的对应位置打上记号；拆卸时用 M20×85、强度为 8.8 级的螺栓穿过拉具上 622mm 的通孔，拧入连接盘（或驱动盘）的拆卸螺孔中。两螺栓要均匀拧紧，保持拉具与轴端平行，防止拉具偏斜而损伤轴端螺纹。安装时，不要改变压装时的位置，用轴端螺母进行压紧后就能保证原有的安装精度。

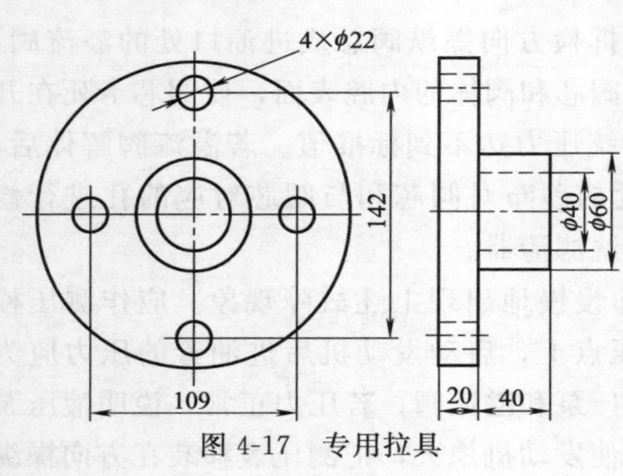

图 4-17 专用拉具

(2) 方向离合器活塞密封环的拆卸。选择一平稳牢固的平面，对应方向离合器中心的上方要有一用力点。在平面上放一小于活塞直径的圆形钢件，将方向离合器活塞向下平稳地放在此钢件上，再用一小于压盘内孔直径的圆形钢件，放入压盘的内孔与内鼓接触，然后用 50kN 的千斤顶放在圆形钢件上并与上方的用力点对中：压动千斤顶，使内鼓向下移动 8mm，拆下压盘上的 8 只螺栓，再慢慢地松开千斤顶，使内鼓上移。当密封环露出时，将千斤顶定位，则可取下活塞密封环。

(3) 活塞密封环的清理和检查。活塞密封环一般不易损坏，损坏的主要原因是油液中有磨屑和泥沙，沉积在环槽中使活塞密封环受压后不能扩展并受损，致使密封性能降低。可用钢锯条的背面或玻璃碴儿将活塞密封环表面的脏物刮净，翻个面安装即可继续使用。无论是新件还是修复件，安装后都必须进行测量检查。内鼓与活塞密封环的接触面直径的标准尺寸应为 245mm，活塞密封环的开口间隙应为 3.8～5.6mm，小于 3.8mm 时应修整开口尺寸，大于 5.6mm 时就不能使用，应换新件。活塞密封环装入环槽后，环的侧隙必须在 0.2～

0.4mm 之内，最大不应该超过 0.6mm。

思考题

1. 什么是工程机械液压系统故障?
2. 工程机械液压系统故障的征兆有哪些?
3. 工程机械液压系统故障的特点有哪些?
4. 工程机械液压系统故障诊断的方法有哪些?
5. 挖掘机液压泵常见故障现象有哪些? 如果排除?
6. 挖掘机液压马达常见故障现象有哪些?

第5章　工程机械电气设备故障诊断与排除

工程机械电气设备包括蓄电池、发电机与调节器、启动系统、充电系统和各种用电设备。工程机械的发展趋势是自动化、机电一体化与微电子化，对工程机械电气设备故障检测及发生故障后进行准确迅速地诊断，是工程机械能处于完好状态进行高效工作的保证，也是非常重要且紧迫的问题。这就对工程机械维修技术人员提出了新的要求，即具有机械、液压、电器与电子等方面综合专业知识和技能，才能更好地胜任工程机械维修工作。

5.1　工程机械电气设备故障检测与诊断的基本步骤与方法

电气设备中，电气故障发生的部位和形式千变万化，而电气故障又往往与机械、液压等其他系统交织在一起，难以区分。这就是我们常说的工程机械电气设备故障诊断难、修理易的原因。电气元件的失效形式多以突出性质的较多，这就要求对电气设备采取相应的监测保护措施，并备足备件，降低因电气故障而造成工程机械设备的停机损失。

5.1.1　工程机械电气设备的特点

工程机械电气设备系统主要由电源（蓄电池、发电机及调节器，电压为12V或24V）、用电设备（启动机、灯光、信号等）以及电气控制装置等组成。系统中绝大部分元器件属于模拟电路，采用各种分立元件构成子系统，以完成预定功能。具有低压、直流、单线制和负极搭铁等特点。

工程机械电气系统在性质上属于模拟电路，模拟电路故障诊断具有多样性。因信号的连续性、非线性、容差和噪声以及检测的有限性，使诊断问题变得十分复杂，故难度大、精度低、稳定性差，从而导致检测诊断的效益低。目前模拟电路故障诊断尚未建立完整的理论，还没有通用的诊断方法。

诊断模拟电路故障，一般借助于相似产品的使用经验或通过电路模拟得到的故障特征集，然后，通过主动或被动的测试，将测试结果与故障特征比较，以发现和定位故障。

工程机械电子系统也采用低压、直流、单线制。它一般由传感器、微机控制器和执行装置等组成，电子控制系统总体上采用的是数字电路，它集成度高，采用模块化结构。

数字电路仅有两种状态，即0和1。列出其输入、输出关系真值表，可以很方便地找出原因-结果对应关系。数字电路的故障诊断具有规范性、逻辑性和可监测性的特点，故障诊断理论发展迅速，并日趋成熟。目前已经有相当多的诊断程序和诊断设备投入实际使用。

5.1.2 工程机械电气设备检测与诊断的基本步骤

1. 熟悉电气系统

电气维修人员在进行电气设备检测与诊断前，应掌握该电气设备的结构组成，了解各电气设备的工作原理，熟悉电路的动作要求和顺序，明了各个控制环节的电气过程。除此之外，还应学习和掌握有关机械部分、液压部分的知识，帮助分析故障原因，从而迅速而准确地判断、分析和排除故障。

2. 详细了解电气故障产生的经过

电气系统发生故障后，应向现场操作人员了解故障发生前有关机械的运行情况，询问故障发生时的各种现象，如有无火花和冒烟、有无响声、有无异味以及在哪些部位发生等，以帮助判断故障类型及寻找故障点。

3. 仔细进行故障部位的外表检查

寻找故障时，应从外部开始仔细检查，可通过嗅、听、看、摸等感觉检验对电气故障进行初步判断。

4. 运用测量与诊断技术，确定故障部位及元件

在外表检查中没有发现故障点时，就必须依靠一些测量与诊断技术来发现问题，确定故障所在。

(1) 采取正确的测量技术　由于故障发生前后，电气系统中的有关参数会发生变化，通过直接或间接地测量各种参数，与额定值进行对照，可帮助判断故障性质。常用测量设备有电流表、电压表、功率表、万用表等仪表。

① 测量电压　用交直流电压表或万用表的电压挡对各种电磁线圈、有关控制电路的关联分支电路两端电压进行测量，如果发现电压与规定要求不符时，则是故障的可能部位。

② 测量电流　用电流表或万用表的电流挡测量电路中的电流，使之与标准工作电流比较。

③ 测量电阻　先将电源切断，用万用表的电阻挡测量线路是否通路、触点的接触情况、元件的电阻等。也可采用试灯检验回路是否通路，灯泡亮，则通；否则就不通。

上述用仪表测量参数的准确性是分析判断故障的重要依据，由于每种仪表都有其特定的性质和用途，选用时若选择不当，就有可能使所测得的数据或者达不到规定的精度，或者是错误的数据，从而影响测量质量。所以，在进行测量前，先要正确选用测量仪表；其次，要采用正确的测量电路和方法。因为不同的测量电路和测量方法对测量结果也会有影响，从而影响最后结果。

(2) 采取正确的诊断技术　有些故障，仅仅依靠测量参数是远远不够的，还必须采取一些诊断技术。如：电气设备的绝缘预防性试验、绝缘特性试验、温度监测和老化试验等。依靠这些技术，可以较全面、科学、正确地判断故障发生性质，找到故障部位及元件。

5. 对发生故障的机械进行维修

故障部位及元件确定之后，可针对具体机械制订维修计划。维修时间长的机械，最好先投入备用机械。

维修时，应严格遵守安全规程，采取必要的安全措施，正确使用电工工具。

5.1.3 工程机械电气系统检测与诊断的基本方法

工程机械电气设备故障率较高，同时引起电气设备发生故障的因素也很多，但归纳起来也不外乎是电气元件损坏或调整不当、电路断路或短路、电源设备损坏等。为了较准确迅速地查找出故障部位，可采用以下检测与诊断方法。

1. 感觉诊断法

电气设备发生故障多表现为发热异常，有时还冒烟、产生火花；线圈烧毁其漆包线变成紫色；有时发出焦煳臭味；工程机械工况突变等。这些现象通过人的眼看、耳听、手摸或鼻子闻，就可直观地发现故障所在部位。

2. 试灯检查法或刮火检查法

试灯检查或刮火检查法，是用来检查电路的断路故障。

（1）试灯检查法　试灯检查法是指用一试灯检查某电路的断路情况，如图 5-1 所示。用试灯的一根导线搭铁，另一根导线搭接电源接点，若试灯亮，表示由此至电源线路良好，否则表明由此至电源断路。

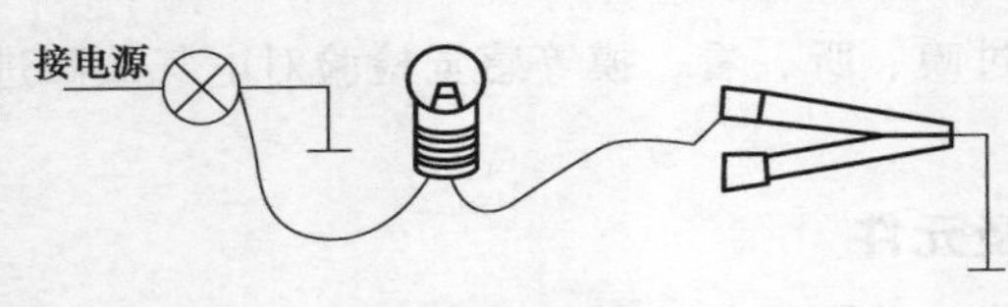

图 5-1　试灯检查法

（2）刮火检查法　刮火检查法与试灯检查法基本相同，即将某电路的怀疑接点用导线与搭线处刮碰，若有火花出现，表明由此至电源线路良好，否则表明此至电源断路。

用刮火的方法检查电器绕组（如电动刮水器定子绕组）好坏时，使绕组一端搭铁，另一端与电极刮火，根据火花的强烈程度和颜色来判断故障。若刮火时出现强烈的火花，多数是电器绕组匝间严重短路；若刮火时无火花，表明电器绕组匝间断路；若刮火时出现蓝色小火花，表示电器绕组良好。

3. 置换法

置换法就是将认为损坏的部件从系统中拆下，换上一个质量合格件代替怀疑部件进行工作，以此来判断机件是否有故障的一种方法。诊断时，系统换上一个新件后，查看该系统是否能工作。如果能正常工作，说明其他器件性能良好，故障在被置换件上；如果不能正常工作，则故障在本系统的其他构件上。置换法在工程机械电气系统故障诊断中应用十分广泛。

4. 仪表检查法

仪表检查法也叫直接测试法、仪表诊断法。它是利用测量仪器直接测量电器元件的一种方法。如怀疑转速传感器故障，可用万用表或示波器直接测试该器件的各种性能指标。再如，用万用表检查交流发电机励磁电路的电阻值是否符合技术要求，若被查对象电阻值大于技术文件规定，说明励磁电路接触不良；若被测电路电阻值小于技术文件规定值，说明发电机的电磁绕组有短路故障。此外，还可通过测量某电气设备的电压或电压降来判断故障。

采用这种方法诊断故障，应首先了解被测电器件的技术文件规定值，然后再测得当前值与技术文件规定的标准值进行比较，即可查明故障。

5. 导线短路试验与拆线试验法

短路试验法是指用一根良好的导线，由电源直接与用电设备进行短接以取代原导线，如果用电设备工作正常，说明原来线路连接不好，应再继续检查电路中串接的关联件，如开关、熔断器或继电器等。

拆线试验法是将导线拆下来，以判断电路中的短路搭铁故障，即将某系统的导线从接线点拆下，若搭铁现象消除，表明此段线路有搭铁。

6. 跟踪法

跟踪法实际上是顺序查找法，在电器系统故障诊断中，通过仔细观察和综合分析，跟踪故障，一步一步地逼近故障的真实部位。例如，检查汽油机的点火系低压电路断路故障时，可先打开点火开关，查看电流表是否有电流显示；若没有，再查看保险是否断路，最后查看蓄电池是否有电等。由于工程机械电气系统属于串联系统，跟踪法实际上是顺序查找法。

查找电路故障有顺查法和逆查法两种。查找电路故障时，由电源用电设备逐段检查的方法称为顺查法。所谓逆查法是指查找电路故障时，由用电设备至电源逐段检查的方法。

7. 熔断器故障诊断法

工程机械上各用电设备均应串接熔断器，若某熔断器常被烧断，说明此用电设备多半有搭铁故障。

8. 条件改变法

有些故障是间歇的，有些故障是在一定的条件下才明显地显示出来。在电气系统故障诊断中，经常采用条件改变法查找故障。因此，必须弄清故障表现的最明显的条件。

条件改变法包括条件附加法和条件去除法。条件附加法是指在一些条件下，故障不明显，而此时，诊断该机件是否有故障必须加上一些条件。条件去除法则正相反，正因为有这些条件，故障现象不明显，必须设法将该条件除去。例如，许多电子元器件在低温时工作良好，但当温度稍高，不能可靠地工作，此时，可采用一个附加环境温度的方法，促使该故障明显化。常用的电子系统条件改变法有下列几种。

(1) 振动法　当振动可能是导致故障的主要原因时，模拟试验时可将连接器在垂直和水平方向轻轻摆动；将电路的配线，在垂直和水平方法轻轻摆动。试验时，包括连接器的接头、支架、插座等，都必须仔细检查。用手轻拍装有传感器的零件，检查传感器是否失灵。注意不要用力拍打继电器，否则可能会使继电器开路。进行振动试验时，可用万用表检测输出信号，观察振动时输出信号有无变化。

(2) 加热法　当怀疑某一部位是受热引起的故障时，可用电吹风或类似的工具加热可能引起故障的零件，检查此时是否出现故障。注意加热时不可直接加热电子集成块中的元件，且加热的温度不得高于60℃。

(3) 水淋法　当怀疑故障可能是雨天或高温潮湿环境所引起时，可采用水喷淋在机械上，检查是否有故障产生。注意此时不要将水直接喷淋在机械零件上，而应间接改变温度与湿度。试验时，不可将水喷淋在电子元器件上，尤其应防止水渗漏到电子集成块内部。

(4) 电器全部接通法　当怀疑故障可能是电负荷过大而引起故障时，可采用接通全部电器，增大负荷，检查此时故障是否产生。

（5）工作模拟试验法　通过工作试验来模拟故障出现时的工况，以检查故障是否存在。

9. 分段查找法

分段查找法是把一个系统根据结构关系分成几段，然后在各段的输出点进行测量，可以迅速确定故障在某一段内。由于分段查找是在一个缩小的范围内查找故障，它能使故障诊断效率大大提高。

10. 利用电的特性来诊断故障

检查电气设备的电磁线圈是否断路，有时不必拆开电气设备，可接通被检查对象的电源，然后用螺钉旋具在电磁线圈的支持部分的周围，看是否对螺钉旋具有吸力感觉，如果有吸力感觉，说明此电磁线圈没有断路。如果对采用这种方法诊断有较丰富的经验时，还可根据吸力的大小来判断电磁线圈损坏的程度。

以上是工程机械电气系统故障诊断经常采用的方法。每一种方法都有它的应用条件。当遇到具体故障时，仔细分析，选择一种合适的方法，迅速而准确地找出故障。

5.2　蓄电池的故障检测与诊断

电源是为工程机械提供电能的能源。在工程机械上一般有两套电源设备，即蓄电池和发电机及调节器。

蓄电池为第一电源设备，它是在发动机不工作时，为工程机械的用电设备提供能源。其特点是能供给较大的电流，如启动发动机时，启动机所需的电能就是由蓄电池来提供的。发电机为第二电源设备，它是在发动机启动后，才能产生电能，除向用电设备提供电能外，还将多余的电能充入蓄电池，以补充启动发动机时的用电消耗。同时，以储备以后再用。

工程机械电气设备的特点是：单线制、低电压、直流电流以及并联电路。

电气设备使用过久、使用不当或维修不当，以及其他方面原因，多数会使电气设备发生故障，常表现为工作质量差，甚至不工作等。

5.2.1　铅蓄电池检测方法

铅蓄电池是铅酸蓄电池的简称，其内阻极小，能在短时间内输出大电流，启动性能好，且结构简单，价格便宜。使用寿命一般为两年左右，如果合理地使用并经常保持其良好的技术状况，还可以延长使用寿命。几种常用蓄电池外形如图 5-2 所示。

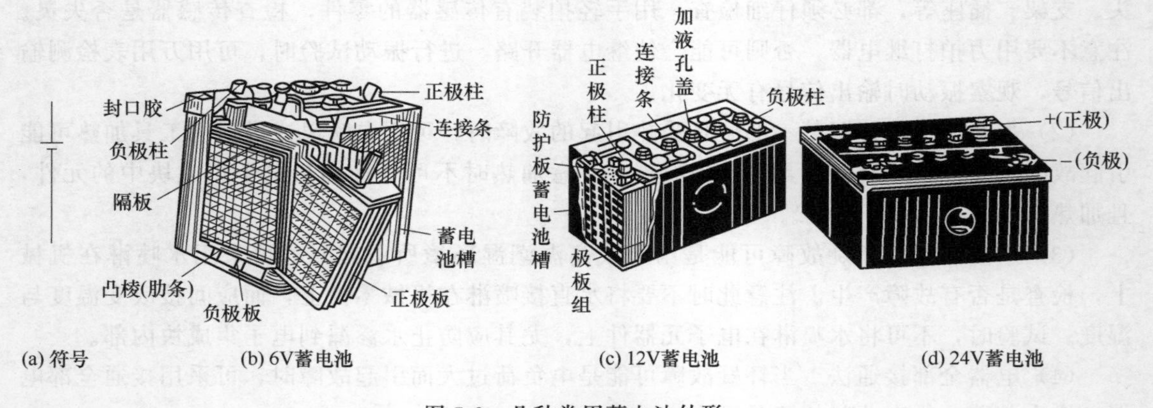

图 5-2　几种常用蓄电池外形

1. 外观检查法

① 检查蓄电池外壳有无裂纹、破损及泄漏。

② 检查蓄电池安装架夹紧情况，有无腐蚀，连接导线有无破损。

③ 检查蓄电池正负极柱是否氧化及腐蚀，电线夹头是否腐蚀，连接导线有无破损。

④ 检查蓄电池表面是否清洁，加液孔盖的通气孔是否通畅。

2. 蓄电池放电程度判断方法

蓄电池放电程度（即存电量）通常可采用以下方法来进行判断。

（1）在车测压法　所谓在车测压法，就是在工程机械上用电压表在一定状态下测量蓄电池电压，根据测得值可判断蓄电池存电量。

① 在发动机正常温度下，将一只电压表接在蓄电池的正负极上，拔出分电器盖上的中央高压线并搭铁。

② 启动发动机连续运转15s左右，观察电压表的读数，在启动机和线路连接良好的情况下，对于12V蓄电池，如电压为9.6V或高于9.6V（6V蓄电池，等于或高于4.8V），说明蓄电池技术状态良好；如果电压低于上述值，即说明蓄电池技术状况不好，应进行检查和修理。

（2）灯光判断法　在夜间开大灯的情况下，接通启动机，通过灯光的减暗程度也可以判断出蓄电池的存电量。

① 如果启动机转动很快且灯光虽有稍许变暗，但仍有足够的亮度，则说明蓄电池能够保持一定的电压，技术状态良好而且充电较足。

② 如果启动机旋转无力，灯光又非常暗淡，则说明蓄电池放电过多，必须立即充电。

③ 如果接通启动机灯光暗红，并迅速熄灭，则说明蓄电池放电已经超过了允许限度或者已严重硫化。

（3）密度判断法　密度判断法就是根据电解液密度的变化，来判断蓄电池的放电程度。

从蓄电池的化学反应过程可以看出，在蓄电池的充放电过程中，电解液的密度随充放电的程度而改变，因此，在使用中可以根据电解液密度的变化，来判断蓄电池的放电程度。

测量蓄电池电解液的密度可按图5-3所示的方法，用吸管式密度计来进行测量，具体方法如下。

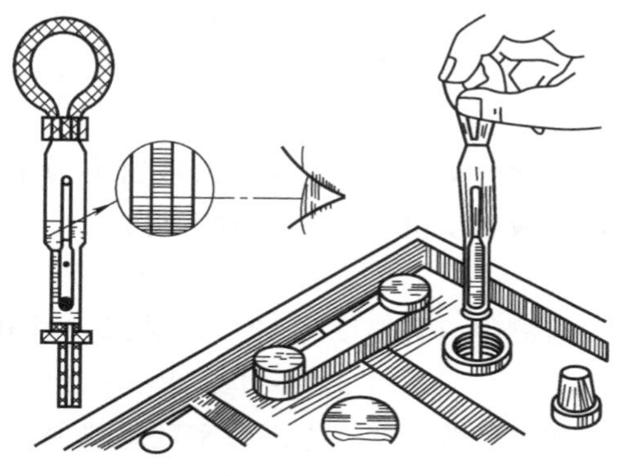

图5-3　用密度计检测电解液密度方法示意

① 将密度计下部的橡胶吸管插入蓄电池单格电池内，用手捏一下橡胶球，然后松开，电解液就被吸入玻璃管中。此时密度计的浮子（芯子）浮起，其上刻有数字，浮子与液面相平行的刻度线的读数就是该电解液的密度。

读数时，应该提起密度计，设法使浮（芯）子垂直于液面，即不得依靠玻璃管，视线与液面平行才能读准，否则读数不准确。

② 在测量电解液密度的同时，还应用温度计测量电解液的温度，然后根据所测得的密度再换算出25℃时的密度才是实际的电解液密度。这主要是因为当温度变化时，电解液密

度也在变化，它随温度的升高而降低。温度每上升1℃，电解液密度减少$0.0007g/cm^3$，因此必须先定个温度标准。我国是以25℃为标准的（美国和日本分别以25℃和20℃为标准）。因此，不论是新配制的电解液还是旧蓄电池中的电解液，其密度值一律按表5-1所列数据换算到25℃加以修正。

表5-1 不同温度下电解液密度读数值的修正值

电解温度/℃	密度修正数值	电解温度/℃	密度修正数值
+45	+0.0140	-5	-0.0102
+40	+0.0105	-10	-0.0245
+35	+0.0070	-15	-0.0280
+30	+0.0035	-20	-0.0315
+25	0	-25	-0.0350
+20	-0.0035	-30	-0.0385
+15	-0.0070	-35	-0.0420
+10	-0.0105	-40	-0.0455
+5	-0.0140	-45	-0.0490
0	-0.0175	—	—

③ 如果利用公式换算，也可得到25℃时的电解液密度值。

电解液密度为

$$\rho_{25℃}=\rho_1+0.0007(t-25) \tag{5-1}$$

式中 $\rho_{25℃}$——25℃时电解液密度，g/cm^3；

ρ_1——在温度为t时所测得的密度，g/cm^3；

t——消量密度时的实际温度，℃；

0.0007——温度系数，定值。

如测得某一蓄电池的电解液密度为$1.28g/cm^3$，此时测得电解液温度为30℃，则25℃时电解液密度由式（5-1）计算得：

$$\rho_{25℃}=[1.28+0.0007(30-25)]g/cm^3=1.2835g/cm^3$$

若测得电解温度为20℃，则25℃时电解液密度为：

$$\rho_{25℃}=[1.28+0.0007(20-25)]g/cm^3=1.2765g/cm^3$$

实践经验表明，电解液密度每减少0.01，相当于蓄电池放电6%，或者粗略认为电解液密度每减少$0.04g/cm^3$，蓄电池放电25%，蓄电池放电程度与电解密度及温度的关系见表5-2。

需要注意的是：在大量放电和加注蒸馏水后，不应立即测量电解液密度，因为此时电解液混合不均，测得的值可能不准确。

一般规定冬季放电达25%，夏季放电达50%时，就应将蓄电池拆下补充充电，严禁继续使用。

如某工程机械用铅蓄电池充足电时的标准相对密度为$1.28g/cm^3$，在电解液温度为-5℃时，实测相对密度为$1.24g/cm^3$，问放电程度如何？

表 5-2 蓄电池放电程度与电解液密度及温度间的关系

地区	全充蓄电池电解液密度/(g/cm³)	放电程度 25%	放电程度 50%	放电程度 75%	放电程度 100%	季节
		电解液密度/(g/cm³)				
冬季气温低于−40℃的地区	1.31	1.27	1.23	1.19	1.15	冬季
	1.27	1.23	1.19	1.15	1.12	夏季
冬季气温在−40℃以上的地区	1.29	1.25	1.21	1.17	1.13	冬季
	1.26	1.22	1.18	1.14	1.10	夏季
冬季气温在−30℃以上的地区	1.28	1.24	1.20	1.16	1.12	冬季
	1.25	1.21	1.17	1.13	1.10	夏季
冬季气温在−20℃以上的地区	1.27	1.23	1.19	1.15	1.11	冬季
	1.24	1.20	1.16	1.12	1.09	夏季
冬季气温在0℃以上的地区	1.24	1.20	1.16	1.12	1.09	冬季
	1.23	1.19	1.16	1.12	1.09	夏季

相对密度换算：

$$\rho_{25℃}=[1.24+0.0007(-5-25)]\text{g/cm}^3=1.219\text{g/cm}^3$$

相对密度降低值：

$$(1.28-1.219)\text{g/cm}^3=0.061\text{g/cm}^3$$

放电程度（因电解液密度每减小 0.01g/cm³，相当于蓄电池放电 6%）：

$$\frac{0.061}{0.01}\times 6\%=36.6\%$$

已经超过冬季放电程度的规定，必须拆下进行充电。

(4) 高率放电计测量判断法　高率放电计的结构及测单格电池电压的方法如图 5-4 所示。

高率放电计是按工程机械启动时蓄电池向启动机提供大电流（12V 电为 200～600A）的情况设计制造的一种检测仪表。

高率放电计主要由一只 3V 电压表和一个分流电阻（约 0.01Ω）组成，如图 5-4（a）所示。测量时，应将高率放电计两叉尖紧压在单格电池的正负极柱上，经历时间约 5s，以模拟接入启动机（负载）时的情况。通过观察大电流放电条件下蓄电池所能保持的端电压，以此来判定蓄电池的存放电情况，见表 5-3。

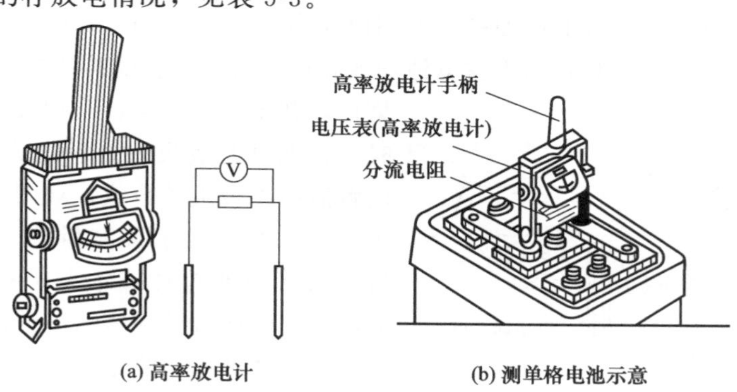

图 5-4　高率放电计结构及测单格电池示意

表 5-3　蓄电池单格电池电压与放电程度的对照

用高率放电计(100A)测得的单格电压/V	蓄电池的放电程度/%	备注
1.7～1.8	0	电压上限值适用于新的容量较大的蓄电池
1.6～1.7	25	
1.5～1.6	50	
1.4～1.5	75	
1.3～1.4	100	

一般技术状态良好的蓄电池，单格电池电压应在 1.5V 以上，且在 5s 内保持稳定；若其电压在 5s 内迅速下降，或某一单格电池电压比其他单格要低 0.1V 以上时，说明该单格电池有问题，应查明原因进行修理。

如某工程机械的铅蓄电池，在夏季用 100A 高率放电计测得单格端电压值为 1.45V，查表 5-3 可得放电程度为 75%，已超出允许范围（一般规定冬季放电达 25%，夏季达 50%），必须拆下进行补充充电。

进行上述检测时，通常还应注意以下几点：

① 高率放电计的型号不同，其分流电阻值可能不同，测量时其放电电流和电压值也就不同，使用时应参照原厂使用说明书的规定。

② 刚充完电的蓄电池，在电解液温度未降至常温、充电所析出的气体未消散之前以及周围有易燃气体时，不能用高率放电计检查，否则易造成火灾或发生蓄电池爆炸事故。

③ 在上述测量时，若某个单格电池电压迅速下降，指针不稳，说明该单格接触不良或极板硫化；若对某单格测量时，指针指在零位不动，可能是其内部断路或短路。这时，可以在整个蓄电池的正、负极之间接一试灯加以判别；如果试灯可以点亮，则说明那个单格内部严重短路；如果试灯不能点亮，则说明那个单格电池内部断路。

如果测得电池各单格的电压均为零，则说明该蓄电池已严重损坏，不能再使用。

3. 蓄电池电解液液面高度检测方法

蓄电池电解液高度过高或过低，都会影响蓄电池的技术状况。如果液面过高则容易外溢、腐蚀周围机件；液面过低则极板上部容易露出，不但会使蓄电池容量降低，并且外露的极板会很快硫化。因此，蓄电池液面应保持适当的高度。蓄电池每个单格电池的电解液液面应高出极板 10～15mm。

(1) 玻璃管测量法　电解液液面高度可用内径为 3～5mm、长 100～150mm 的玻璃管进行测量。测量时，将玻璃管竖直插入蓄电池加液孔内，且与极板防护片相抵，另一端用手指堵住，利用其真空度，当把玻璃管提起（取出）时，就把电解液吸入。管内的电解液高度即为电解液高出极板的数值，如图 5-5 所示。

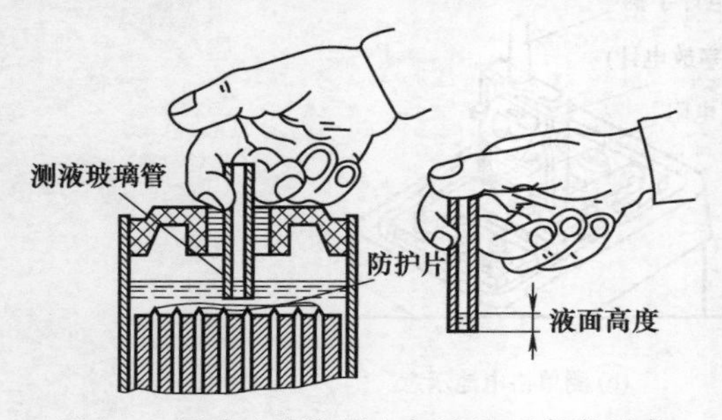

图 5-5　用玻璃管测量电解液液面高度示意

(2) 竹片或木条测量法　若没有玻璃管，也可用清洁的竹片或木条进行液面高度测量，但不得用金属棍棒插入蓄电池内进行测量。

用竹片或木条测量液面高度的方法较简单，只要将竹片或木条垂直插入蓄电池加液孔与极板防护片抵住，然后拿出，其液体浸入竹片或木条上的痕迹高度即为液面高度。

若查得液面偏低，应添加适当的蒸馏水，但不能加注硫酸与蒸馏水配制好的电解液（但若液面降低是由于外壳开裂使电解液外漏所造成的，则应加注配好的电解液）。因为造成液面过低的主要原因多是由于蓄电池在使用过程（充放电）中已蒸发掉部分水分，若再加注电解液将会使蓄电池电解液密度增加，即硫酸成分增多，易使极板损坏。

查得液面过高，可用密度计吸出，否则电解液容易外溢，腐蚀极板和连接件，易造成短路等。

5.2.2 蓄电池常见故障检测与诊断

铅蓄电池的技术状况好坏，对工程机械用电设备工作可靠性影响很大。如果铅蓄电池发生故障，会使用电设备工作质量下降。铅蓄电池常见故障有外部故障和内部故障。铅蓄电池外部故障系指壳体或盖板裂纹、封口胶干裂、极柱松动或腐蚀等；内部有极板硫化、活性物质脱落、自行放电、极板拱曲等故障。蓄电池常见故障检测及诊断见表5-4。

表5-4 蓄电池常见故障检测及诊断

常见故障现象	故障诊断分析	检测工艺	排除故障
自动放电 现象：先充足电一天后，存放到第二天电压明显降低	1. 极板或电解液中杂质过多 2. 电池盖上洒有电解液使正负极短路 3. 极板活性物质脱落 4. 电池外壳隔板壁破裂，单格电解液沟通，极板短路	1. 检测电解液 2. 检视擦净盖上电解液 3. 检测极板充放电法，查看脱落状态 4. 检测外壳有无裂纹	1. 清洗，更换原液 2. 消除短路 3. 严重时更换 4. 用万能胶水或沥青粘补
存电不足 现象：启动机运转无力，电喇叭声音弱，车灯暗淡	1. 充电不足，或长时间没充电 2. 经常长时间使用启动机，大电流放电损坏极板 3. 电解液密度低于规定值，电解液渗漏后只加了蒸馏水 4. 电解液密度过高，或液面过低极板流化 5. 发电机调节器调节电压过低，使电池亏电 6. 调节器调节电压过高，充电电流大，使活性物质脱落	1. 用万用表检测电压值 2. 检测极板损坏情况 3. 检测密度 4. 检测液面高度 5. 检测调节器 6. 检测调节器或充电过高	1. 充电 2. 更换极板 3. 添加电解液 4. 添加 5. 调节电压 6. 重调
电解液损耗过快 现象：电解液消耗过快，需经常加蒸馏水	1. 蓄电池池槽和壳体破裂 2. 充电电流过大，使蒸馏水蒸发 3. 电池极板硫化或短路	1. 检测极板是否有活性物质脱落严重造成短路 2. 检测是否有断路 3. 检测极板硬化程度	1. 更换极板 2. 更换断格极板 3. 更换硬化极板
充不进电 现象：电池充电，但电流很小	1. 电池疲劳损伤或内部短路 2. 极板活性物质脱落 3. 极板硫化或负极板硬化	1. 检测极板是否有活性物质脱落严重造成短路 2. 检测是否有断路 3. 检测极板硬化程度	1. 更换极板 2. 更换断格极板 3. 更换硬化极板

5.3 交流发电机及调节器故障检测与诊断

发电机是工程机械电气系统的主要电源，由发动机驱动，它在正常工作时，对除启动机以外的所有用电设备供电，并向蓄电池充电以补充蓄电池在使用中所消耗的电能。

工程机械上用的发电机有直流发电机和交流发电机两大类。调节器可分为机械触点振动式、晶体管式和电子式，前两项电气件前者基本淘汰，现代工程机械上使用的基本都属于后者。

5.3.1 发电机的检测

交流发电机通常在运转750h后，应拆开检查电刷和轴承情况，其检查方法如下。

1. 解体前的检测

（1）用万用表测量交流发电机各线柱之间的电阻值　正常时其电阻值应符合表5-5的规定。

表5-5　交流发电机各接线柱之间的电阻值　Ω

发电机型号	“F”与“－”之间的电阻	“＋”与“－”之间的电阻		“＋”与“F”之间的电阻	
		正向	反向	正向	反向
JF11 JF13 JF15 JF21	5～6	40～50	＞1000	50～60	＞1000
JF12 JF22 JF23 JF25	19.5～21	40～50	＞1000	50～70	＞1000

（2）在试验台上对发电机进行发电试验　测出发电机在空载和满载情况下发出额定电压时的最小转速，从而判断发电机的工作是否正常。

试验时，将发电机固定在试验台上，并由调速电动机驱动，按图5-6所示接线。合上开关S_1（由蓄电池供给磁场电流进行他励），逐渐提高发电机转速，并记下电压升高到额定值时的转速，即空载转速。然后打开开关S_1（由发电机自励）逐渐升高转速，并合上开关S_2，同时调节负荷电阻，记下额定负载情况下电压达到额定值时的转速，即满载转速。试验结果应符合规定。

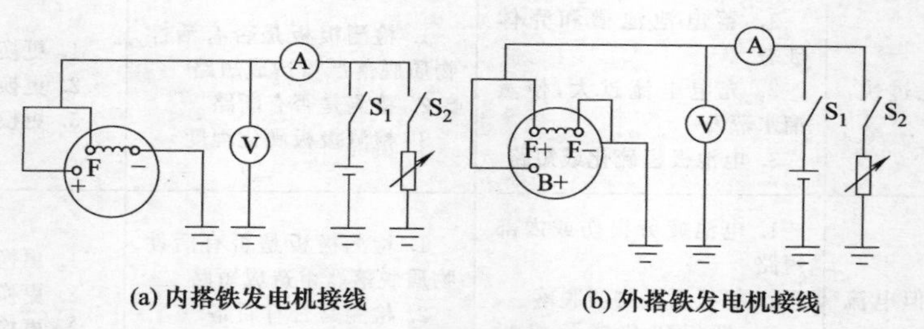

图5-6　交流发电机空载和满载发电试验

如开始转速过高，或在满载转速下，发电机的输出电流过小，则表示发电机有故障。

2. 解体后的检测

（1）硅二极管的检查　拆开定子绕组与硅二极管的连接线后，用万用表 $R\times1$ 挡逐个检查每个硅二极管的性能。其检查方法要求如图 5-7 所示。

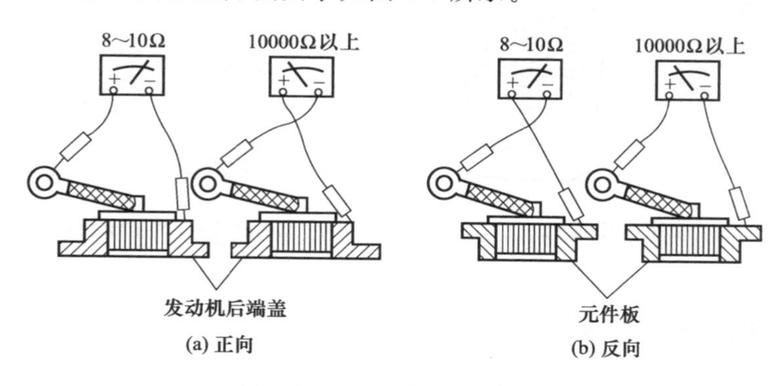

图 5-7　用万用表检查硅整流二极管

测量装在后端盖上的二极管时，将万用表（－）测试棒（黑色）搭端盖，（＋）试棒（红色）搭二极管的引线［见图 5-7（a）］，电阻值应在 8～10Ω 范围内。然后将测试棒交换进行测量，电阻值应在 10000Ω 以上。压在散热板上的三个二极管是相反方向导电的［见图 5-7（b）］，测试结果也应相反（上述数值是使用 500 型万用表测试的结果，若万用表规格不同则测试结果将有变化）。若正、反向测试时，电阻值均为零，则二极管短路；若电阻值均为无限大，则二极管断路。短路、断路的二极管均应更换。

（2）磁场绕组的检查　用万用表检查磁场绕组，如图 5-8 所示。若电阻符合规定，则说明磁场绕组良好；若电阻小于规定值，说明磁场绕组短路；若电阻无限大，则说明磁场绕组已经断路。然后按图 5-9 所示的方法，检查磁场绕组的绝缘情况，灯亮说明磁场绕组和滑环搭铁。磁场绕组若有断路、短路和搭铁故障时，一般需要更换整个转子或重绕磁场绕组。

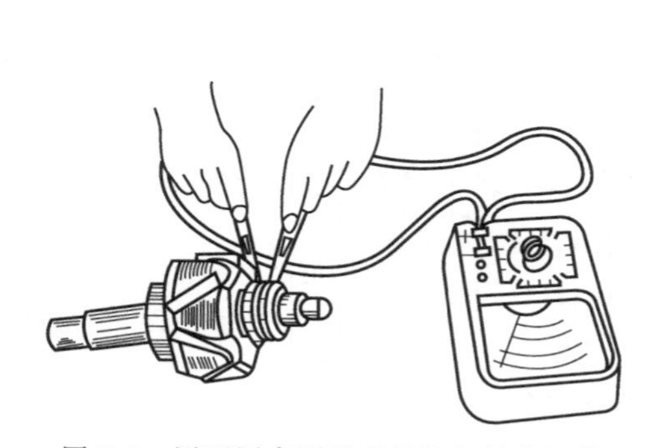

图 5-8　用万用表测量磁场绕组的电阻值

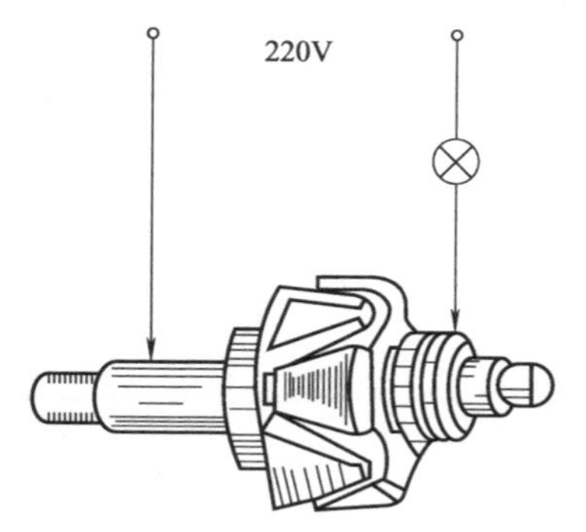

图 5-9　磁场绕组的搭铁检查

（3）定子绕组的检查　用万用表按图 5-10 所示方法，检查定子绕组是否断路；按图 5-11所示方法，检查定子绕组是否搭铁。

定子绕组若有断路、短路和搭铁等故障，而无法修复时，则需重新绕制。

发电机装复后，需进行空载和满载试验，如性能符合规定，即可交付使用。

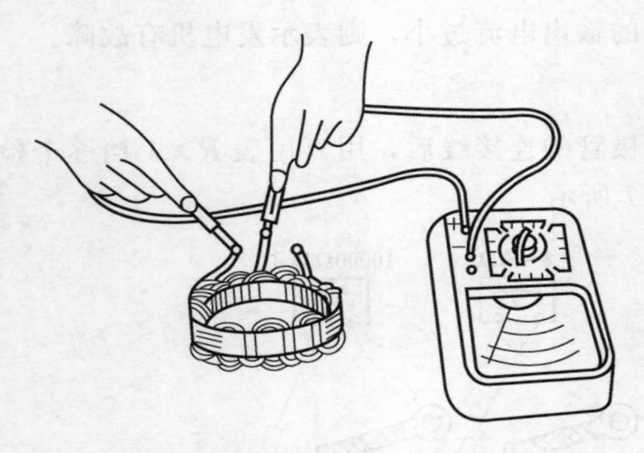

图 5-10　定子绕组断路检查

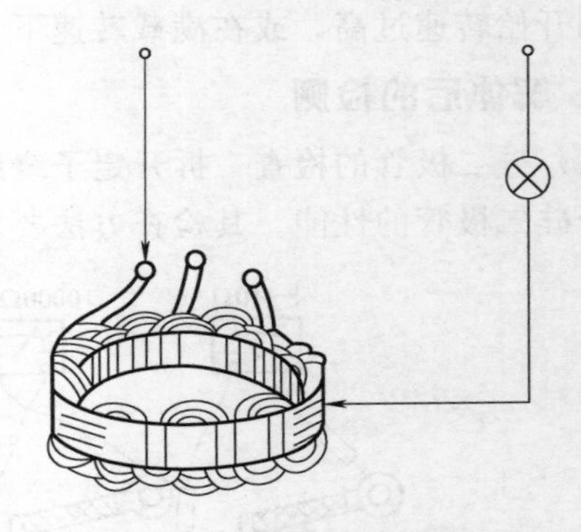

图 5-11　定子绕组搭铁检查

5.3.2　调节器的检测

由于发电机有内搭铁与外搭铁之分，与之匹配的晶体管调节器也有内搭铁式和外搭铁式之分。内搭铁式的磁场绕组的一端与发电机壳相连接，如图 5-12 所示。

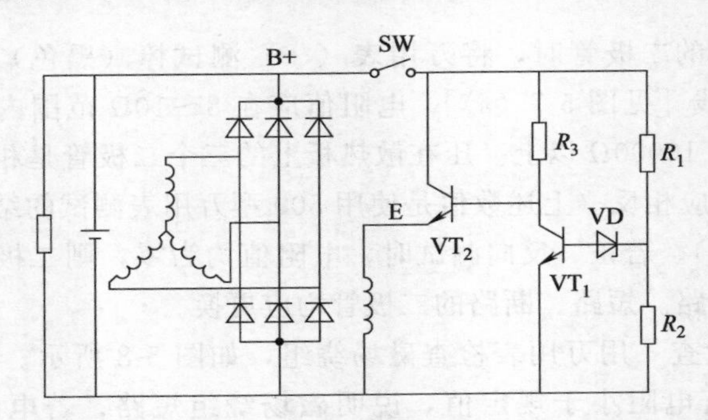

图 5-12　由 NPN 型管组成的内搭铁调节器基本电路

外搭铁的磁场绕组的一端经调节器后搭铁，如图 5-13 所示。

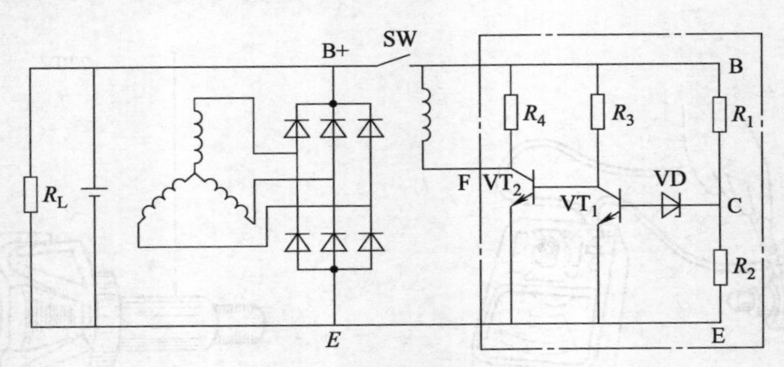

图 5-13　外搭铁晶体管调节器的基本电路

在调节器的试验和调整前应先判断调节器的搭铁形式。方法是用一个 12V 蓄电池和一只 12V、2W 的小灯泡按图 5-14 所示接线，即可判断调节器的搭铁形式。

如灯泡接在“－”与“F”接线柱之间发亮，而在“＋”与“F”接线柱之间不亮，则该调节器为内搭铁式；反之，如灯泡接在“＋”与“F”接线柱之间发亮，而接在“－”与“F”接线柱之间不亮，则该调节器为外搭铁式。

判断出调节器的搭铁形式后，便可根据调节器的搭铁形式按图 5-15 所示接线进行试验。

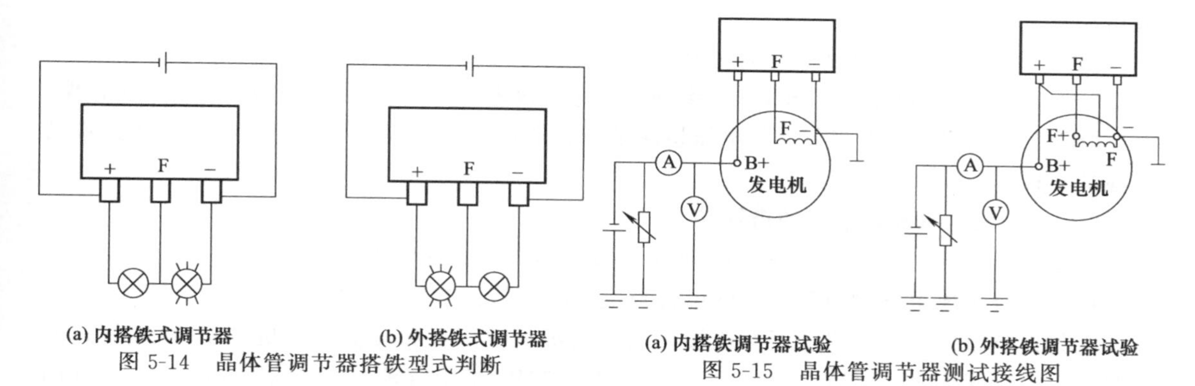

图 5-14 晶体管调节器搭铁型式判断

图 5-15 晶体管调节器测试接线图

试验时将发电机转速控制在 3000r/min，试验方法用调节可变电阻，使发电机处于半载时，记下调节器所维持的电压值，该电压值应符合规定。

若调节电压值不符合规定，应予以调整。当调节器有调整电位器时，可利用电位器进行调节使调节电压符合规定，如调节器中无调整电位器，但调节器电路可拆出的话，可通过调整分压器电阻使之符合规定。目前，大多数厂家为了提高晶体管调节器的防潮、耐振性能，大多将调节器用树脂封装为不可拆式结构，这类调节器如调压值不符合规定则应报废。

若怀疑晶体管调节器有故障，可将调节器从车上拆下进行检查。方法是用一电压可调的直流稳压电源（输出电压 0～30V、电流 3A）和一个 12V（24V）、20W 的车用小灯泡代替发电机磁场绕组，按图 5-16 所示接线后进行试验（注意：内搭铁和外搭铁式晶体管调节器灯泡的接法不同）。

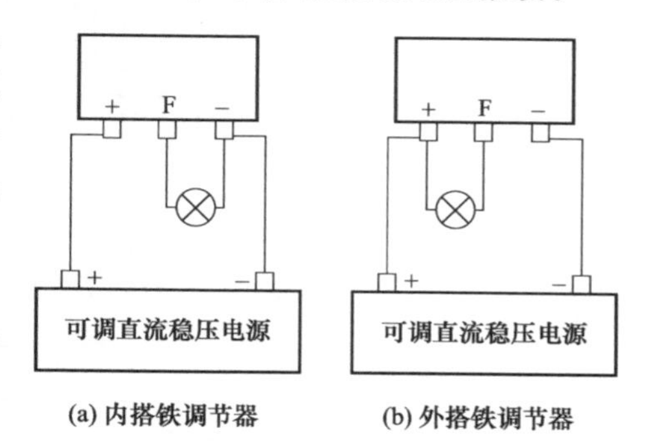

图 5-16 利用可调直流电源检满晶体管调节器

调节直流稳压电源，使其输出电压从零逐渐增高时，灯泡应逐渐变亮。当电压升到调节器的调节电压（14V±0.2V 或 28V±0.5V）时，灯泡应突然熄灭。再把电压逐渐降低时，灯泡又点亮，并且亮度随电压降低而逐渐减弱，则说明调节器良好。电压超过调节电压值，灯泡仍不会熄灭或灯泡一直不亮，都说明调节器有故障。

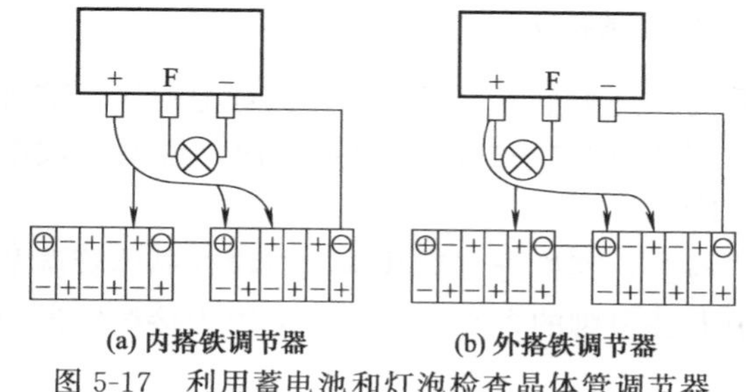

图 5-17 利用蓄电池和灯泡检查晶体管调节器

如果没有可调直流稳压电源时，也可用两个 12V 蓄电池串联，按图 5-17 所示接线。再将调节器的“＋”端逐级接触蓄电池单格电池的正端，使电压逐级变化来代替可调直流电源，同样可进行试验。

判断集成电路调节器好坏的最简单的方法是就车检查。检查之前，应首先搞清楚发电机、集成电路调节器与外部连接端子的含义。

带有集成电路调节器的整体式交流发电机与外部（蓄电池、线束）连线端子通常用“B＋”（或“＋B”、“BAT”）、“IG”、“L”、“S”（或“R”）和“E”（或“－”）等符号表示（这些符号通常在发电机端盖上标出），其代表的含义如下。

“B+”（或“+B”、“BAT”）：为发电机输出端子，用一根很粗的导线连至蓄电池正极或启动机上。

“IG”：通过线束接至点火开关，但有的发电机上无此端子。

“L”：为充电指示灯连接端子，该导线通过线束接仪表板上的充电指示灯或充电指示继电器。

“S”（或“R”）：为调节器的电压检测端子，通过一根稍粗的导线通过线束直接连接蓄电池的正极。

“E”：为发电机和调节器的搭铁端子。

上述端子的含义也可参考图 5-18 所示集成电路调节器的电路。

就车检查集成电路调节器所需的设备与检查晶体管调节器时相同。

首先拆下整体式发电机上所有连接导线，在蓄电池正极和交流发电机“Z”接线柱之间串联一只 5A 电流表，如无电流表，可用 12V、20W 车用灯泡代替（对 24V 调节器可用 24V、25W 的车用灯泡），再将可调直流电源“+”接至交流发电机的“S”接头，“−”与发电机外壳或“E”相接，如图 5-19 所示。

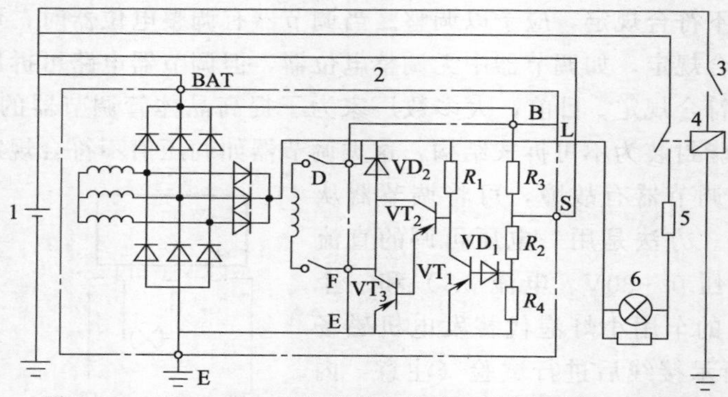

图 5-18　CR160-708 型发电机与集成电路调节器电路原理

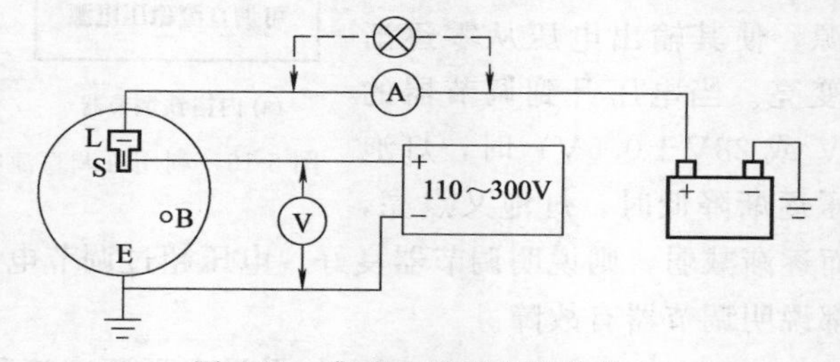

图 5-19　集成电路调节器的检查

接好后，调节直流稳压电源，使电压缓慢升高，直至电流表指零或测试灯泡熄灭，该直流电压就是集成电路调节器的调节电压值。如该值在 13.5～14.5V 的范围内，说明集成电路调节正常。否则，说明该集成电路调节器有故障。

集成电路调节器也可从发电机上拆下进一步检查，其检查方法基本上与检查晶体管调节器的方法相同。但要注意：接线时应搞清楚调节器各引脚的含义，否则，会因为接线错误而损坏集成电路调节器。

5.3.3　交流发电机和调节器故障的诊断

充电系统常出现的故障有不充电、充电电流过小、过大或充电不稳定等。故障原因可能是多方面的，因此，当发现故障时，应根据故障现象、结合充电线路特点认真分析、查找故障原因，及时排除故障。

1. 不充电或充电电流很小

（1）现象　发动机启动后并提高转速，观察电流表指针指示值过小或为零，充电指示灯亮，蓄电池有放电现象，夜间作业时光红暗。

（2）原因

① 发电机转速下降或不转。

② 磁通量减小。

③ 调节器的故障。

④ 发电机常数值的减小。

⑤ 整流器的影响。

⑥ 发电机输出电路不良等。

（3）故障诊断与排除　诊断时，可先观察电流表指针指示情况或充电指示灯指示情况，以及工程机械照明灯的亮度等几方面，大致确定充电系统是否有故障和故障范围。

工程机械作业时，提高发动机转速观察电流表指针指示情况。若电流表指针指示为零，表明发电机不发电；夜间作业时打开前照灯，若灯光强度随发电机转速变化很小，说明充电电流过小；若灯光强度不随发电机转速变化而变化，且电流表指针指示放电位置（或充电指示灯不熄），表明不充电。

根据故障特征和范围，以先易后难的程序进行检查。

① 观察仪表。如果提高发动机转速，电流表指针指向放电位置，同时观察水温表，若水温表指示水温很高，表明风扇传动带打滑或松脱、断裂。

② 听异响。发电机工作时能听到异常响声，可能是发电机“扫膛”，应进一步检查轴承是否有损坏和轴是否弯曲等。检查电枢“扫膛”的方法是：拆下风扇传动带，用手拨转发电机带轮，若能听到发电机内有不均匀的摩擦声，且手感有阻力，径向扳动带轮时手感有松旷，表明电枢“扫膛”；如无松旷感，表明“扫膛”是因轴弯曲所致。

③ 短路检查。启动发动机并将转速控制在略高于怠速，用螺钉旋具将调节器的火线接柱与磁场接柱搭接，此时观察电流表，若指针指示充电，表明故障在调节器；若不指示充电，表明故障在发电机或励磁电路。

用螺钉旋具搭接调节器触点，若发电，说明是调节器触点过脏、触点间隙、气隙不合适，应用砂纸打磨触点调整相关间隙。

发电机的励磁电路正常可采用此方法确定大致故障范围，当无励磁电流时采用此方法无效。采用此方法检查是否充电时，发动机转速不宜过高，时间不宜过长，否则会烧坏电气设备。

④ 试灯检查。拆下发电机电枢接柱上的导线，将试灯夹在搭铁良好处，启动发动机并提高转速，用试灯触针搭接发电机电枢接柱，若试灯亮，表明故障在发电机电枢接柱至电流表这段输出线路接触不良或折断，造成充电电流过小或不充电，应进而查明导线接触不良处或折断处，并对症排除；若试灯不亮，表明故障在发电机或励磁电路。

⑤ 检查励磁电路。励磁电路的检查程序如下。

a. 观察发电机励磁电路中的导线连接情况。若连接有松动处或锈蚀现象，便可能是故障所在，应予以排除。如果排除后充电还是不正常，应再进一步检查。

b. 接通点火开关，用螺钉旋具接触发电机带轮感觉是否有吸力感，若无吸力感，表明励磁电路有故障。

c. 逆查励磁电路。接通钥匙开关，将试灯夹在良好的搭铁处，用试灯带导线的触针搭接发电机磁场接柱，试灯亮，表明故障在发电机；若试灯不亮，再将触针移至调节器的磁场接柱，试灯亮，表明故障在发电机至调节器这段线路中有断路；试灯不亮，应再将触针移至调节器前的火线接柱，若试灯亮，表明故障在调节器；若试灯仍不亮但发动机能启动，则表明点火开关至调节器这段线路断路，应进而查明原因并排除。

d. 检查调节器高速触点（下触点）是否与活动触点粘合，若粘合就会引起无励磁电流而不充电的故障。

⑥ 用万用表检查。用万用表测量发电机各接柱之间电阻值（见表 5-5）来判断故障。

如果发电机磁场接柱“F”与搭铁接柱“－”之间电阻值小于规定值，说明磁场线圈有短路（线圈匝间短路或搭铁短路）应重新绕制；若大于规定值，说明电刷与滑环接触不良，应进一步检查电刷与滑环的接触力（弹簧弹力和电刷长度）和滑环表面的清洁与光滑程度；若电阻无穷大，说明磁场线圈断路，应重新连接或重绕线圈。

如果测量发电机磁场接柱（＋）与搭铁接柱（－）之间的电阻值小于规定值，则表明整流二极管短路；若大于规定值，则表示整流二极管断路。

如果以上均属正常，发电机发出的电流过小或不发电，故障原因在于定子绕组（短路或断路）。

发电机和调节器故障判断也可按图 5-20 所示步骤进行。

2. 充电电流过大

（1）原因　发电机输出电流的大小取决于其端电压的高低，而发电机端电压的高低又取决于发电机的转速与磁通量。如果发电机的转速在规定范围内，发电机输出电流过大的主要原因是励磁电流过大所致。能引起发电机的励磁电流过大的因素有调节器控制不良和励磁电路短路。

（2）诊断与排除

① 检查励磁导线短路情况。将调节器上的火线或磁场线任意拆下一根，如果充电电流过大，说明励磁线路短路，应查明短路部位，采取绝缘措施或要换破损导线。

② 检查调节器气隙应符合要求。

③ 用手将调节器活动触点臂强行按下，使之与上触点断开，若充电电流减小，表明充电电流过大是因触点烧结所致。若触点表面无烧蚀现象，可能是平衡弹簧弹力过大所引起的充电电流过大，对弹簧拉力进行调整。

④ 检查调节器铁芯线圈。用万用表测量线圈电阻值，铁芯线圈电阻值应符合规定要求。若电阻值为无限大时，表明线圈断路；若小于规定值时，表明线圈短路。若有上述两种情况中的其中一种，都能引起充电电流过大。

⑤ 检查调节器高速触点和发电机励磁电路是否短路。

发动机中速运转时充电电流过大，说明发电机励磁电路短路；发电机只在高速运转时充电电流过大，表明高速触点电阻过大。

如果发电机有励磁电路短路故障，应拆下线束查出短路部位，并采取绝缘措施或更换导线，若高速触点表面过脏，应用砂、条或细砂纸打平磨光，并除去附在触点表面的砂粒。

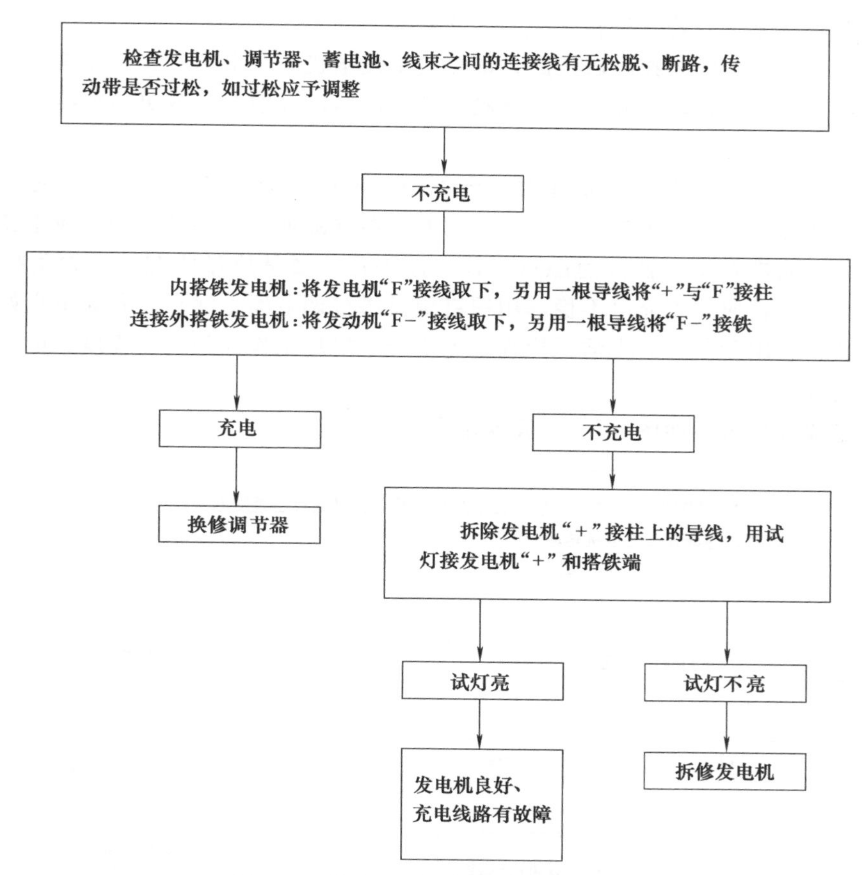

图 5-20　发电机和调节器故障诊断流程

3. 充电电流不稳

（1）现象　充电电流不稳是指充电电流忽大忽小或充电时断时续、电流表指针来回摆动或充电指示灯闪烁。

（2）原因　发电机工作时，充电电流不稳大致有两种情况：一种是无规律的充电不稳，且与转速无关；另一种是有规律的充电不稳，与转速有关。

① 无规律的充电不稳。无规律的充电不稳的原因多数是充电系统线路连接松动，发动机工作时使充电系统导线连接处接触不良，时通时断，从而引起充电系统不稳。此外，风扇传动带打滑造成发电机转速不稳也会引起充电不稳。

② 有规律的充电不稳。有规律的充电不稳表现在各种转速时充电不稳，其原因有：发动机怠速稍高时充电不稳，多数是由于调节器铁芯与活动触点臂气隙调节不当或弹簧弹力调整过小所致；发动机高速运转时充电不稳，多数是因高速触点脏污造成供给发电机的励磁电流时断时续；发动机在各种转速下均充电不稳，其多效是因调节器调整不当、触点接触不良，或发电机缺相所引起；调节器附加电阻断路，造成发电机励磁电流不连续，产生明显的脉冲电流；发电机转子滑环表面过脏、电刷弹力不足造成励磁电流不稳，也可使充电电流不稳。

（3）诊断与排除

① 无规律充电不稳。应检查充电系统线路的接头或插接件等是否有松动处，并拉动导

线，看是否有充电显示，若有好转，表明线路松动。

也可用一根导线分段短接励磁线路，即短接由发电机至调节器和调节器至点火开关，如果短路某段，充电正常，表明此段导线接触不良，应紧固导线接头或更换导线。另外，应检查风扇传动带的张紧力。

② 有规律充电不稳。发电机低速时充电不稳，可在发动机怠速稍高运转时，用螺钉旋具搭接调节器触点，若电流表指示正常，说明调节器气隙或弹簧调整不当，应重新调整；高速时充电不稳，应检查调节器高速触点，若表面脏污，便是故障所在，用砂条打磨光洁即可；发动机在各种转速时均充电不稳，用螺钉旋具搭接调节器上触点，若充电良好，表明是触点接触不良，应用砂条打磨光洁；检查发电机转子滑环工作面的清洁程度、电刷长度以及滑环径向跳动等。

充电不稳故障也可用如图 5-21 所示步骤检查。

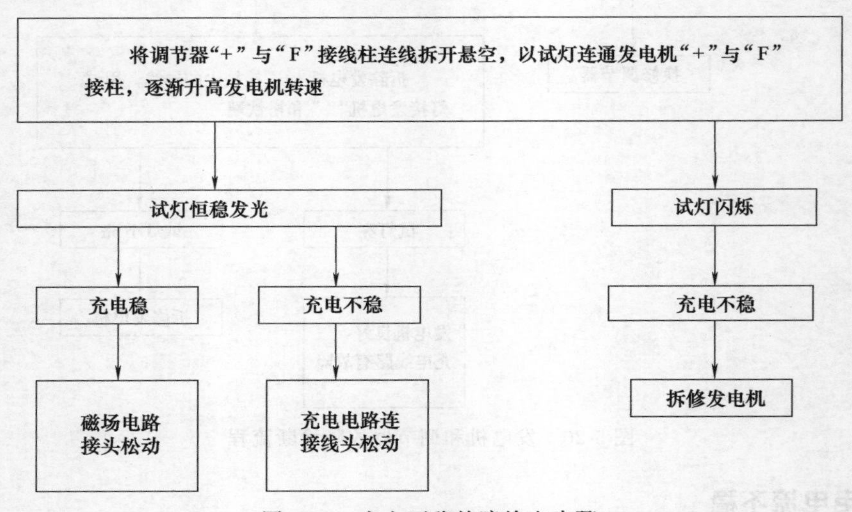

图 5-21　充电不稳故障检查步骤

5.4　启动系统故障检测与诊断

电力启动机由于操作轻便，启动迅速、可靠，又具有重复启动的能力，所以目前工程机械上普遍采用它来启动发动机。

启动系统包括蓄电池（与充电系共用）、启动机、继电器、连接导线等。

电力启动机一般由直流串励式电动机、传动机构（也称啮合机构）和控制装置所组成。

启动系统的故障有电器方面的，也有机械方面的。

5.4.1　启动机不转动或转动无力

1. 故障分析

启动机不转动或转动无力与电枢电流强度、电动机常数、内摩擦阻力的变化及电枢"扫搪"等因素之一有关。

（1）影响电枢电流强度的大小的因素

① 接触电阻和导线电阻的影响。启动机开关触盘与触点因烧蚀而接触不良、电刷换向

器接触不良、电刷弹簧弹力弱使电刷与换向器接触不良，以及导线连接不紧，多股导线因振动、腐蚀有部分折断而使导电横截面减小，导线过长等，均会引起电动机电路中的电阻值增大，电枢电流会随电路中的电阻增大而减小。

② 蓄电池的影响。蓄电池有故障使输入启动机的电流小、电能少，启动机输出的功率就会减小。

③ 温度的影响。当环境温度过低时，蓄电池会因温度过低而使电解液浓度增大，蓄电池内化学反应速度缓慢，影响启动电流，启动机转矩也减小。

(2) 电动机磁通量的影响　直流启动机的磁极对数、电枢绕组和磁场绕组的匝数等在已定型号的启动机上均已成为定值。如果电机磁场中的磁极对减少或线圈匝数减少，均会使磁通量减少，启动机转动无力。启动机中的绕组匝数减少的主要原因有：启动机超期使用或使用维护不当，引起电枢线圈绕组和磁场线圈线组绝缘老化，绝缘性能变差，易导致线圈绕组短路；启动机遇有阻力转矩过大时，转速降低甚至为零，蓄电池的电流就会大量流入启动机，并产生很高的热量，破坏电动机各绕组的绝缘性能，造成匝间短路或断路。

(3) 启动机摩擦阻力的影响　启动机的电枢轴承在维护时由于铰削衬套不当、装配过紧、使用失效等造成的内摩擦阻力过大时会大量消耗电动机所产生的磁转矩，对外输出的有效转矩就会相应减小甚至为零，轴承卡死时启动机不转动。

(4) 启动机“扫搪”　电枢轴衬套磨损或轴弯曲等原因，均会引起电枢转子“扫搪”，阻力增大；“扫搪”时铁芯距各磁极的间隙不等，径向大磁阻增大，这都会造成磁通量减小，磁转矩减小。

2. 诊断与排除

(1) 检查　首先检查电源电路连接情况和电源总开关技术状况，其方法是通过观察和手动。如果发现线卡与蓄电池接柱松动、蓄电池接柱有棱角或极柱氧化腐蚀严重、启动机上的接柱与导线接触不良、蓄电池与启动机连接的导线过细、蓄电池与机架连接的搭铁线过细等，便是接触不良的原因所在，均会使电阻增大，致使启动机电枢电流减小，启动机转动无力，应予以排除。

(2) 检查蓄电池电压　将放电叉与蓄电池某格正负极搭接，观察电压表，如果在5s内电压迅速下降低于1.5V，表明蓄电池内部有故障。没有放电叉时，也可用导线在蓄电池的正负极柱上做刮火试验，若出现微弱红火花，表明是蓄电池有故障或充电不足。

(3) 检查启动机开关　接通启动机开关启动机不转动时，用金属棒搭接开关两个接线柱(将开关隔出)，若启动机转动正常，表明开关有故障。

(4) 检查直流电动机　拆下启动机，并用手扳转驱动齿轮，应能轻易扳动，若扳动时感到费力或电枢转子不转，表明启动机内摩擦阻力过大。如果是刚修复的启动机，可能是轴与轴承套装配过紧、电枢轴弯曲或电动机中三个轴承套不同轴等造成；若是使用过久则可能是电动机“扫搪”。

若用手转动转子手感轻松自如，则故障多在转子、定子绕组或电刷接触不良，应再做下列(5)、(6)项检查。

(5) 检查电枢绕组　观察电枢外圆柱面有无明显的擦痕、导线脱焊、搭铁或短路等，如有其中之一则应进一步查明原因，其检查方法如前所述。

(6) 检查磁场绕组　检查方法如前所述，也可用2V直流电与磁场绕组两端接通，用螺钉旋具靠近磁极检查吸力，并进行相互比较，手感吸力小的表明此绕组有匝间短路，应进而查明绕组的短路部位，并进行绝缘处理。

5.4.2 启动机控制电路故障

1. 启动机控制电路故障原因分析

引起启动机电磁开关故障是多方面的。分析故障时，可按启动机控制电路工作程序和控制电路中各装置职能进行故障分析。

（1）第一层控制电路的影响　第一层控制电路主要控制启动继电器触点的开闭，如果第一层控制电路中的启动开关启动挡的触点器接触不良、导线折断或接头处氧化、锈蚀、松脱等，引起电路中的电阻值增大或断路，启动继电器线圈因电流过小或无电流，不能将触点吸合，则启动机电磁开关不工作。

启动继电器线圈断路或烧毁同样也不会产生吸力，启动机电磁开关无法正常工作。

启动继电器的铁芯与活动触点臂的空气间隙和触点间隙（正常的空气间隙一般为0.8～1.0mm，触点间隙有一般为0.6～0.8mm）不合适，会造成启动机电磁开关工作不正常。如空气间隙过大，继电器触点不易吸合，则启动机电磁开关不工作；触点间隙小于规定值时，触点断开电压高，当启动机开关接通后，蓄电池电压下降较快，加在继电器线圈两端的电压也迅速下降，触点断开，造成启动机刚开始转动，第二层控制电路已被继电器断开，电磁开关及启动机不能正常工作。

（2）第二层控制电路的影响　第二层控制电路导线连接处松动、氧磁锈蚀等，均会使电路中的电阻增大或断路，从而使电磁开关线圈得到的电流变小，甚至为零，电磁开关线圈因此不能吸动引铁，电磁开关不工作。电路短路也会造成同样后果。

电磁开关线圈由吸拉线圈和保持线圈组成，这两个线圈的作用不完全相同，搭铁点不同。吸拉线圈只是与保持线圈共同完成吸拉引铁的任务，而保持线圈除完成吸拉引铁任务外，还需将引铁保持在启动位置。电磁开关线圈中任何一个线圈断路或短路，吸不动引铁，则电磁开关不工作。保持线圈损坏后，只有吸拉线圈来吸动引铁，但它没有保持引铁的能力，引铁被吸动、释放，又吸动、又释放，周而复始地形成振动并发出“嗒、嗒”的撞击声，使启动机电磁开关工作不正常；吸拉线圈损坏，保持线圈的吸力不足以吸动引铁，不能保证电磁开关的正常工作。

（3）第三层控制电路的影响　第三层控制电路中的主电路开关（触盘与触点）如存在触点与触盘接触不良，会使启动机工作不良。

（4）蓄电池的影响　蓄电池充电不足，各线圈会因电压过低通过电流强度很小，吸力减小，难以使控制的触点闭合。即使启动机的第一层和第二层控制电路均能勉强闭合，但因启动机启动时蓄电池电压还会继续下降，电磁开关线圈中因蓄电池电压下降而电流减小，磁场强度减弱，保持线圈产生的吸力小难以保持引铁位置，引铁在复位弹簧的作用下复位，触盘与触点断开；启动机的主电路断开后蓄电池的电压回升，这时吸拉线圈又与保持线圈共同吸动引铁接通启动机的主电路，蓄电池的电压又下降，如此周而复始地吸动、释放，再吸动、再释放引铁，使电磁开关出现“嗒、嗒”的振动声，启动机无法正常运转。

2. 控制电路故障诊断

（1）检查电源电路　接通点火开关启动挡，若启动机不工作，可通过开灯或鸣喇叭，检查蓄电池充电情况。如果灯光红暗或喇叭音量小或不响，说明蓄电池电压不足、启动机的导线接触不良或导线过细。

（2）检查第一层控制电路　接通启动开关启动挡后观察电流表，若电流表指针指示在放电极限位置，表明第一层控制电路有搭铁，应用拆线法检查搭铁故障，并进行绝缘处理。如怀疑第一层控制电路有断路，可用螺钉旋具按图 5-22（a）所示搭接启动继电器电源接线柱与启动机开关接线柱，若电磁开关工作正常，表明第一层控制电路有断路。如果搭接后仍不工作，表明是继电器线圈有故障，如果能听到继电器触点有闭合的撞击声，但电磁开关不工作，表明故障在触点。

（3）对第二层控制电路的检查　接通启动开关启动挡，若能听到启动继电器触点闭合声响，但电磁开关不动作，可用螺钉旋具按图 5-22（b）所示做搭接试验。若启动机转动，表明故障是因继电器触点接触电阻过大所致，否则，将是第二层控制电路断路，即故障在第二层控制电路至启动机电磁开关。

检查启动机的控制电路时，应事先检查启动继电器触点间隙与磁化线圈气隙是否符合规定要求。调整方法如图 5-23 所示，用尖嘴钳移动调整块，使气隙符合要求，再用尖嘴钳移动固定触点来改变其高低，使触点间隙符合要求。

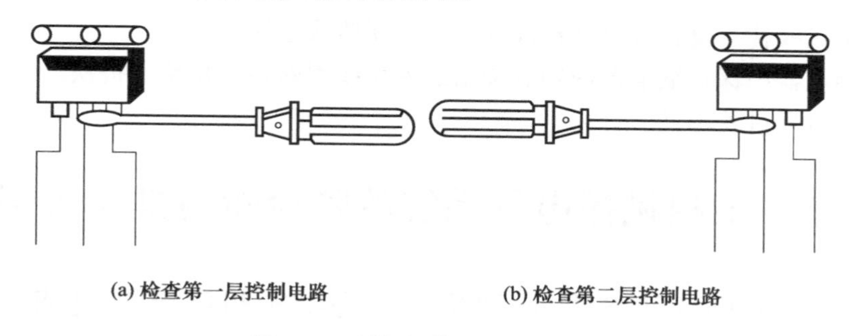

(a) 检查第一层控制电路　　(b) 检查第二层控制电路

图 5-22　用螺钉旋具搭接检查法

（4）对第三层控制电路的检查　用一导线搭接启动机开关主接线柱的电源接柱和电磁开关线圈接柱，若启动机不工作，说明电磁开关线圈有故障，可用万用表测量线圈电阻值是否符合规定。若能听到电磁开关内有吸动引铁声响，表明开关的触盘与触点严重接触不良（接触电阻过大）或触盘未吸到位。触盘接触不良，应用砂纸打磨，以保证接触良好；触盘未到位与触点的压紧力过小或未接触时，予以调整触盘行程，使之有效行程增大。

用万用表测量启动继电器线圈和电磁开关线圈电阻来诊断故障时，若电阻值过大，可能是线圈接头接触不良；电阻值为无穷大时，说明电磁线圈断路；电阻值小于规定值时，表明线圈短路，电阻值越小，线圈匝间短路越严重。

5.4.3　启动系其他故障诊断分析

（1）启动机驱动齿轮与飞轮不能啮合且有撞击声　引起此故障的原因有：启动机驱动齿轮或飞轮齿环磨损过甚或损坏；吸盘与触点闭合过早，启动机驱动齿轮尚未与齿圈啮合启动机就已高速旋转。

（2）启动机驱动齿轮周期地敲击飞轮，发出“哒哒”声　电磁开关中的保持线圈断路、短路或搭铁不良。

（3）启动机空转　单向离合器打滑或电磁开关的吸盘与触点闭合过早。

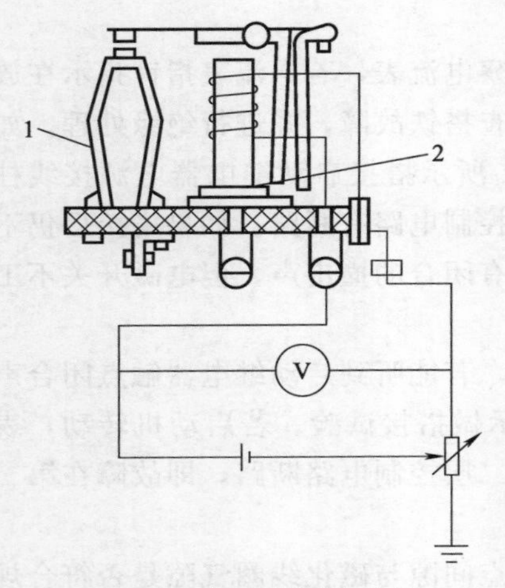

图 5-23 继电器调整示意
1—固定触点支架；2—调整块

(4) 单向离合器不回位 原因如下。

① 复合继电器中的启动继电器触点烧结。

② 电磁开关中触点和触盘烧结。

③ 复位弹簧失效。

④ 蓄电池电量不足，启动机齿轮与飞轮齿圈啮合后不运转。

⑤ 启动机安装不牢，电动机轴线倾斜。

(5) 失去自动保护性能 发动机启动后，操作人员不松开钥匙，启动机不能自动停止运转，充电指示灯也不熄灭；发动机运转过程中，若误将点火开关扭至启动挡位，有齿轮撞击声。这两种情况均说明自动保护功能失效。

原因如下。

① 充电系发生故障，发电机中性点无电压。

② 发电机接线柱至复合继电器接线柱的导线断路或连线不良。

③ 复合继电器中保护继电器的触点烧结或磁化线圈断路、短路、搭铁。

④ 复合继电器搭铁不良。

5.5 工程机械电气系统故障诊断与排除实例

5.5.1 小松 PC200-6 型和 PC220-6 型挖掘机电气系统故障诊断与排除实例

1. PC-EPC 控制系统异常

(1) 燃油操纵杆没有回到停止位置，发动机却停下来。当负荷急剧增大时，发动机停止可能的原因如下。

① 液压泵调整器故障。

② 电磁阀故障。

③ 相关线路断线，接触不良或接地。

(2) 操纵杆在全负荷位置时，工作无力或工作装置速度慢 可能的原因如下。

① 液压泵调整器故障。

② 转速传感器故障。

③ 相关线路断线、短路或接触不良。

2. 行走速度切换电气系统异常（无法切换行走速度）

可能的原因如下。

① 行走两速继电器不良。

② 行走两速开关故障。

③ 行走两速电磁阀故障。

④ 相关线路断线，接触不良。

3. 回转锁定电气系统异常

可能的原因如下。

① 回转锁定开关故障。

② 回转锁定电磁阀故障。

③ 相关线路断线，接触不良。

4. PPC 油压锁定电气系统异常

可能的原因如下。

① PPC 油压锁定开关故障。

② 相关线路断线，接触不良。

5. 发动机启动系统异常（发动机不启动）

可能的原因如下。

① 启动电动机主体故障。

② 启动电动机磁力开关故障。

③ 安全继电器故障。

④ 启动开关故障。

⑤ 交流发电机故障。

⑥ 蓄电池继电器故障。

⑦ 蓄电池容量不足。

⑧ 相关线路断线，接触不良

5.5.2 小松 PC200-5 型挖掘机发动机不能启动故障诊断与排除实例

1. 故障现象

由于启动电动机不运转，使得发动机不能启动。

2. 启动系统电路图

启动系统电路图如图 5-24 所示。

3. 故障诊断与排除步骤

① 首先检查电路中保险丝是否熔断。保险丝一旦熔断，启动开关就断电，启动电动机就不能运转，发动机就不能启动。重新更换熔断的保险丝后，启动电动机运转，发动机就可以启动了。如果更换保险丝后，启动电动机仍不运转，则要进行下一步检查。

② 检查蓄电池的电压是否在 24V 以上，电解液的密度是否为 $1.26\times10^3 kg/m^3$。若密度不符合规定，则说明蓄电池电容量太低或有其他故障，应充电或更换蓄电池。

③ 若蓄电池电压和电解液密度都正常，则将启动开关从接通位置转到断开位置，观察蓄电池继电器是否有动作响声。

④ 如果蓄电池继电器没有任何响声，则进一步检查启动开关端子 B 的电压是否在 20～29V 的范围内（万用表的正极与启动开关端子 B 相接，负极与蓄电池负极端子相接）。若电压不正常，则检查蓄电池正极端子-M11- M7（1)-保险丝-M1（1)-启动开关端子 B 之间的线束是否接触不良或断路，进行修理或更换线束后，启动电动机就可以运转了，发动机可以启动。

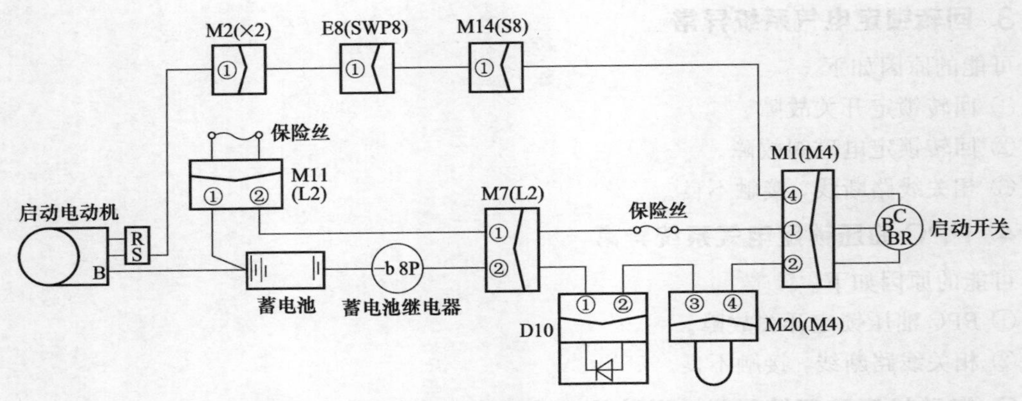

图 5-24　小松 PC200-5 型挖掘机启动系统电路图

⑤ 若启动开关端子 B 的电压在 20～29V 范围内，则进一步检查启动开关端子 B 与端子 BR 之间是否导通（接通启动开关，取下端子 B），如果不导通，则说明启动开关端子 B 与端子 BR 之间有故障，更换启动开关后，启动电动机就可以运转了。

⑥ 如果启动开关端子 B 与端子 BR 之间是导通的，则要进一步检查启动开关端子 BR 与蓄电池继电器端子之间线束的电阻是否正常（启动开关端子 BR 与蓄电池继电器端子之间的电阻最大值为 1Ω，线束与底盘之间的电阻最小值为 1MΩ，拆开启动开关和蓄电池继电器两端），若电阻不正常，则进一步检查启动开关端子 BR-M1（2)-M20-D10-M7（2)-蓄电池继电器端子之间的线束是否接触不良或断路，经修理或更换后，启动电动机就可以运转了，发动机可以启动。

⑦ 如果启动开关端子 BR 与蓄电池继电器端子之间线束的电阻值在标准范围内，则进一步检查蓄电池端子负极与蓄电池继电器端子-b 之间是否导通，若不导通，则检查蓄电池端子负极与蓄电池继电器端子-b 之间的线束是否接触不良。经修理或更换后启动电动机就可以运转了，发动机可以启动了。

⑧ 若蓄电池端子负极与蓄电池继电器端子-b 之间导通，则说明蓄电池继电器有故障，更换蓄电池继电器后启动电动机就可以运转了，发动机可以启动了。

⑨ 如果蓄电池电压和电解液密度都正常，当启动开关从接通位置转到断开位置时，蓄电池继电器有动作响声，则接通启动开关，同时观察启动电动机的齿轮是否有外移的响声；如果没有，则继续检查启动开关端子 C 与底盘之间的电压是否正常（接通启动开关，电压约为 24V)，若电压没有达到 24V，则说明启动开关端子 B 与端子 C 之间有故障，更换相关部件后，启动电动机可以运转，发动机可以启动。

⑩ 若启动开关端子 C 与底盘之间的电压达到 24V，则检查启动开关端子 C-M1(4)-M14(1)-E8(1)-M2(1)-启动电动机端子 S 之间的线束是否接触不良或断路，经修理或更换后，故障就可以排除。

⑪ 如果启动电动机齿轮有外移的响声，则继续检查启动电动机端子 B 与底盘之间的电压是否正常（接通启动开关，电压为 24V)，如果电压没有达到 24V，则进一步检查蓄电池端子正极与启动电动机端子 B 之间的线束是否接触不良，修理后故障就可排除。

⑫ 如果启动电动机端子 B 与底盘之间的电压正常，则说明启动电动机有故障。更换启动电动机后故障就可排除，发动机就可以启动。

思考题

1. 工程机械电气设备的特点是什么?
2. 电气设备检测与诊断的基本步骤有哪些?
3. 蓄电池放电程度有几种判断方法?
4. 蓄电池常见的故障有哪些?
5. 怎么诊断与检测充不进电的故障?
6. 定子绕组怎么检测?
7. 启动机运转无力或不转动怎么检测与诊断?

参考文献

[1] 赵常复，韩进. 工程机械检测与故障诊断. 北京：机械工业出版社，2011.

[2] 孙立峰，吕枫. 工程机械液压系统分析及故障诊断与排除. 北京：机械工业出版社，2013.

[3] 王增林. 工程机械发动机构造与维修. 北京：电子工业出版社，2011.

[4] 杨国平. 工程机械汽车、叉车故障诊断与排除. 北京：机械工业出版社，2009.

[5] 王世良. 工程机械液压系统维修. 成都：电子科技大学出版社，2013.

[6] 张青，王晓伟，何芹. 工程机械故障诊断与维修. 北京：化学工业出版社，2012.

[7] 李彩锋. 工程机械电器检测. 北京：化学工业出版社，2013.

[8] 赵捷. 工程机械发动机构造与维修. 北京：化学工业出版社，2016.